U0177268

西北大学“双一流”建设项目资助

Sponsored by First-class Universities and Academic
Programs of Northwest University

关中乡土植物识别与应用

GUANZHONG XIANGTUZHIWU
SHIBIE YU YINGYONG

主编　倪士峰

西北大学出版社
·西安·

图书在版编目(CIP)数据

关中乡土植物识别与应用 / 倪士峰主编. —西安：西北大学出版社，2019.11

ISBN 978-7-5604-4455-0

Ⅰ. ①关… Ⅱ. ①倪… Ⅲ. ①植物—识别—关中 Ⅳ. ①Q949

中国版本图书馆 CIP 数据核字（2019）第 272182 号

关中乡土植物识别与应用

主编 倪士峰

出版发行 西北大学出版社

（西北大学校内 邮编：710069 电话：029-88303404）

http://nwupress.nwu.edu.cn E-mail: xdpress@nwu.edu.cn

经 销 全国新华书店

印 刷 陕西龙山海天艺术印务有限公司

开 本 787 毫米×1092 毫米 1/16

印 张 20.25

版 次 2019 年 11 月第 1 版

印 次 2019 年 11 月第 1 次印刷

字 数 350 千字

书 号 ISBN 978-7-5604-4455-0

定 价 88.00 元

前言

十八大报告正式把“生态文明”作为国家战略提出来。2015年，中共中央、国务院印发的《关于加快推进生态文明建设的意见》，是自党的十八大报告重点提及生态文明建设内容后，中央全面专题部署生态文明建设的第一个文件，生态文明建设的政治高度进一步凸显。

生态文明是人类文明发展的一个新的阶段，即工业文明之后的文明形态；生态文明是人类遵循人、自然、社会和谐发展这一客观规律而取得的物质与精神成果的总和。生态文明是以人与自然、人与人、人与社会和谐共生、良性循环、全面发展、持续繁荣为基本宗旨的社会形态。

随着朝代的更替、经济的长期非理性发展和社会各界对生态环保工作的忽视，多数关中的乡土植物实事上逐渐沦为“杂草”，而古人积累的有关它们的合理有效利用方面的知识也日益淹没于历史中，逐渐淡出了现代人的视野。建设具有高度生态文明的社会,无疑离不开一个能让乡土植物与环境和谐共生的氛围(包括自然的和社会的)。这也为如何更好地学习、认识和开发利用形形色色的地方乡土植物提供了一个契机。

本书按照蕨类、裸子植物、双子叶植物和单子叶植物四大门类，较为系统地介绍了陕西关中平原地区常见的400种乡土资源植物。这些植物隶属107科318属（其中，蕨类3种，属于3科3属；裸子植物10种，属于6科7属；双子叶植物330种，属于83科260属；单子叶植物57种，属于15科48属）。根据已有的研究资料和书籍记载，每种植物简略地介绍了其鉴别特征、别名和主要利用形式（包括药用、食用、环保、畜牧业、园林等，具体内容根据每种植物的资源利用现状而定）。每种植物都配有精美的原创彩图，书后附有中文学名检索表，可供读者方便地检索查找。

本书针对关中地区“乡土植物”这类自然选择留存下来的“土著植物”而编写，服务于关中平原地区的中药材、农业、环保、生态、林业、畜牧业、旅游、园林、食品、植保以及其他相关行业的教学、科研、生产和管理决策从业者。作为“科普”和“科学”兼顾的著作，本书对于生活在关中平原地区的人，在不同层次和不同角度上都有一定的参考价值。本书图文并茂，言简意赅，雅俗共赏，易懂易用。一册在手，让你体验到一个别具特色的关中平原。

本书的顺利问世，得到了“西北大学高水平教材（专著）培育项目”的大力支持，特此致谢！在野外调查过程中，得到了西北大学许多同事和同学，以及地方上有业务联系的许多朋友的大力帮助。他们提供了许多精美的原创高清图片、有关写作方面的具体建议，以及其他必要的各种帮助，铭感在心！在资料方面，本书写作过程中参考了网络、各种校内常见的有关可用数据库资源以及纸质版的各种资料，在此一并致谢！

关中平原区域广阔，由于编者水平有限，编写时间仓促，野外调查范围不够全面和有代表性，图片拍摄技巧不高，研究资料缺乏，难免种类收集不全。敬请读者不吝批评雅正。是幸！

倪士峰

2019 年 6 月 1 日

目 录

第 1 章　关中平原自然环境及乡土资源植物简介

一、关中平原自然环境简介

关中平原，又称渭河平原、关中盆地，是由断层陷落地带经渭河及其支流泾河、洛河等河流冲积而成的冲积平原，和渭河谷地及渭河丘陵一起构成渭河盆地，居晋陕盆地带的南部。

关中平原位于陕西省中部与山西省南部，介于秦岭和渭北北山（老龙山、嵯峨山、药王山、尧山、黄龙山、梁山等）之间，西起陕西省西部，东至山西省南部，长约 500 千米，海拔 323 ~ 800 米，面积约 4.7 万平方千米。因在函谷关（后亦称潼关）和大散关之间（一说在函谷关、大散关、武关和萧关之间），古代称“关中”，亦有称“秦中”之说，西窄东宽，号称“八百里秦川”。现关中地区位于陕西省中部，包括西安、宝鸡、咸阳、渭南、铜川、杨凌五市一区，总面积 55623 平方千米，常住人口 2448.1 万（2018 年底）。关中南倚秦岭山脉，渭河从中穿过，物华天宝，人杰地灵。其自然历史、人文积淀都非常深厚。

渭河平原是断层陷落区即地堑，后经渭河及其支流泾河、洛河等冲积而成，属于渭河断陷盆地带的关键主体部分。这里自古灌溉发达，盛产小麦、棉花等，是中国重要的商品粮产区，是中国最早被称为“金城千里、天府之国”的地方。

二、乡土植物

乡土植物、乡间本土植物，是指经常被人忽视的一些如野草之类的植物，比如狗尾草、苔藓等。美国景观设计喜欢种植乡土植物，将这些被人“遗忘”的又较常见的植物作为景观植物大量种植，具有一定的乡间野趣，也有一定的生态感。

此类植物起源于当地或者长期种植于特定地区，经历了漫长的演化过程，最能够适应当地的环境条件，其生理、遗传、形态特征与当地的自然条件相适应，具有较强的适应能力。

三、资源植物

资源植物，是指具有开发利用潜力，但尚未被完整（或定向）地开发而形成有规模商品的植物。

根据吴征镒先生（1983）提出的植物资源分类系统，我国的植物资源可以分为：

（1）食用植物资源：包括直接和间接（饲料、饵料）的食用植物，有淀粉、糖料、蛋白质、油脂、维生素、饮料、食用香料、色素、甜味剂、植食性饲料、饵料及蜜源植物；

（2）药用植物资源：包括中药、草药、化学药品原料植物、兽用药等；

（3）工业用植物资源：包括木材、纤维、鞣料、芳香油、植物胶、工业用油资源（如黄芪胶在印刷上用作增稠剂）、经济昆虫的寄生植物以及工业用植物性染料；

（4）防护和改造环境的植物资源：包括防风固沙植物，改良环境植物，固氮增肥、改善土壤植物，绿化美化保护环境植物，监测和抗污染植物；

（5）植物种质资源：含各种有用植物的近缘属种的种质资源，如野生稻、野大豆。

植物资源既是人类所需的食物的主要来源，也能为人类提供各种纤维素和药品，在人类生活、工业、农业和医药上具有广泛的用途。

需要指出的是，资源是从人本主义的角度出发的，出发角度不同，其分类结果差异很大。

第 2 章 各类资源植物

一、蕨类植物

001 节节草

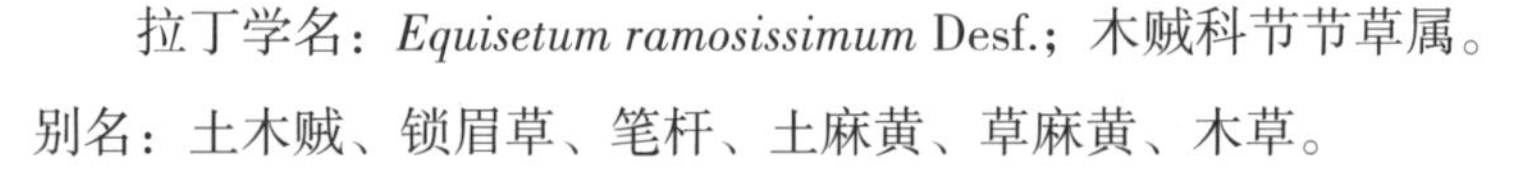

拉丁学名：*Equisetum ramosissimum* Desf.；木贼科节节草属。别名：土木贼、锁眉草、笔杆、土麻黄、草麻黄、木草。

形态特征：多年生草本。根茎细长入土深，黑褐色。茎细弱，绿色，基部多分枝，上部少分枝或不分枝，粗糙具条棱。叶鳞片状，轮生，基部联合成鞘状。孢子囊长圆形，有小尖头；孢子叶六角形，中央凹入。以根茎或孢子繁殖。根茎早期 3 月发芽，4—7 月产孢子囊穗，成熟后散落，萌发，为秋天杂草。

主要利用形式：常见农田杂草。全草有毒，入药性味甘微苦性平，可疏风散热、解肌退热，临床可治疗尖锐湿疣、牛皮癣。

002 欧洲蕨

拉丁学名：*Pteridium aquilinum*（L.）Kuhn；蕨科蕨属。别名：蕨、陈蕨花、凤凰草、蕨巴、蕨菜、蕨菜苗、蕨儿菜、蕨粉、蕨根、蕨萁、蕨苔等。

形态特征：植株高可达 1 米。根状茎长而横走，密被锈黄色柔毛，以后逐渐脱落。叶远生；柄长 20~80 厘米，基部粗 3~6 毫米，褐棕色或棕禾秆色，略有光泽，光滑，上面有浅纵沟 1 条；叶片阔三角形或长圆三角形，长 30~60 厘米，宽 20~45 厘米，先端渐尖，基部圆楔形，三回羽状；羽片 4~6 对，对生或近对生，斜展，基部一对最大（向上几对略变小），三角形，长 15~25 厘米，宽 14~18 厘米，柄长 3~5 厘米，二回羽状；小羽片约 10 对，互生，斜展，披针形，长 6~10 厘米，宽 1.5~2.5 厘米，先端尾状渐尖（尾尖头的基部略呈楔形收缩），基部近平截，具短柄，一回羽状；裂片 10~15 对，平展，彼此接近，长圆形，长约 14 毫米，宽约 5 毫米，钝头或近圆头，基部不与小羽轴合生，分离，全缘；中部以上的羽片逐渐变为一回羽状，长圆披针形，基部较宽，对称，先端尾状，小羽片与下部羽片的裂片同形，部分小羽片的下部具 1~3 对浅裂片或边缘具波状圆齿。叶脉稠密，仅下面明显。叶干后近革质或革质，暗绿色，上面无毛，下面在裂片主脉上多少被棕色或灰白色的疏毛或近无毛。叶轴及羽轴均光滑，小羽轴上面光滑，下面被疏毛，少有密毛，各回羽轴上面均有深纵沟 1 条，沟内无毛。

主要利用形式：根状茎提取的淀粉称蕨粉，可供食用；根状茎的纤维可制绳缆，能耐水湿。嫩叶可食，也可用来做酱菜。全株均入药，可驱风湿、利尿、解热，又可作驱虫剂。需要注意的是，本种全株有毒，尤以根茎的毒性最大，幼芽及未成熟的叶片毒性高于成熟叶片。主要有毒成分为硫胺素酶、原蕨苷、蕨苷、蕨素、血尿因子、莽草酸和槲皮黄素等。马、牛、羊等动物进食后均可发病。

003 问荆

拉丁学名：*Equisetum arvense* L.；木贼科木贼属。别名：猪鬃草、黄蚂草、寸姑草、笔头草、骨节草、笔壳草、笔筒草、笔头菜、土木贼、接续草、公母草、搂接草、空心草、马蜂草、接骨草。

形态特征：中小型植物。根茎斜升，直立和横走，黑棕色，节和根密生黄棕色长毛或光滑无毛。地上枝当年枯萎。枝二型。能育枝春季先萌发，黄棕色，无轮茎分枝，脊不明显，具密纵沟；

鞘筒栗棕色或淡黄色，鞘齿 9~12 枚，栗棕色，狭三角形，鞘背仅上部有 1 条浅纵沟，孢子散后能育枝枯萎。不育枝后萌发，主枝中部直径 1.5~3.0 毫米，节间长 2~3 厘米，绿色，轮生分枝多，主枝中部以下有分枝；脊的背部弧形，无棱，有横纹，无小瘤；鞘筒狭长，绿色，鞘齿三角形，5~6 枚，中间黑棕色，边缘膜质，淡棕色，宿存。侧枝柔软纤细，扁平状，有 3~4 条狭而高的脊，脊的背部有横纹；鞘齿 3~5 个，披针形，绿色，边缘膜质，宿存。孢子囊穗圆柱形，长 1.8~4.0 厘米，直径 0.9~1.0 厘米，顶端钝，成熟时柄伸长，柄长 3~6 厘米。

主要利用形式：可抑制多种杂草种子的萌发。含有较多的水溶性硅酸（占干药的 5.19%~7.71%），有养生保健价值。全草味甘苦性平，入肺、胃、肝经，能止血、利尿、明目，主治鼻衄、吐血、咯血、便血、崩漏、外伤出血、淋证、目赤翳膜。

二、裸子植物

004 白皮松

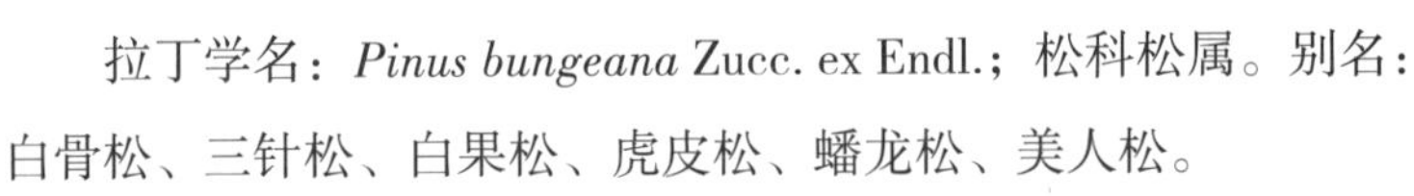

拉丁学名：*Pinus bungeana* Zucc. ex Endl.；松科松属。别名：白骨松、三针松、白果松、虎皮松、蟠龙松、美人松。

形态特征：乔木，高达 30 米，胸径可达 3 米。有明显的主干，或从树干近基部分成数干；枝较细长，斜展，形成宽塔形至伞形树冠；幼树树皮光滑，灰绿色，长大后树皮成不规则的薄块片脱落，露出淡黄绿色的新皮，老则树皮呈淡褐灰色或灰白色，裂成不规则的鳞状块片脱落，脱落后近光滑，露出粉白色的内皮，白褐相间成斑鳞状；一年生枝灰绿色，无毛；冬芽红褐色，卵圆形，无树脂。球果通常单生，初直立，后下垂，成熟前淡绿色，熟时淡黄褐色，卵圆形或圆锥状卵圆形，有短梗或几无梗；种鳞矩圆状宽楔形，先端厚，鳞盾近菱形，有横脊，鳞脐生于鳞盾的中央，明显，三角状，顶端有刺，刺之尖头向下反曲，稀尖头不明显；种子灰褐色，近倒卵圆形，种翅短，赤褐色，有关节易脱落；子叶 9~11 枚，针形，初生叶窄条形，上下面均有气孔线，边缘有细锯齿。花期 4—5 月，球果第二年 10—11 月成熟。

主要利用形式：常绿园林树，树姿优美，树皮白色或褐白相间，极为美观。木材可供房屋建筑、家具、文具等细木工用材。果实味苦性温，具有镇咳、祛痰、平喘的功效，对嗓子不舒服尤其是咳嗽有痰有很好的疗效。种子可食。

005 侧柏

拉丁学名：*Platycladus orientalis*（L.）Franco；柏科侧柏属。别名：香柏、扁柏、扁桧、香树、香柯树。

形态特征：乔木，高 20 余米，胸径 1 米。树皮薄，浅灰褐色，纵裂成条片；枝条向上伸展或斜展。幼树树冠卵状尖塔形，老树树冠则为广圆形。生鳞叶的小枝细，向上直展或斜展，扁平，排成一平面。叶鳞形，长 1~3 毫米，先端微钝，小枝中央的叶的露出部分呈倒卵状菱形或斜方形，背面中间有条状腺槽，两侧的叶船形，先端微内曲，背部有钝脊，尖头的下方有腺点。雄球花黄色，卵圆形，长约 2 毫米；雌球花近球形，径约 2 毫米，蓝绿色，被白粉。球果近卵圆形，长 1.5~2（~2.5）厘米，成熟前近肉质，蓝绿色，被白粉，成熟后木质，开裂，红褐色；中间两对种鳞倒卵形或椭圆形，鳞背顶端的下方有一向外弯曲的尖头，上部 1 对种鳞窄长，近柱状，顶端有向上的尖头，下部 1 对种鳞极小，长达 13 毫米，稀退化而不显著。种子卵圆形或近椭圆形，顶端微尖，灰褐色或紫褐色，长 6~8 毫米，稍有棱脊，无翅或有极窄之翅。花期 3—4 月，球果 10 月成熟。

主要利用形式：园林及庭院绿化植物，耐污力强，也耐旱。木材淡黄褐色，富树脂，材质细密，纹理斜行，耐腐力强，坚实耐用。可供建筑、器具、家具等用材。叶和枝入药，可收敛止血、利尿健胃、解毒散瘀；种子有安神、滋补强壮之效。根、叶、果实、种子在白药、傈僳药、侗药、毛南药、苗药、仫佬药、瑶药、壮药、傣药中均有应用。

006 华山松

拉丁学名：*Pinus armandii* Franch.；松科松属。别名：白松（河南）、五须松（四川）、果松、青松（云南）、五叶松。

形态特征：乔木，高达35米。幼树树皮灰绿色或淡灰色，平滑，老则呈灰色，裂成方形或长方形厚块片固着于树干上，或脱落；枝条平展，形成圆锥形或柱状塔形树冠；一年生枝绿色或灰绿色（干后褐色）；冬芽近圆柱形，褐色，微具树脂，芽鳞排列疏松。针叶5针一束，稀6~7针一束，长8~15厘米，径1~1.5毫米，边缘具细锯齿，仅腹面两侧各具4~8条白色气孔线；叶鞘早落。雄球花黄色，卵状圆柱形，基部围有近10枚卵状匙形的鳞片，多数集生于新枝下部成穗状，排列较疏松。球果圆锥状长卵圆形，幼时绿色，成熟时黄色或褐黄色；种子黄褐色、暗褐色或黑色，倒卵圆形，长1~1.5厘米，无翅或两侧及顶端具棱脊，稀具极短的木质翅；子叶10~15枚，针形，先端渐尖，全缘或上部棱脊微具细齿；初生叶条形，长3.5~4.5厘米，宽约1毫米，上下两面均有气孔线，边缘有细锯齿。花期4—5月，球果第二年9—10月成熟。

主要利用形式：在园林中可用作园景树、庭荫树、行道树及林带树，为高山风景区之优良风景树。其木材可作建筑、枕木、家具及木纤维工业原料等用材。树干可割取树脂；树皮可提取栲胶；针叶可提炼芳香油；种子可食用，亦可榨油供食用或工业用。花粉在医学上叫作"松黄"，浸酒温服，可医治创伤出血、头旋脑涨，还可用作预防汗疹的爽身粉。树枝、松香、球果、松针、树皮、花粉、松脂、种子在藏药、彝药和傈僳药中都有广泛应用。

007 罗汉松

拉丁学名：*Podocarpus macrophyllus*（Thunb.）D. Don；罗汉松科罗汉松属。别名：土杉、罗汉杉、长青罗汉杉、金钱松、仙柏、罗汉柏、江南柏。

形态特征：常绿针叶乔木，高达 20 米，胸径达 60 厘米。树皮灰色或灰褐色，浅纵裂，成薄片状脱落；枝开展或斜展，较密。叶螺旋状着生，条状披针形，微弯。雄球花穗状、腋生，基部有数枚三角状苞片；雌球花单生叶腋，有梗，基部有少数苞片。种子卵圆形，先端圆，熟时肉质，假种皮紫黑色，有白粉，种托肉质，圆柱形，红色或紫红色。花期 4—5 月，种子 8—9 月成熟。

主要利用形式：园林树，多见于寺庙道观。材质细致均匀，易加工，可作家具、器具等用材。根皮及球果入药。根四季可采，秋季采球果。根皮能活血止痛、杀虫，可治跌打损伤和癣；果能益气补中，可治心胃气痛、血虚面色萎黄。

008 南方红豆杉

拉丁学名：*Taxus chinensis*（Pilger）Rehd. var. *mairei*（Lemee et Levl.）Cheng et L. K. Fu；红豆杉科红豆杉属。别名：红豆杉、扁柏、红豆树、观音杉。

形态特征：乔木，高达 30 米，胸径达 60~100 厘米。树皮灰褐色、红褐色或暗褐色，裂成条片脱落；大枝开展，一年生枝绿色或淡黄绿色，秋季变成绿黄色或淡红褐色，二、三年生枝黄褐色、淡红褐色或灰褐色；冬芽黄褐色、淡褐色或红褐色，有光泽，芽鳞三角状卵形，背部无脊或有纵脊，脱落或少数宿存于小枝的基部。叶排列成两列，条形，微弯或较直，长 1~3（多为 1.5~2.2）厘米，宽 2~4（多为 3）毫米，上部微渐窄，先端常微急尖，稀急尖或渐尖，上面深绿色，有光泽，下面淡黄绿色，有

2条气孔带，中脉带上有密生均匀而微小的圆形角质乳头状突起点，常与气孔带同色，稀色较浅。雄球花淡黄色，雄蕊8~14枚，花药4~8（多为5~6）。种子生于杯状红色肉质的假种皮中，间或生于近膜质盘状的种托（即未发育成肉质假种皮的珠托）之上，常呈卵圆形，上部渐窄，稀倒卵状，长5~7毫米，径3.5~5毫米，微扁或圆，上部常具二钝棱脊，稀上部三角状具3条钝脊，先端有凸起的短钝尖头，种脐近圆形或宽椭圆形，稀三角状圆形。

主要利用形式：枝叶浓郁，树形优美，种子成熟时果实满枝逗人喜爱，宜在风景区作中、下层树种与各种针阔叶树种配置。木材可供建筑、室内装修，及高级家具、车辆、铅笔杆制造等用。种子入药，主治食积、蛔虫病。

009 水杉

拉丁学名：*Metasequoia glyptostroboides* Hu et W. C. Cheng；杉科水杉属。别名：活化石、梳子杉、水桫树。

形态特征：落叶乔木。小枝对生，下垂。叶线形，交互对生，假二列成羽状复叶状，长1~1.7厘米，下面两侧有4~8条气孔线。雌雄同株。球果下垂，近球形，微具4棱，长1.8~2.5厘米，有长柄；种鳞木质，盾形，每种鳞具5~9种子，种子扁平，周围具窄翅。花期2月下旬，球果11月成熟。

主要利用形式：树姿优美，为庭园观赏的“活化石”。其边材白色，心材褐红色，材质轻软，纹理直，结构稍粗，早晚材硬度区别大，不耐水湿，可供建筑、板料、造纸、制器具、造模型及室内装饰使用。水杉对二氧化硫有一定的抵抗能力，是工矿区绿化的优良树种。水杉叶、种子有清热解毒、消炎止痛的功效，可治痈疮肿痛、癣疮等。

010 银杏

拉丁学名：*Ginkgo biloba* L.； 银杏科银杏属。别名：白果、公孙树、鸭脚树、蒲扇。

形态特征：落叶大乔木。幼树树皮近平滑，浅灰色，大树之皮灰褐色，不规则纵裂，粗糙。幼年及壮年树冠圆锥形，老则广卵形；一年生的长枝淡褐黄色，二年生以上变为灰色，并有细纵裂纹；短枝密被叶痕，黑灰色，短枝上亦可长出长枝；冬芽黄褐色，常为卵圆形，先端钝尖。种子具长梗，下垂，常为椭圆形、长倒卵形、卵圆形或近圆球形，假种皮骨质，白色，常具 2（稀 3）纵棱；外种皮肉质，熟时黄色或橙黄色，外被白粉，有臭叶；中种皮白色，骨质；内种皮膜质，淡红褐色；胚乳肉质，味甘略苦；子叶 2 枚，稀 3 枚，发芽时不出土，初生叶 2~5 片，宽条形，长约 5 毫米，宽约 2 毫米，先端微凹，第 4 或第 5 片起之后生叶扇形，先端具一深裂及不规则的波状缺刻，叶柄长 0.9~2.5 厘米；有主根。

主要利用形式：古老的“活化石”植物，具有很高的园林、食用和药用价值。银杏可以净化空气，具抗污染、抗烟火、抗尘埃等功能。食用银杏果可抑菌杀菌、祛痰止咳、抑虫、止带浊、降低血清和胆固醇。果肉为生物农药的原料；叶子为提取银杏总黄酮的原料。

011 油松

拉丁学名：*Pinus tabuliformis* Carr.；松科松属。别名：短叶松、红皮松、短叶马尾松、东北黑松、紫翅油松、巨果油松。

形态特征：乔木，高达 25 米，胸径可达 1 米以上。树皮灰褐色或褐灰色，裂成不规则较厚的鳞状块片，裂缝及上部树皮红褐色；枝平展或向下斜展，老树树冠平顶，小枝较粗，褐黄色，无毛，幼时微被白粉；冬芽矩圆形，顶端尖，微具树脂，芽鳞红褐色，边缘有丝状缺裂。针叶 2 针一束，深绿色，粗硬，长 10~15 厘米，径约 1.5 毫米，边缘有细锯齿，两面具气孔线；横切面半圆形，二型层皮下层，在第一层细胞下常有少数细胞形成第二层皮下层，树脂道 5~8 个或更多，边生，多数生于背面，腹面有 1~2 个，稀角部有 1~2 个中生树脂道，叶鞘初呈淡褐色，后呈淡黑褐色。雄球花圆柱形，长 1.2~1.8 厘米，在新枝下部聚生成穗状。球果卵形或圆卵形，长 4~9 厘米，有短梗，向下弯垂，成熟前绿色，熟时淡黄色或淡褐黄色，常宿存树上近数年之久；中部种鳞近矩圆状倒卵形，长 1.6~2 厘米，宽约 1.4 厘米，鳞盾肥厚，隆起或微隆起，扁菱形或菱状多角形，横脊显著，鳞脐凸起有尖刺；种子卵圆形或长卵圆形，淡褐色有斑纹，长 6~8 毫米，径 4~5 毫米，连翅长 1.5~1.8 厘米；子叶 8~12 枚，长 3.5~5.5 厘米；初生叶窄条形，长约 4.5 厘米，先端尖，边缘有细锯齿。花期 4—5 月，球果第二年 10 月成熟。

主要利用形式：木材材质较硬，富树脂，耐腐，为重要工业用材。树干可割取树脂，提取松节油；树皮可提取栲胶。松节味苦性温，可祛风燥湿、活络止痛。松叶味苦性温，可祛风活血、明目、安神、杀虫、止痒。松球味苦性温，可祛风散寒、润肠通便。松花粉味甘性温，可燥湿、收敛止血。松香味苦甘性温，可祛风燥湿、排脓拔毒、生肌止痛。

012 圆柏

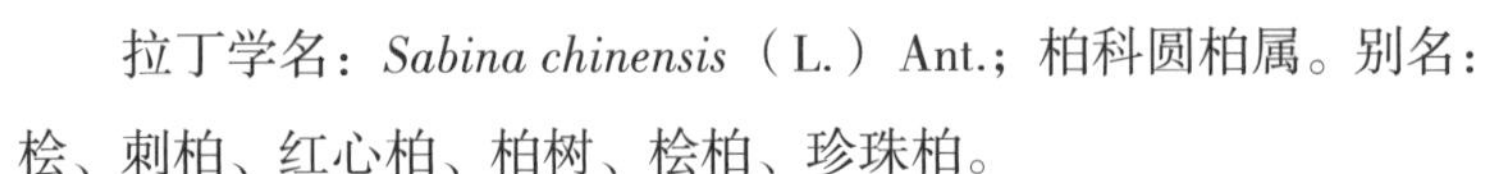

拉丁学名：*Sabina chinensis*（L.）Ant.；柏科圆柏属。别名：桧、刺柏、红心柏、柏树、桧柏、珍珠柏。

形态特征：乔木，高达 20 米，胸径达 3.5 米。树皮深灰色，纵裂，成条片开裂；幼树的枝条通常斜上伸展，形成尖塔形树冠，老则下部大枝平展，形成广圆形的树冠；树皮灰褐色，纵裂，裂成不规则的薄片脱落；小枝通常直或稍成弧状弯曲，生鳞叶的小枝近圆柱形或近四棱形，径 1~1.2 毫米。叶二型，即刺叶及鳞叶；刺叶生于幼树之上，老龄树则全为鳞叶，壮龄树兼有刺叶与鳞叶；生于一年生小枝的一回分枝的鳞叶三叶轮生，直伸而紧密，近披针形，先端微渐尖，长 2.5~5 毫米，背面近中部有椭圆形微凹的腺体；刺叶三叶交互轮生，斜展，疏松，披针形，先端渐尖，长 6~12 毫米，上面微凹，有 2 条白粉带。雌雄异株，稀同株，雄球花黄色，椭圆形，长 2.5~3.5 毫米，雄蕊 5~7 对，常有 3~4 花药。球果近圆球形，径 6~8 毫米，两年成熟，熟时暗褐色，被白粉或白粉脱落，有 1~4 粒种子；种子卵圆形，扁，顶端钝，有棱脊及少数树脂槽；子叶 2 枚，出土，条形，长 1.3~1.5 厘米，宽约 1 毫米，先端锐尖，下面有两条明显白色气孔带。

主要利用形式：古老园林树种，较耐烟尘，适于工矿区绿化。木材是建筑、器具、工艺及室内装饰用材的优良材料。种子可榨油。枝、叶及树皮，味苦辛性温，归肺经，能祛风散寒、活血消肿、解毒利尿，主治风寒感冒、肺结核、尿路感染、风湿关节痛、小便淋痛、瘾疹、荨麻疹、风湿关节炎。

013 樟子松

拉丁学名：*Pinus sylvestris* L. var. *mongolica* Litv.；松科松属。别名：海拉尔松、蒙古赤松、西伯利亚松、黑河赤松、白松、美人松、章子松。

形态特征：乔木，高达 25 米，胸径达 80 厘米。大树树皮厚，树干下部灰褐色或黑褐色，深裂成不规则的鳞状块片脱落，上部树皮及枝皮黄色至褐黄色，内侧金黄色，裂成薄片脱落；枝斜展或平展，幼树树冠尖塔形，老则呈圆顶或平顶，树冠稀疏；一年生枝淡黄褐色，无毛，二、三年生枝呈灰褐色；冬芽褐色或淡黄褐色，长卵圆形，有树脂。针叶 2 针一束，硬直，常扭曲，长 4~9 厘米，很少达 12 厘米，径 1.5~2 毫米，先端尖，边缘有细锯齿，两面均有气孔线；横切面半圆形，微扁，皮下层细胞单层，维管束鞘呈横茧状，二维管束距离较远，树脂道 6~11 个，边生；叶鞘基部宿存，黑褐色。雄球花圆柱状卵圆形，长 5~10 毫米，聚生新枝下部，长 3~6 厘米；雌球花有短梗，淡紫褐色，当年生小球果长约 1 厘米，下垂。球果卵圆形或长卵圆形，长 3~6 厘米，径 2~3 厘米，成熟前绿色，熟时淡褐灰色，熟后开始脱落；中部种鳞的鳞盾多呈斜方形，纵脊横脊显著，肥厚隆起，多反曲，鳞脐呈瘤状凸起，有易脱落的短刺；种子黑褐色，长卵圆形或倒卵圆形，微扁，长 4.5~5.5 毫米，连翅长 1.1~1.5 厘米；子叶 6~7 枚，长 1.3~2.4 厘米。花期 5—6 月，球果第二年 9—10 月成熟。

主要利用形式：樟子松具有耐寒、抗旱、耐瘠薄及抗风等特性，是速生用材、水土保持优良树种，也可作庭园观赏及绿化树种。木材可作建筑、枕木、电杆、船舶、器具、家具等用材，也是中国防腐木材主选原材料。树干可割树脂、提取松香及松节油，树皮可提栲胶。针叶有较高的营养价值，是不可多得的饲料资源。

三、双子叶植物

014 阿拉伯婆婆纳

拉丁学名：*Veronica persica* Poir.；玄参科婆婆纳属。别名：波斯婆婆纳、卵子草、石补钉、肾子草、双铜锤、双肾草、桑肾子、灯笼草、灯笼婆婆纳。

形态特征：铺散多分枝草本。茎密生，两列多细胞柔毛。叶 2~4 对（腋内生花的称苞片，见下文），具短柄，卵形或圆形，长 6~20 毫米，宽 5~18 毫米，基部浅心形，平截或浑圆，边缘具钝齿，两面疏生柔毛。总状花序很长；苞片互生，与叶同形且几乎等大；花梗比苞片长，有的超过 1 倍；花萼在花期仅长 3~5 毫米，果期增长至 8 毫米，裂片卵状披针形，有睫毛，3 出脉；花冠蓝色、紫色或蓝紫色，长 4~6 毫米，裂片卵形至圆形，喉部疏被毛；雄蕊短于花冠。蒴果肾形，长约 5 毫米，宽约 7 毫米，被腺毛，成熟后几乎无毛，网脉明显，凹口角度超过 90 度，裂片钝，宿存的花柱长约 2.5 毫米，超出凹口。种子背面具深的横纹，长约 1.6 毫米。花期 3—5 月。

主要利用形式：早春田间常见的杂草，具园艺价值。全草味辛苦咸性平，可祛风、除湿、壮腰、截疟。

015 艾蒿

拉丁学名: *Artemisia argyi* Levl. et Vant.; 菊科蒿属。别名: 艾、艾草、冰台、遏草、香艾、蕲艾、灸草、医草、黄草、艾绒、艾叶、青、蒿枝、萧、艾青、蒿草。

形态特征: 多年生草本。头状花序椭圆形，直径 2.5~3 (~3.5) 毫米，无梗或近无梗，每数枚至 10 余枚在分枝上排成小型的穗状花序或复穗状花序，并在茎上通常再组成狭窄、尖塔形的圆锥花序，花后头状花序下倾；总苞片 3~4 层，覆瓦状排列，外层总苞片小，草质，卵形或狭卵形，背面密被灰白色蛛丝状绵毛，边缘膜质，中层总苞片较外层长，长卵形，背面被蛛丝状绵毛，内层总苞片质薄，背面近无毛；花序托小；雌花 6~10 朵，花冠狭管状，檐部具 2 裂齿，紫色，花柱细长，伸出花冠外甚长，先端 2 叉；两性花 8~12 朵，花冠管状或高脚杯状，外面有腺点，檐部紫色，花药狭线形，先端附属物尖，长三角形，基部有不明显的小尖头，花柱与花冠近等长或略长于花冠，先端 2 叉，花后向外弯曲，叉端截形，并有睫毛。瘦果长卵形或长圆形。花果期 7—10 月。

主要利用形式: 常见中药。全草入药，有温经、去湿、散寒、止血、消炎、平喘、止咳、安胎、抗过敏等功效。艾叶晒干捣碎得“艾绒”，可制艾条供艾灸用，又可作“印泥”的原料。艾草也是一种很好的野菜，鲜嫩的叶子和芽可食用。

016 凹头苋

拉丁文名: *Amaranthus lividus* L.; 苋科苋属。别名: 野苋、光苋菜。

形态特征: 一年生草本，高 10~30 厘米，全体无毛。茎伏卧而上升，从基部分枝，淡绿色或紫红色。叶片卵形或菱状卵形，叶片先端常深浅不同地凹入。花成腋生花簇，直至下部叶的腋部，生在茎端和枝端者成直立穗状花序或圆锥花序；苞片及小苞片矩圆形，果熟时脱落。胞果扁卵形，不裂，微皱缩而近平滑，超出宿存花被片。种子环形，黑色至黑褐色，边缘具环状边。花期7—8月，果期8—9月。

主要利用形式：杂草。茎叶可作猪饲料。全草或者种子入药，性味甘淡凉，能清热利湿，主治肠炎、痢疾、咽炎、乳腺炎、痔疮肿痛出血、毒蛇咬伤，也用作缓和止痛、收敛、利尿、解热剂。

017 凹叶景天

拉丁学名：*Sedum emarginatum* Migo；景天科景天属。别名：石马苋、马牙半支莲。

形态特征：多年生草本。茎细弱，高10~15厘米。叶对生，匙状倒卵形至宽卵形，长1~2厘米，宽5~10毫米，先端圆，有微缺，基部渐狭，有短距。花序聚伞状，顶生，宽3~6毫米，有多花，常有3个分枝；花无梗；萼片5，披针形至狭长圆形，长2~5毫米，宽0.7~2毫米，先端钝；基部有短距；花瓣5，黄色，线状披针形至披针形，长6~8毫米，宽1.5~2毫米；鳞片5，长圆形，长0.6毫米，钝圆；心皮5，长圆形，长4~5毫米，基部合生。蓇葖略叉开，腹面有浅囊状隆起；种子细小，褐色。花期5—6月，果期6月。

主要利用形式：全草药用，可清热解毒、散瘀消肿，主治跌打损伤、热疖、疮毒等。本种不耐践踏，适宜在封闭式绿地上种植或作观赏草坪。

018 八宝景天

拉丁学名：*Hylotelephium erythrostictum*（Miq.）H. Ohba；景天科八宝属。别名：华丽景天、长药八宝、大叶景天、八宝、活血三七、对叶景天、白花蝎子草、死不了。

形态特征：多年生草本。块根胡萝卜状。茎直立，高60~70厘米，不分枝。全株青白色，叶对生或3~4枚轮生，长圆形至卵

状长圆形，长 8~10 厘米，宽 2~3.5 厘米，先端急尖，钝，基部渐狭，边缘有疏锯齿，近无柄。伞房状聚伞花序着生茎顶，花密生，直径约 1 厘米，花梗稍短或同长；萼片 5，卵形，长 1.5 毫米；花瓣 5，白色或粉红色，宽披针形，长 5~6 毫米，渐尖；雄蕊 10，与花瓣同长或稍短，花药紫色；鳞片 5，长圆状楔形，长 1 毫米，先端有微缺；心皮 5，直立，基部几分离。花期 8—9 月。

主要利用形式：常见肉质花卉，性耐干旱，关中农村常种植于围墙、崖岸坡地上以减少雨水冲刷。本种可作野菜。全草入药，能祛风利湿、活血散瘀、止血止痛，可治喉炎、荨麻疹、吐血、小儿丹毒、乳腺炎；外用治疗疮痈肿、跌打损伤、鸡眼、烧烫伤、蛇虫咬伤、带状疱疹、脚癣。

019 八角金盘

拉丁学名：*Fatsia japonica*（Thunb.）Decne. et Planch.；五加科八角金盘属。别名：八金盘、八手、手树、金刚纂。

形态特征：常绿灌木或小乔木，高可达 5 米。茎光滑无刺。叶柄长 10~30 厘米；叶片大，革质，近圆形，直径 12~30 厘米，掌状 7~9 深裂，裂片长椭圆状卵形，先端短渐尖，基部心形，边缘有疏离粗锯齿，上表面暗亮绿色，下面色较浅，有粒状突起，边缘有时呈金黄色。圆锥花序顶生，长 20~40 厘米；伞形花序直径 3~5 厘米，花序轴被褐色茸毛；花萼近全缘，无毛；花瓣 5，卵状三角形，长 2.5~3 毫米，黄白色，无毛；雄蕊 5，花丝与花瓣等长；子房下位，5 室，每室有 1 胚球；花柱 5，分离；花盘凸起半圆形。果实近球形，直径 5 毫米，熟时黑色。花期 10—11 月，果熟期第二年 4 月。

主要利用形式：耐荫，对二氧化硫抗性较强，可作为观叶植物用于室内、林下绿化。叶或根皮入药，性温味辛苦，具有化痰止咳、散风除湿、化瘀止痛的功效，常用于治疗咳喘、风湿痹痛、痛风、跌打损伤。

020 白花车轴草

拉丁学名：*Trifolium repens* L.；豆科车轴草属。别名：白三叶、白花三叶草、白三草、车轴草、荷兰翘摇、白车轴草、白花苜蓿、金花草、菽草翘摇。

形态特征：多年生草本。茎匍匐，无毛。复叶有3小叶，小叶倒卵形或倒心形，顶端圆或微凹，基部宽楔形，边缘有细齿，表面无毛，背面微有毛；托叶椭圆形，顶端尖，抱茎。花序头状，有长总花梗，高出丁叶；萼筒状，萼齿三角形，较萼筒短；花冠白色或淡红色。荚果倒卵状椭圆形，有3~4种子；种子细小，近圆形，黄褐色。

主要利用形式：常见地被植物，侵占性和竞争能力较强，能有效地抑制杂草生长，不用长期修剪，管理粗放且使用年限长，具有改善土壤及水土保湿的作用，可用于园林、公园、高尔夫球场等绿化草坪的建植。又为优良牧草和绿肥。种子含油约11%。全草供药用，味微甘性平，有清热凉血、宁心的功效。

021 白蜡树

拉丁学名：*Fraxinus chinensis* Roxb.；木樨科梣属。别名：中国蜡、虫蜡、川蜡、黄蜡、蜂蜡、青榔木、白荆树。

形态特征：落叶乔木，高10~12米。树皮灰褐色，纵裂。芽阔卵形或圆锥形，被棕色柔毛或腺毛。小枝黄褐色，粗糙，无毛或疏被长柔毛，旋即秃净，皮孔小，不明显。羽状复叶长15~25厘米；叶柄长4~6厘米，基部不增厚；叶轴挺直，上面具浅沟，初时疏被柔毛，旋即秃净；小叶5~7枚，硬纸质，卵形、倒卵状长圆形至披针形，顶生小叶与侧生小叶近等大或稍大，先端锐尖至渐尖，基部钝圆或楔形，叶缘具整齐锯齿，上面无毛，下面无毛或有时沿中脉两侧被白色长柔毛，中脉在上面平坦，侧脉8~10对，下面凸起，细脉在两面凸起，明显网结；小叶柄长3~5

毫米。圆锥花序顶生或腋生枝梢上；花序梗长 2~4 厘米，无毛或被细柔毛，光滑，无皮孔；花雌雄异株；雄花密集，花萼小，钟状，无花冠，花药与花丝近等长；雌花疏离，花萼大，桶状；宿存萼紧贴于坚果基部，常在一侧开口深裂。花期 4—5 月，果期 7—9 月。

主要利用形式：本种在我国栽培历史悠久，分布甚广，为良好固沙树种。其主要经济用途为放养白蜡虫生产白蜡。白蜡树木材坚韧，可以制家具、农具、车辆、胶合板等，其较细的树干剥皮整理后可作为武术棍子。树皮称“秦皮”，中医学上用作清热药。

022 白梨

拉丁学名：*Pyrus bretschneideri* Rehd.；蔷薇科梨属。别名：快果、果宗、梨。

形态特征：乔木，高 5~8 米。树冠开展；小枝粗壮，圆柱形，微屈曲，嫩时密被柔毛，不久脱落，二年生枝紫褐色，具稀疏皮孔；冬芽卵形，先端圆钝或急尖，鳞片边缘及先端有柔毛，暗紫色。叶片卵形或椭圆卵形，长 5~11 厘米，宽 3.5~6 厘米，先端渐尖，稀急尖，基部宽楔形，稀近圆形，边缘有尖锐锯齿，齿尖有刺芒，微向内合拢，嫩时紫红绿色，两面均有茸毛，不久脱落，老叶无毛；叶柄长 2.5~7 厘米，嫩时密被茸毛，不久脱落；托叶膜质，线形至线状披针形，先端渐尖，边缘具有腺齿，长 1~1.3 厘米，外面有稀疏柔毛，内面较密，早落。伞形总状花序，有花 7~10 朵，直径 4~7 厘米，总花梗和花梗嫩时有茸毛，不久脱落，花梗长 1.5~3 厘米；苞片膜质，线形，长 1~1.5 厘米，先端渐尖，全缘，内面密被褐色长茸毛；花直径 2~3.5 厘米；萼片三角形，先端渐尖，边缘有腺齿，外面无毛，内面密被褐色茸毛；花瓣卵形，长 1.2~1.4 厘米，宽 1~1.2 厘米，先端常呈啮齿状，基部具有短爪；雄蕊 20，长约等于花瓣之半；花柱 5 或 4，与雄蕊近等长，无毛。果实卵形或近球形，长 2.5~3 厘米，直径 2~2.5 厘米，先端萼片脱落，基部具肥厚果梗，黄色，有细密斑点，4~5 室；种子倒卵形，微扁，长 6~7 毫米，褐色。花期 4 月，果期 8—9 月。

主要利用形式：关中常见果树和风景树，有许多品种。木材质优，是雕刻、制家具及装饰良材。其果实生食具有生津、止渴、润肺、宽肠、强心、利尿等功效，还可制成梨膏，可清火润肺。

023 白香草木樨

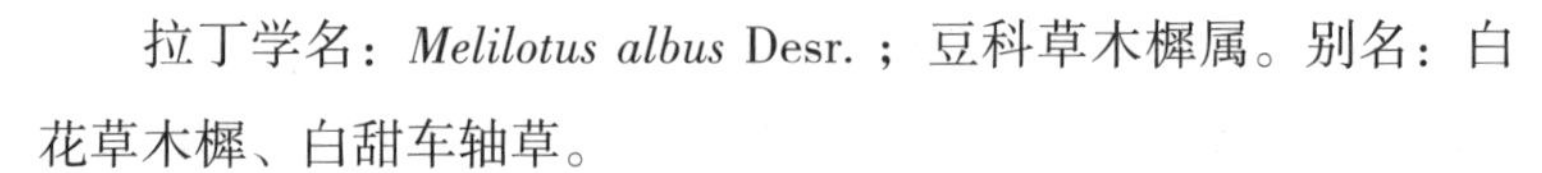

拉丁学名：*Melilotus albus* Desr.；豆科草木樨属。别名：白花草木樨、白甜车轴草。

形态特征：两年生草本，高 0.7~2 米。茎直立高大，圆柱形，中空，多分枝。叶为羽状三出复叶；托叶尖刺状锥形，全缘；叶柄比小叶短，纤细；小叶长圆形或倒披针状长圆形，先端钝圆，基部楔形，边缘疏生浅锯齿，侧脉 12~15 对，平行直达叶缘齿尖，两面均不隆起，顶生小叶稍大，具较长小叶柄，侧小叶柄短。总状花序腋生，具花 40~100 朵，排列疏松；苞片线形；花梗短，萼钟形，萼齿三角状披针形，短于萼筒；花冠白色，旗瓣椭圆形，稍长于翼瓣，龙骨瓣与翼瓣等长或稍短；子房卵状披针形，上部渐窄至花柱，胚珠 3~4 粒。荚果椭圆形至长圆形，先端锐尖，具尖喙，表面脉纹细，网状，棕褐色，老熟后变黑褐色；有种子 1~2 粒。种子卵形，棕色，表面具细瘤点。花期 5—7 月，果期 7—9 月。

主要利用形式：偶见豆科杂草，是家畜的优质饲料。全草入药，能清热利湿、消毒解肿，可治小儿惊风。果实能治风火牙痛。

024 白英

拉丁学名：*Solanum lyratum* Thunb.；茄科茄属。别名：山甜菜、白草、白幕、排风、排风草、天灯笼、和尚头草。

形态特征：耐荫草质藤本，长 0.5~1 米。茎及小枝均密被具节长柔毛。叶互生，多数为琴形，长 3.5~5.5 厘米，宽 2.5~4.8 厘米，基部常 3~5 深裂，裂片全缘，侧裂片愈近基部的愈小，端钝，中裂片较大，通常卵形，先端渐尖，两面均被白色发亮的长柔毛，

中脉明显，侧脉在下面较清晰，通常每边 5~7 条；少数在小枝上部的为心脏形，小，长 1~2 厘米。叶柄长 1~3 厘米，被有与茎枝相同的毛被。聚伞花序顶生或腋外生，疏花，总花梗长 2~2.5 厘米，被具节的长柔毛，花梗长 0.8~1.5 厘米，无毛，顶端稍膨大，基部具关节；萼环状，直径约 3 毫米，无毛，萼齿 5 枚，圆形，顶端具短尖头；花冠蓝紫色或白色，直径约 1.1 厘米，花冠筒隐于萼内，长约 1 毫米，冠檐长约 6.5 毫米，裂片椭圆状披针形，长约 4.5 毫米，先端被微柔毛；花丝长约 1 毫米，花药长圆形，长约 3 毫米，顶孔略向上；子房卵形，直径不及 1 毫米，花柱丝状，长约 6 毫米，柱头小，头状。浆果球状，成熟时红黑色，直径约 8 毫米；种子近盘状，扁平，直径约 1.5 毫米。花期夏秋，果熟期秋末。

主要利用形式：全草及根可入药，《神农本草经》将其列为上品，其味苦性微寒，入肝、胆经，具有清热利湿、解毒消肿、抗癌等功效，主治感冒发热、黄疸型肝炎、胆囊炎、胆石症、淋病、风湿性关节炎、肾炎水肿等。果实（鬼目）性味酸平，能明目，用于治疗目赤和牙痛。叶片多毛，具有较好的降噪声、滞尘功能。

025 白榆

拉丁学名：*Ulmus pumila* L.；榆科榆属。别名：榆、榆树、家榆、钻天榆、钱榆、长叶家榆、黄药家榆。

形态特征：落叶乔木，高达 25 米，胸径 1 米，在干瘠之地长成灌木状。幼树树皮平滑，灰褐色或浅灰色，大树之皮暗灰色，不规则深纵裂，粗糙；小枝无毛或有毛，淡黄灰色、淡褐灰色或灰色，稀淡褐黄色或黄色，有散生皮孔，无膨大的木栓层及凸起的木栓翅；冬芽近球形或卵圆形，芽鳞背面无毛，内层芽鳞的边缘具白色长柔毛。叶椭圆状卵形、长卵形、椭圆状披针形或卵状披针形，长 2~8 厘米，宽 1.2~3.5 厘米，先端渐尖或长渐尖，基部偏斜或近对称，一侧楔形至圆，另一侧圆至半心脏形，叶面平滑无毛，叶背幼时有短柔毛，后变无毛或部分脉腋有簇生毛，边缘具重锯齿或单锯齿，侧脉每边9~16条，叶柄长4~10毫米，通常仅上面有短柔毛。花先叶开放，在去年生枝的叶腋成簇生状。翅果近圆形，稀倒卵状圆形，长1.2~2厘米，除顶端缺口柱头面被毛外，余处无毛，果核部分位于翅果的中部，上端不接近或接近缺口，成熟前后其色与果翅相同，初淡绿色，后白黄色，宿存花被无毛，4浅裂，裂片边缘有毛，果梗较花被为短，长1~2毫米，被（或稀无）短柔毛。花果期3—6月。

主要利用形式：阳性乡土树，生长快，根系发达，适应性强，尤其对氟化氢及烟尘有较强的抗性。木材耐磨、耐腐，是造船、建筑、室内装修地板、家具的优良用材。树皮纤维强韧，可作人造棉和造纸原料。叶含淀粉及蛋白质，可作饲料。皮、叶、果可入药，种子可榨油，是医药和化工原料。果实为"榆钱"，为良好野菜。

026 斑地锦

拉丁学名：*Euphorbia maculata* L.；大戟科大戟属。别名：血筋草。

形态特征：一年生草本。根纤细，长4~7厘米，直径约2毫米。茎匍匐，长10~17厘米，直径约1毫米，被白色疏柔毛。叶对生，长椭圆形至肾状长圆形，长6~12毫米，宽2~4毫米，先端钝，基部偏斜，不对称，略呈渐圆形，边缘中部以下全缘，中部以上常具细小疏锯齿；叶面绿色，中部常具有一个长圆形的紫色斑点，叶背淡绿色或灰绿色，新鲜时可见紫色斑，干时不清楚，两面无毛；叶柄极短，长约1毫米；托叶钻状，不分裂，边缘具睫毛。花序单生于叶腋，基部具短柄，柄长1~2毫米；总苞狭杯状，高0.7~1.0毫米，直径约0.5毫米，外部具白色疏柔毛，边缘5裂，裂片三角状圆形；腺体4，黄绿色，横椭圆形，边缘具白色附属物。雄花4~5，微伸出总苞外；雌花1，子房柄伸出总苞外，且被柔毛；子房被疏柔毛；花柱短，近基部合生；柱头2裂。蒴果三角状卵形，长约 2 毫米，直径约 2 毫米，被稀疏柔毛，成熟时易分裂为 3 个分果爿。种子卵状四棱形，长约 1 毫米，直径约 0.7 毫米，灰色或灰棕色，每个棱面具 5 个横沟，无种阜。花果期 4—9 月。

主要利用形式：在北美大陆被列为农田中最常见和最不易刈除的杂草之一。在我国为花生等旱作物田间杂草，还常见于苗圃和草坪中，若不及时拔除，容易蔓延。全株有毒，也可入药，性味辛平，能止血、清湿热、通乳，主治黄疸、泄泻、疳积、血痢、尿血、血崩、外伤出血、乳汁不多和痈肿疮毒。

027 板栗

拉丁学名：*Castanea mollissima* Bl.；壳斗科栗属。别名：毛栗、栗、魁栗、风栗、锥栗。

形态特征：乔木，高达 20 米，胸径 80 厘米。冬芽长约 5 毫米，小枝灰褐色，托叶长圆形，长 10~15 毫米，被疏长毛及鳞腺。叶椭圆至长圆形，长 11~17 厘米，宽稀达 7 厘米，顶部短至渐尖，基部近截平或圆，或两侧稍向内弯而呈耳垂状，常一侧偏斜而不对称，叶背被星芒状伏贴茸毛，或因毛脱落变为几无毛；叶柄长 1~2 厘米。雄花序长 10~20 厘米，花序轴被毛；花 3~5 朵聚生成簇，雌花 1~3（~5）朵发育结实，花柱下部被毛。成熟壳斗的锐刺有长有短，有疏有密，密时全遮蔽壳斗外壁，疏时则外壁可见，壳斗连刺径 4.5~6.5 厘米；坚果高 1.5~3 厘米，宽 1.8~3.5 厘米。花期 4—6 月，果期 8—10 月。

主要利用形式：经济林木。其木材纹理直，结构粗，坚硬，耐水湿，属优质材。壳斗及树皮富含没食子类鞣质。叶可作蚕饲料。果实味甘性温，归肾、脾、胃经，能养胃健脾、补肾强筋、活血止血，可用于治疗反胃、泄泻、腰脚软弱、吐衄、便血、金疮、折肿痛、瘰疬、月家病、九子疡等症。

028 薄荷

拉丁学名：*Mentha haplocalyx* Briq.；唇形科薄荷属。别名：银丹草、夜息香、蕃荷菜、南薄荷、猫儿薄荷、野薄荷、蔆荷、夜息药、仁丹草、见肿消、水益母、接骨草、土薄荷、鱼香草、香薷草。

形态特征：多年生草本。茎直立，高 30~60 厘米，锐四棱形，具四槽，上部被倒向微柔毛，下部仅沿棱上被微柔毛，多分枝。叶片长圆状披针形、披针形、椭圆形或卵状披针形，稀长圆形，长 3~5（~7）厘米，宽 0.8~3 厘米，先端锐尖，基部楔形至近圆形，边缘在基部以上疏生粗大的牙齿状锯齿，侧脉 5~6 对，与中肋在上面微凹陷，下面显著；叶柄长 2~10 毫米，腹凹背凸，被微柔毛。轮伞花序腋生，轮廓球形，花时径约 18 毫米，具梗或无梗，具梗时梗可长达 3 毫米，被微柔毛；花梗纤细，长 2.5 毫米，被微柔毛或近于无毛。花萼管状钟形，长约 2.5 毫米，外被微柔毛及腺点，内面无毛，10 脉，不明显，萼齿 5，狭三角状钻形，先端长锐尖，长 1 毫米。花冠淡紫，长 4 毫米，外面略被微柔毛，内面在喉部以下被微柔毛；冠檐 4 裂，上裂片先端 2 裂，较大，其余 3 裂片近等大，长圆形，先端钝。雄蕊 4，前对较长，长约 5 毫米，均伸出于花冠之外，花丝丝状，花药卵圆形，2 室，室平行。花柱略超出雄蕊，先端近相等 2 浅裂，裂片钻形。花盘平顶。小坚果卵珠形，黄褐色。花期 7—9 月，果期 10 月。

主要利用形式：野生或者栽培作物。全草可入药，可治感冒发热喉痛、头痛、目赤痛，皮肤风疹瘙痒，麻疹不透等，此外对痈、疽、疥、癣和漆疮亦有效。全草可提取薄荷精油，常被用于驱赶蚊虫，缓解身体疲劳。主要食用部位为幼嫩茎尖和叶，也可榨汁服，可作调味剂、香料，可配酒、冲茶等。

029 宝盖草

拉丁学名：*Lamium amplexicaule* L.；唇形科野芝麻属。别名：珍珠莲、接骨草、莲台夏枯草。

形态特征：一年生或二年生草本。茎高 10~30 厘米，基部多分枝，上升，四棱形，具浅槽，常为深蓝色，几无毛，中空。轮伞花序 6~10 花，其中常有闭花受精的花；苞片披针状钻形，长约 4 毫米，宽约 0.3 毫米，具缘毛。花萼管状钟形，长 4~5 毫米，宽 1.7~2 毫米，外面密被白色直伸的长柔毛，内面除萼上被白色直伸长柔毛外，余部无毛，萼齿 5，披针状锥形，长 1.5~2 毫米，边缘具缘毛。花冠紫红或粉红色，长 1.7 厘米，外面除上唇被有较密带紫红色的短柔毛外，余部均被微柔毛，内面无毛环，冠筒细长，长约 1.3 厘米，直径约 1 毫米，筒口宽约 3 毫米，冠檐二唇形，上唇直伸，长圆形，长约 4 毫米，先端微弯，下唇稍长，3 裂，中裂片倒心形，先端深凹，基部收缩，侧裂片浅圆裂片状。雄蕊花丝无毛，花药被长硬毛。花柱丝状，先端不相等 2 浅裂。花盘杯状，具圆齿。子房无毛。小坚果倒卵圆形，具 3 棱，先端近截状，基部收缩，长约 2 毫米，宽约 1 毫米，淡灰黄色，表面有白色大疣状突起。花期 3—5 月，果期 7—8 月。

主要利用形式：杂草。全草性味辛苦平，能清热利湿、活血祛风、消肿解毒，可用于治疗黄疸型肝炎、淋巴结核、高血压、面神经麻痹、半身不遂、毒疮等，外用治跌打伤痛、骨折、黄水疮、小儿肝热及脑漏等。

030 抱茎苦荬菜

拉丁学名：*Ixeris sonchifolia* Hance.；菊科小苦荬属。别名：苦碟子、抱茎小苦荬、黄瓜菜、苦荬菜。

形态特征：多年生草本。具白色乳汁，光滑。根细圆锥状，长约 10 厘米，淡黄色。茎高 30~60 厘米，上部多分枝。基部叶

具短柄，倒长圆形，长3~7厘米，宽1.5~2厘米，先端钝圆或急尖，基部楔形下延，边缘具齿或不整齐羽状深裂，叶脉羽状；中部叶无柄，中下部叶线状披针形，上部叶卵状长圆形，长3~6厘米，宽0.6~2厘米，先端渐狭成长尾尖，基部变宽成耳形抱茎，全缘，具齿或羽状深裂。头状花序组成伞房状圆锥花序；总花序梗纤细，长0.5~1.2厘米；总苞圆筒形，长5~6毫米，宽2~3毫米；外层总苞片5，长约0.8毫米，内层8，披针形，长5~6毫米，宽约1毫米，先端钝。舌状花多数，黄色，舌片长5~6毫米，宽约1毫米，筒部长1~2毫米；雄蕊5，花药黄色；花柱长约6毫米，上端具细茸毛，柱头裂瓣细长，卷曲。果实长约2毫米，黑色，具细纵棱，两侧纵棱上部具刺状小突起，喙细，长约0.5毫米，浅棕色；冠毛白色，1层，长约3毫米，刚毛状。花期4—5月，果期5—6月。

主要利用形式：具有饲用价值和药用价值。嫩茎叶可作鸡鸭饲料，全株可为猪饲料，也可作野菜。全草味苦辛性微寒，能清热解毒、消肿止痛，可治头痛、牙痛、吐血、衄血、痢疾、泄泻、肠痈、胸腹痛、痈疮肿毒、外伤肿痛。蒙药治虫积和音哑。

031 北美独行菜

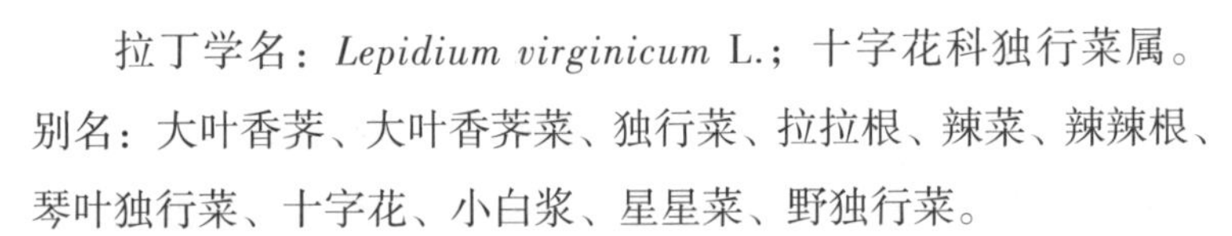

拉丁学名：*Lepidium virginicum* L.；十字花科独行菜属。别名：大叶香荠、大叶香荠菜、独行菜、拉拉根、辣菜、辣辣根、琴叶独行菜、十字花、小白浆、星星菜、野独行菜。

形态特征：一年生或二年生草本，高20~50厘米。茎单一，直立，上部分枝，具柱状腺毛。基生叶倒披针形，长1~5厘米，羽状分裂或大头羽裂，裂片大小不等，卵形或长圆形，边缘有锯齿，两面有短伏毛；叶柄长1~1.5厘米；茎生叶有短柄，倒披针形或线形，长1.5~5厘米，宽2~10毫米，顶端急尖，基部渐狭，边缘有尖锯齿或全缘。总状花序顶生；萼片椭圆形，长约1毫米；花瓣白色，倒卵形，和萼片等长或稍长；雄蕊2或4。短角果近圆形，长2~3毫米，宽1~2毫米，扁平，有窄翅，顶端微缺，花柱极短；果梗长 2~3 毫米。种子卵形，长约 1 毫米，光滑，红棕色，边缘有窄翅；子叶缘倚胚根。花期 4—5 月，果期 6—7 月。

主要利用形式：杂草。全草可作饲料。种子含油，可供食用。种子入药，有利水平喘的功效，也作葶苈子用。

032 北枳椇

拉丁学名：*Hovenia dulcis* Thunb.；鼠李科枳椇属。别名：枳椇、鸡爪梨、枳椇子、拐枣、甜半夜。

形态特征：高大乔木，稀灌木，高达 10 余米。小枝褐色或黑紫色，无毛，有不明显的皮孔。叶纸质或厚膜质，卵圆形、宽矩圆形或椭圆状卵形，长 7~17 厘米，宽 4~11 厘米，顶端短渐尖或渐尖，基部截形，少有心形或近圆形，边缘有不整齐的锯齿或粗锯齿，稀具浅锯齿，无毛或仅下面沿脉被疏短柔毛；叶柄长 2~4.5 厘米，无毛。花黄绿色，直径 6~8 毫米，排成不对称的顶生，稀兼腋生的聚伞圆锥花序；花序轴和花梗均无毛；萼片卵状三角形，具纵条纹或网状脉，无毛，长 2.2~2.5 毫米，宽 1.6~2 毫米；花瓣倒卵状匙形，长 2.4~2.6 毫米，宽 1.8~2.1 毫米，向下渐狭成爪部，长 0.7~1 毫米；花盘边缘被柔毛或上面被疏短柔毛；子房球形，花柱 3 浅裂，长 2~2.2 毫米，无毛。浆果状核果近球形，直径 6.5~7.5 毫米，无毛，成熟时黑色；花序轴结果时稍膨大；种子深栗色或黑紫色，直径 5~5.5 毫米。花期 5—7 月，果期 8—10 月。

主要利用形式：本种生长快，适于庭院绿化、行道树、采种园、采药园或防护林等多种用途栽植。该种肥大的果序轴含丰富的糖，可生食、酿酒、制醋和熬糖。木材细致坚硬，可供建筑用和制精细用具。成熟种子或者带花序轴的果实味甘性平，入胃经，能解酒毒、止渴除烦、止呕、利大小便，脾胃虚寒者禁用。

033 蓖麻

拉丁学名：*Ricinus communis* L.；大戟科蓖麻属。别名：老

麻了、草麻、萆麻子、蓖麻仁、大麻子、红大麻子。

形态特征：一年生粗壮草本或草质灌木，高达5米。小枝、叶和花序通常被白霜，茎多液汁。叶轮廓近圆形，长和宽达40厘米或更长，掌状7~11裂，裂缺几达中部，裂片卵状长圆形或披针形，顶端急尖或渐尖，边缘具锯齿。网脉明显；叶柄粗壮，中空，长可达40厘米，顶端具2枚盘状腺体，基部具盘状腺体；托叶长三角形，长2~3厘米，早落。总状花序或圆锥花序，长15~30厘米或更长；苞片阔三角形，膜质，早落；雄花花萼裂片卵状三角形，长7~10毫米；雄蕊束众多；雌花萼片卵状披针形，长5~8毫米，凋落；子房卵状，直径约5毫米，密生软刺或无刺，花柱红色，长约4毫米，顶部2裂，密生乳头状突起。蒴果卵球形或近球形，长1.5~2.5厘米，果皮具软刺或平滑；种子椭圆形，微扁平，长8~18毫米，平滑，斑纹淡褐色或灰白色；种阜大。花期几全年或6—9月（栽培）。

主要利用形式：油料作物。种子可榨油，油黏度高，凝固点低，既耐严寒又耐高温，在−8℃~10℃不冰冻，在500℃~600℃不凝固和变性，为化工、轻工、冶金、机电、纺织、印刷、染料等工业和医药的重要原料。叶甘辛平，有小毒，能消肿拔毒、止痒，鲜品捣烂外敷治疮疡肿毒，煎水外洗可治湿疹瘙痒，并可灭蛆、杀孑孓。根淡微辛平，能祛风活血、止痛镇静，可治风湿关节痛、破伤风、癫痫等。蓖麻子中含蓖麻毒蛋白及蓖麻碱，可引起中毒。4—7岁小儿服蓖麻子2~7粒可中毒致死。成人20粒可致死。非洲产蓖麻子2粒可使成人致死，小儿仅需1粒，但也有报告称有服24粒后仍能恢复者。蓖麻毒蛋白可能是一种蛋白分解酶，7毫克即可使成人死亡。

034 萹蓄

拉丁学名：*Polygonum aviculare* L.；蓼科蓼属。别名：扁蓄、蓄辩、萹蔓、扁猪牙、扁竹草、扁节草、道生草、萹竹、地萹蓄、编竹、粉节草、萹蓄蓼、百节草、铁绵草、大蓄片、野铁扫把、路柳、斑鸠台。

形态特征：一年生草本。茎平卧、上升或直立，自基部多分枝，具纵棱。叶椭圆形、狭椭圆形或披针形，顶端钝圆或急尖，基部楔形，边缘全缘，两面无毛，下面侧脉明显；叶柄短或近无柄，基部具关节；托叶鞘膜质，下部褐色，上部白色，撕裂脉明显。花单生或数朵簇生于叶腋，遍布于植株；苞片薄膜质；花梗细，顶部具关节；花被 5，深裂，花被片椭圆形，长 2~2.5 毫米，绿色，边缘白色或淡红色；雄蕊 8，花丝基部扩展；花柱 3，柱头头状。瘦果卵形，具 3 棱，长 2.5~3 毫米，黑褐色，密被由小点组成的细条纹，无光泽，与宿存花被近等长或稍超过。花期 5—7 月，果期 6—8 月。

主要利用形式：常见杂草。全草入药能利尿通淋、杀虫、止痒、降血糖。嫩苗也可作野菜。

035 蝙蝠葛

拉丁学名：*Menispermum dauricum* DC.；防已科蝙蝠葛属。别名：山豆根、蝙蝠藤、金丝钓葫芦、防己葛、黄根、野鸡豆子、爬山秧子、山地瓜秧、小葛香、杨柳子棵、光光喳、狗葡萄秧、小青藤、黄藤根、黄根藤、大叶马兜铃、狗屎豆、马串铃、金线吊蛤蟆、什子苗、黄条香、山豆秧根、尼恩巴、北豆根。

形态特征：草质、落叶藤本。根状茎褐色，垂直生，茎自位于近顶部的侧芽生出，一年生茎纤细，有条纹。叶纸质或近膜质，轮廓通常为心状扁圆形，边缘有 3~9 角或 3~9 裂，很少近全缘，基部心形至近截平，下面有白粉；掌状脉 9~12 条，其中向基部伸展的 3~5 条很纤细，均在背面凸起；叶柄有条纹。圆锥花序单生或有时双生，有细长的总梗，有花数朵至 20 余朵，花密集成稍疏散，花梗纤细；雄花：有 4~8 萼片，膜质，绿黄色，倒披针形至倒卵状椭圆形；花瓣 6~8 或多至 9~12 片，肉质，凹成兜状，有短爪；雄蕊通常 12。雌花：退化雄蕊 6~12，雌蕊群具柄。核果紫黑色；基部弯缺深约 3 毫米。花期 6—7 月，果期 8—9 月。

主要利用形式：叶形奇特的垂直绿化植物。根茎味苦性寒，有小毒，归肺、胃、大肠经，能清热解毒、祛风止痛，主治咽喉肿痛、热毒泻痢、风湿痹痛等症，可用于治疗肝癌、喉癌、食道癌等。藤茎主治腰痛和瘰疬。

036 菠菜

拉丁学名：*Spinacia oleracea* L.；藜科菠菜属。别名：菠薐、菠薐菜、波棱菜、红根菜、赤根菜、波斯草、鹦鹉菜、鼠根菜、角菜、甜茶、拉筋菜、敏菜、飞薐菜、飞龙菜。

形态特征：一年生草本。根圆锥状，带红色，较少为白色。茎直立，中空，脆弱多汁，不分枝或有少数分枝。叶戟形至卵形，鲜绿色，柔嫩多汁，稍有光泽，全缘或有少数牙齿状裂片。雄花集成球形团伞花序，再于枝和茎的上部排列成有间断的穗状圆锥花序；花被片通常 4，花丝丝形，扁平，花药不具附属物；雌花团集于叶腋；小苞片两侧稍扁，顶端残留 2 小齿，背面通常各具一棘状附属物；子房球形，柱头 4 或 5，外伸。胞果卵形或近圆形，直径约 2.5 毫米，两侧扁；果皮褐色。

主要利用形式：常见蔬菜。全草味甘性平，归肝、胃、大肠、小肠经，能解热毒、通血脉、利肠胃，主治头痛、目眩、目赤、夜盲症、消渴、便秘及痔疮。

037 播娘蒿

拉丁学名：*Descurainia sophia*（L.）Webb. ex Prantl.；十字花科播娘蒿属。别名：大蒜芥、米米蒿、麦蒿。

形态特征：一年生或二年生草本，高 20~80 厘米。全株呈灰白色。茎直立，上部分枝，具纵棱槽，密被分枝状短柔毛。叶轮廓为矩圆形或矩圆状披针形，长 3~7 厘米，宽 1 ~2（4）厘米，二至三回羽状全裂或深裂，最终裂片条形或条状矩圆形，长 2~5 毫米，宽 1~1. 5 毫米，先端钝，全缘，两面被分枝短柔毛；茎下部叶有柄，向上叶柄逐渐缩短或近于无柄。总状花序顶生，具多数花；具花梗；萼片 4，条状矩圆形，先端钝，边缘膜质，背面具分枝细柔毛；花瓣 4，黄色，匙形，与萼片近等长；雄蕊比花瓣长。长角果狭条形，长 2~3 厘米，宽约 1 毫米，淡黄绿色，无毛。种子 1 行，黄棕色，矩圆形，长约 1 毫米，宽约 0. 5 毫米，稍扁，表面有细纹，潮湿后有胶黏物质。花果期 6—9 月。

主要利用形式：麦田常见杂草，也是牲畜良好的饲料。种子味辛苦性大寒，可泻肺定喘、祛痰止咳、行水消肿，治痰饮喘咳、面目浮肿、胸腹积水、水肿、小便不利、肺源性心脏病。

038 博落回

拉丁学名：*Macleaya cordata*（Willd.）R. Br.；罂粟科博落回属。别名：勃逻回、勃勒回、落回、菠萝筒、喇叭筒、喇叭竹、山火筒、空洞草、号筒杆、号筒管、号筒树、号筒草、大叶莲、野麻杆、黄杨杆、三钱三、黄薄荷。

形态特征：多年生直立草本。基部木质化，具乳黄色浆汁。茎高 1~4 米，绿色，光滑，多白粉，中空，上部多分枝。叶片宽卵形或近圆形，先端急尖、渐尖、钝或圆形，通常 7 或 9 深裂或浅裂，裂片半圆形、方形或其他，边缘波状、缺刻状，粗齿或多细齿，表面绿色，无毛，背面多白粉，被易脱落的细茸毛，基出脉通常 5，侧脉 2 对，稀 3 对，细脉网状，常呈淡红色；叶柄长 1~12 厘米，上面具浅沟槽。大型圆锥花序，多花，顶生和腋生；花梗长 2~7 毫米；苞片狭披针形。花芽棒状，近白色；萼片倒卵状长圆形，舟状，黄白色；花瓣无；雄蕊 24~30，花丝丝状，花药条形，与花丝等长；子房倒卵形至狭倒卵形，先端圆，基部渐狭，花柱长约 1 毫米，柱头 2 裂，下延于花柱上。蒴果狭倒卵形或倒披针形，先端圆或钝，基部渐狭，无毛。种子 4~6（~8）枚，卵珠形，生于缝线两侧，无柄，种皮具排成行的整齐的蜂窝状孔穴，有狭的种阜。花果期 6—11 月。

主要利用形式：有毒杂草。带根全草味苦辛性寒温，能散瘀祛风、解毒、止痛、杀虫，主治痈疮疔肿、臁疮、痔疮、湿疹、蛇虫咬伤、跌打肿痛、风湿关节痛、龋齿痛、顽癣、滴虫性阴道炎及酒糟鼻。全草作农药可防治稻椿象、稻苞虫、钉螺等。

039 蚕豆

拉丁学名：*Vicia faba* L.；豆科野豌豆属。别名：南豆、胡豆、竖豆、佛豆。

形态特征：一年生草本。主根短粗，多须根，根瘤粉红色，密集。茎粗壮，直立，具4棱，中空，无毛。偶数羽状复叶，叶轴顶端卷须短缩为短尖头；托叶戟头形或近三角状卵形，略有锯齿，具深紫色蜜腺点；小叶通常1~3对，互生，上部小叶可达4~5对，基部较少，小叶椭圆形、长圆形或倒卵形，稀圆形。总状花序腋生，花梗近无；花萼钟形，萼齿披针形，下萼齿较长；具花2~4（~6）朵，呈丛状着生于叶腋，花冠白色，具紫色脉纹及黑色斑晕，旗瓣中部缢缩，基部渐狭，翼瓣短于旗瓣，长于龙骨瓣；雄蕊2体，子房线形无柄，胚珠2~4（~6），花柱密被白柔毛，顶端远轴面有一束髯毛。荚果肥厚；表皮绿色被茸毛，内有白色海绵状横隔膜，成熟后表皮变为黑色。种子2~4（~6），长方圆形，近长方形，中间内凹；种皮革质，青绿色、灰绿色至棕褐色，稀紫色或黑色；种脐线形，黑色，位于种子一端。花期4—5月，果期5—6月。

主要利用形式：杂粮作物，果荚嫩时可作为时新蔬菜。也可作为饲料和蜜源植物进行种植。发生过蚕豆过敏者一定不要再吃；中焦虚寒者，有遗传性血红细胞缺陷症者，痔疮出血、消化不良、慢性结肠炎、尿毒症等患者不宜吃蚕豆。

040 苍耳

拉丁学名：*Xanthium sibiricum* Patrin ex Widder；菊科苍耳属。别名：卷耳、葹、苓耳、地葵、枲耳、葈耳、白胡荽、常枲、爵耳。

形态特征：一年生草本，高可达 1 米。叶卵状三角形，长 6~10 厘米，宽 5~10 厘米，顶端尖，基部浅心形至阔楔形，边缘有不规则的锯齿或常成不明显的 3 浅裂，两面有贴生糙伏毛；叶柄长 3.5~10 厘米，密被细毛。瘦果壶体状，无柄，长椭圆形或卵形，长 10~18 毫米，宽 6~12 毫米，表面具钩刺和密生细毛，钩刺长 1.5~2 毫米，顶端喙长 1.5~2 毫米。花期 8—9 月。

主要利用形式：常见杂草，有经济价值。茎皮制成的纤维可制作麻袋、麻绳，其油是一种高级香料的原料，悬浮液可防治蚜虫。苍耳根可用于治疗疔疮、痈疽、缠喉风、丹毒、高血压、痢疾；苍耳茎、叶可祛风散热、解毒杀虫；苍耳花可用于治疗白癞顽癣、白痢；苍耳子果实可散风湿、通鼻窍、止痛杀虫，可治疗风寒头痛、鼻塞流涕、齿痛、风寒湿痹、四肢挛痛、疥癣、瘙痒。

041 草莓

拉丁学名：*Fragaria × ananassa* Duch.；蔷薇科草莓属。别名：洋莓、地莓、地果、红莓、士多啤梨、凤梨草莓。

形态特征：多年生草本，高 10~40 厘米。茎低于叶或近相等，密被开展黄色柔毛。叶三出，小叶具短柄，质地较厚，倒卵形或菱形，稀几圆形，长 3~7 厘米，宽 2~6 厘米，顶端圆钝，基部阔楔形，侧生小叶基部偏斜，边缘具缺刻状锯齿，锯齿急尖，上面深绿色，几无毛，下面淡白绿色，疏生毛，沿脉较密；叶柄长 2~10 厘米，密被开展黄色柔毛。聚伞花序，有花 5~15 朵，花序下面具 1 短柄的小叶；花两性，直径 1.5~2 厘米；萼片卵形，比副萼片稍长，副萼片椭圆披针形，全缘，稀深 2 裂，果时扩大；花瓣白色，近圆形或倒卵椭圆形，基部具不显的爪；雄蕊 20 枚，不等长；雌蕊极多。聚合果大，直径达 3 厘米，鲜红色，宿存萼片直立，紧贴于果实；瘦果尖卵形，光滑。花期 4—5 月，果期 6—7 月。

主要利用形式：常见水果，也可盆栽观赏。果食用，也可制作果酱或罐头。聚合果气清香，味甜酸，能清凉止渴、健胃消食、保护视力、防便秘，主治口渴、食欲不振、消化不良。

042 草木樨

拉丁学名：*Melilotus suaveolens* Ledeb.；豆科草木樨属。别名：铁扫把、省头草、辟汗草、野苜蓿、黄香草木樨。

形态特征：二年生或一年生草本。主根深达2米以下。茎直立，多分枝，高50~120厘米，最高可达2米以上。羽状三出复叶，小叶椭圆形或倒披针形，长1~1.5厘米，宽3~6毫米，先端钝，基部楔形，叶缘有疏齿，托叶条形；总状花序腋生或顶生，长而纤细，花小，长3~4毫米，花萼钟状，具5齿，花冠蝶形，黄色，旗瓣长于翼瓣。荚果卵形或近球形，长约3.5毫米，成熟时近黑色，具网纹，含种子1粒。

主要利用形式：杂草，耐旱、耐寒、耐瘠性强，也有一定的耐盐能力，对土壤要求不严格。开花前，茎叶幼嫩柔软，马、牛、羊、兔均喜食。切碎打浆喂猪效果也很好。它既可青饲、青贮，又可晒制干草，制成草粉。草木樨的蜜、粉丰富，为良好蜜源植物，作为水土保持植物和绿肥也很好。草木樨为正宗"辟汗草"，其功能是清热解毒、杀虫化湿，主治暑热胸闷、胃病、疟疾、痢疾、淋病、皮肤疮疡、口臭和头痛等。它的根叫"臭苜蓿根"，能清热解毒，主治淋巴结核。

043 长春花

拉丁学名：*Catharanthus roseus*（L.）G. Don；夹竹桃科长春花属。别名：日日春、日日草、日日新、三万花、四时春、时钟花、雁来红。

形态特征：半灌木。略有分枝，高达60厘米。有水液，全株无毛或仅有微毛；茎近方形，有条纹，灰绿色；节间长1~3.5厘米。叶膜质，倒卵状长圆形，长3~4厘米，宽1.5~2.5厘米，先端浑圆，有短尖头，基部广楔形至楔形，渐狭而成叶柄；叶脉在叶面扁平，在叶背略隆起，侧脉约 8 对。聚伞花序腋生或顶生，有花 2~3 朵；花萼 5 深裂，内面无腺体或腺体不明显，萼片披针形或钻状渐尖，长约 3 毫米；花冠红色，高脚碟状，花冠筒圆筒状，长约 2.6 厘米，内面具疏柔毛，喉部紧缩，具刚毛；花冠裂片宽倒卵形，长和宽约 1.5 厘米；雄蕊着生于花冠筒的上半部，但花药隐藏于花喉之内，与柱头离生；子房和花盘与属的特征相同。蓇葖双生，直立，平行或略叉开，长约 2.5 厘米，直径 3 毫米；外果皮厚纸质，有条纹，被柔毛；种子黑色，长圆状圆筒形，两端截形，具有颗粒状小瘤。花期、果期几乎全年。

主要利用形式：花及叶均美，为常见园林植物。植株含长春碱，可药用，能降低血压；在国外用来治白血病、淋巴肿瘤、肺癌、绒毛膜上皮癌、血癌和子宫癌等。

044 长叶车前

拉丁学名：*Plantaga lanceolata* L.；车前科车前属。别名：窄叶车前、欧车前、披针叶车前。

形态特征：根茎粗短，不分枝或分枝。叶基生呈莲座状，无毛或散生柔毛；叶片纸质，线状披针形、披针形或椭圆状披针形，长 6~20 厘米，宽 0.5~4.5 厘米，先端渐尖至急尖，边缘全缘或具极疏的小齿，基部狭楔形，下延，脉（3~）5（~7）条；叶柄细，长 2~10 厘米，基部略扩大成鞘状，有长柔毛。花序 3~15 个；花序梗直立或弓曲上升，长 10~60 厘米，有明显的纵沟槽，棱上多少贴生柔毛；穗状花序幼时通常呈圆锥状卵形，成长后变短圆柱状或头状，长 1~5（~8）厘米，紧密；苞片卵形或椭圆形，长 2.5~5 毫米，先端膜质，尾状，龙骨突匙形，密被长粗毛。花萼长 2~3.5 毫米，萼片龙骨突不达顶端，背面常有长粗毛，膜质侧片宽，前对萼片至近顶端合生，宽倒卵圆形，边缘有疏毛，两条龙骨突较细，不连合，后对萼片分生，宽卵形，龙骨突成扁平的脊。花冠白色，无毛，冠筒约与萼片等长或稍长，裂片披针形或卵状披针形，长 1.5~3 毫米，先端尾状急尖，中脉明显，干后淡褐色，花后反折。雄蕊着生于冠筒内面中部，与花柱明显外伸，花药椭圆形，长 2.5~3 毫米，先端有卵状三角形小尖头，白色至淡黄色。胚珠 2~3。蒴果狭卵球形，长 3~4 毫米，于基部上方周裂。种子（1~）2，狭椭圆形至长卵形，长 2~2.6 毫米，淡褐色至黑褐色，有光泽，腹面内凹成船形；子叶左右向排列。花期 5—6 月，果期 6—7 月。

主要利用形式：良好的园林地被植物。叶质肥厚，细嫩多汁，是早春重要牧草。种子具有清热明目、利尿止泻、降血压、镇咳祛痰等功效。种子油也是工业用油。

045 长叶女贞

拉丁学名：*Ligustrum compactum* Ait（Wall. ex G. Don）Hook. F；木樨科女贞属。别名：高杆女贞、冬青、桢树、大叶女贞、蜡树、水蜡。

形态特征：灌木或小乔木，高可达 15 米。树皮灰褐色。枝黄褐色、褐色或灰色，圆柱形，疏生圆形皮孔，小枝橄榄绿色或黄褐色至褐色，圆柱形，节处稍压扁，幼时被短柔毛，后无毛。叶片革质，椭圆状披针形、卵状披针形或长卵形，花枝上叶片有时为狭椭圆形或卵状椭圆形，长 5~15 厘米，宽（2~）3~6（~8）厘米，先端锐尖至长渐尖，稀钝，基部近圆形或宽楔形，有时呈楔形，叶缘稍反卷，两面除上面中脉有时被微柔毛外，其余近无毛，侧脉 6~20 对，两面稍凸起；叶柄长 5~25 毫米，无毛或被微柔毛。圆锥花序疏松，顶生或腋生，长 7~20 厘米，宽 7~16（~24.5）厘米；花序梗长 0~3 厘米；花序轴及分枝轴具棱，果时尤明显，无毛或被微柔毛；苞片小叶状，匙形或披针形，长 1~2 厘米，常凋落；花无梗或近无梗，长不超过 2 毫米；花萼长 1~1.5 毫米，先端几平截；花冠长 3.5~4 毫米，花冠管长 1.5~2.5 毫米，裂片长 1.2~2.5 毫米，反折；花丝长 1~3 毫米，花药长圆状椭圆形，长 1~2 毫米；花柱内藏，稍短于花冠管。果椭圆形或近球形，长 7~10 毫米，径 4~6 毫米，常弯生，蓝黑色或黑色，有白粉；果梗长 0~6 毫米。花期 6—7 月，果期 10—12 月。

主要利用形式：常见园林植物。叶可治疗口腔炎、咽喉炎；树皮研磨可治疗烫伤等；根茎泡酒，治风湿；果实味苦甘性平，能补肝肾、强腰膝，治阴虚内热、头晕、目花、耳鸣、腰膝酸软、须发早白。

046 朝天委陵菜

拉丁学名：*Potentilla supina* L.；蔷薇科委陵菜属。别名：伏委陵菜、仰卧委陵菜、铺地委陵菜、老鹤筋、老鸹金、老鸹筋、鸡毛草。

形态特征：一年生或二年生草本。主根细长，并有稀疏侧根。茎平展，上升或直立，叉状分枝，长 20~50 厘米，被疏柔毛或脱落几无毛。基生叶羽状复叶，有小叶 2~5 对，间隔 0.8~1.2 厘米，连叶柄长 4~15 厘米，叶柄被疏柔毛或脱落几无毛；小叶互生或对生，无柄，最上面 1~2 对小叶基部下延，与叶轴合生，小叶片长圆形或倒卵状长圆形，通常长 1~2.5 厘米，宽 0.5~1.5 厘米，顶端圆钝或急尖，基部楔形或宽楔形，边缘有圆钝或缺刻状锯齿，两面绿色，被稀疏柔毛或脱落几无毛；茎生叶与基生叶相似，向上小叶对数逐渐减少；基生叶托叶膜质，褐色，外面被疏柔毛或几无毛，茎生叶托叶草质，绿色，全缘，有齿或分裂。花茎上多叶，下部花自叶腋生，顶端呈伞房状聚伞花序；花梗长 0.8~1.5 厘米，常密被短柔毛；花直径 0.6~0.8 厘米；萼片三角卵形，顶端急尖，副萼片长椭圆形或椭圆披针形，顶端急尖，比萼片稍长或近等长；花瓣黄色，倒卵形，顶端微凹，与萼片近等长或较短；花柱近顶生，基部乳头状膨大，花柱扩大。瘦果长圆形，先端尖，表面具脉纹，腹部鼓胀若翅或有时不明显。花果期 3—10 月。

主要利用形式：杂草。3—6 月嫩茎叶可作野菜；秋季或早春采挖块根煮稀饭，味香甜；也可酿酒。全草晾干，性味苦寒，归肝、大肠经，能清热解毒、凉血、止痢，主治感冒发热、肠炎、热毒泻痢、痢疾、血热等。鲜品外用于疮毒痈肿及蛇虫咬伤。

047 柽柳

拉丁学名：*Tamarix chinensis* Lour.；柽柳科柽柳属。别名：三春柳、西湖杨、观音柳、红筋条、红荆条。

形态特征：乔木或灌木。老枝直立，暗褐红色，光亮，幼枝稠密细弱，常开展而下垂，红紫色或暗紫红色，有光泽；嫩枝繁密纤细，悬垂。叶鲜绿色，从去年生木质化生长枝上生出的绿色营养枝上的叶长圆状披针形或长卵形，稍开展，先端尖，基部背面有龙骨状隆起，常呈薄膜质；上部绿色营养枝上的叶钻形或卵状披针形，半贴生，先端渐尖而内弯，基部变窄，背面有龙骨状突起。每年开花两三次。春季开花：总状花序侧生于去年生木质化的小枝上，花大而少，较稀疏而纤弱点垂，小枝亦下倾；有短总花梗，或近无梗，梗生有少数苞叶或无；苞片线状长圆形，或长圆形，渐尖，与花梗等长或稍长；花梗纤细，较萼短；花 5 出；萼片 5，狭长卵形，具短尖头，略全缘，外面 2 片，背面具隆脊，较花瓣略短；花瓣 5，粉红色，通常卵状椭圆形或椭圆状倒卵形，稀倒卵形，较花萼微长，果时宿存；花盘 5 裂，裂片先端圆或微凹，紫红色，肉质；雄蕊 5，花丝着生在花盘裂片间，自其下方近边缘处生出；子房圆锥状瓶形，花柱 3，棍棒状。蒴果圆锥形。夏、秋季开花：总状花序，较春生者细，生于当年生幼枝顶端，组成顶生大圆锥花序，疏松而通常下弯；花 5 出，较春季者略小，密生；苞片绿色，草质，较春季花的苞片狭细，较花梗长，线形至线状锥形或狭三角形，渐尖，向下变狭，基部背面有隆起，全缘；花萼三角状卵形；花瓣粉红色，直而略外斜；花盘 5 裂，或每一裂片再裂成 10 裂片状；雄蕊 5，花药钝，花丝着生在花盘主裂片间，自其边缘和略下方生出；花柱棍棒状。花期 4—9 月。

主要利用形式：旱生型庭园观赏植物，是最能适应干旱沙漠和滨海盐土生存、防风固沙、改造盐碱地、绿化环境的优良树种之一。可作薪炭柴，亦可作农具用材。细枝多用来编筐，其枝亦可编糖和农具柄把。多栽于庭院、公园等处作观赏用。干燥细枝嫩叶，味甘辛性平，归肺、胃、心经，能疏风解表、透疹解毒，主治风热感冒、麻疹初起、疹出不透、风湿痹痛及皮肤瘙痒。

048 齿果酸模

拉丁学名：*Rumex dentatus* L.；蓼科酸模属。别名：牛舌草、羊蹄、齿果羊蹄、羊蹄大黄、土大黄、牛舌棵子、野甜菜、土王根、牛舌头棵、牛耳大黄。

形态特征：一年生草本。茎直立，高 30~70 厘米，自基部分枝，枝斜上，具浅沟槽。茎下部叶长圆形或长椭圆形，长 4~12 厘米，宽 1.5~3 厘米，顶端圆钝或急尖，基部圆形或近心形，边缘浅波状，茎生叶较小；叶柄长 1.5~5 厘米。花序总状，顶生和腋生，具叶，由数个花序再组成圆锥状花序，长达 35 厘米，多花，轮状排列，花轮间断；花梗中下部具关节；外花被片椭圆形，长约 2 毫米；内花被片果时增大，三角状卵形，长 3.5~4 毫米，宽 2~2.5 毫米，顶端急尖，基部近圆形，网纹明显，全部具小瘤，小瘤长 1.5~2 毫米，边缘每侧具 2~4 个刺状齿，齿长 1.5~2 毫米。瘦果卵形，具 3 锐棱，长 2~2.5 毫米，两端尖，黄褐色，有光泽。花期 5—6 月，果期 6—7 月。

主要利用形式：杂草，也可作野菜。根叶可入药，有去毒、清热、杀虫、治癣的功效。

049 赤豆

拉丁学名：*Vigna angularis*（Willd.）Ohwi et Ohashi；豆科豇豆属。别名：红小豆、红赤小豆、红豆、红赤豆、小豆。

形态特征：一年生直立或缠绕草本。高 30~90 厘米，植株被疏长毛。羽状复叶具 3 小叶；托叶盾状着生，箭头形；小叶卵形至菱状卵形，先端宽三角形或近圆形，侧生的偏斜，全缘或浅 3 裂，两面均稍被疏长毛。花黄色，约 5 或 6 朵生于短的总花梗顶端；花梗极短；小苞片披针形；花萼钟状；花冠长约 9 毫米，旗瓣扁圆形或近肾形，常稍歪斜，顶端凹，翼瓣比龙骨瓣宽，具短瓣柄及耳，龙骨瓣顶端弯曲近半圈，其中一片的中下部有一角状突起，基部有瓣柄；子房线形，花柱弯曲，近先端有毛。荚果圆柱状，平展或下弯，无毛；种子通常暗红色或其他颜色，长圆形，两头截平或近浑圆，种脐不凹陷。花期夏季，果期9—10月。

主要利用形式：小杂粮作物。种子供食用，煮粥、制豆沙均可。种子性味甘酸平，能利水消肿、解毒排脓，可治水肿胀满、脚气、泻痢、黄疸尿赤、风湿热痹、痈肿疮毒、肠痈腹痛；浸水后捣烂外敷，治各种肿毒。红小豆对金黄色葡萄球菌、福氏痢疾杆菌、伤寒杆菌有明显的抑制作用。

050 重阳木

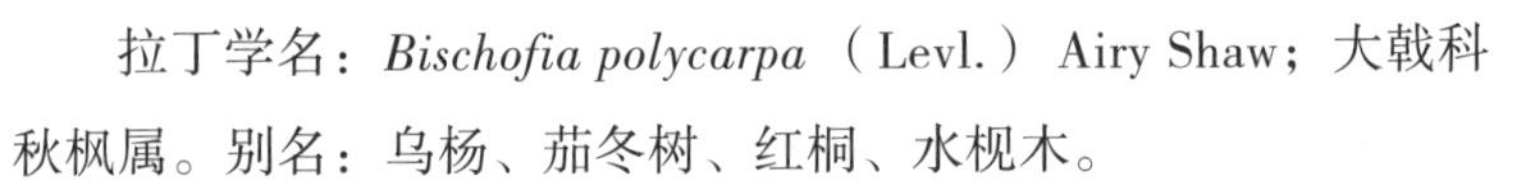

拉丁学名：*Bischofia polycarpa*（Levl.）Airy Shaw；大戟科秋枫属。别名：乌杨、茄冬树、红桐、水梘木。

形态特征：落叶乔木。树皮褐色，纵裂；木材表面槽棱不显；树冠伞形状，当年生枝绿色，皮孔明显，灰白色，老枝变褐色，皮孔变锈褐色；芽小，顶端稍尖或钝，具有少数芽鳞。三出复叶；顶生小叶通常较两侧的大，小叶片纸质，卵形或椭圆状卵形，有时长圆状卵形，边缘具钝细锯齿，每1厘米长有4~5个；托叶小，早落。花雌雄异株，春季与叶同时开放，组成总状花序；花序通常着生于新枝的下部，花序轴纤细而下垂。雄花：萼片半圆形，膜质，向外张开；花丝短；有明显的退化雌蕊。雌花：萼片与雄花的相同，有白色膜质的边缘；子房3~4室，每室2胚珠，花柱2~3，顶端不分裂。果实浆果状，圆球形，成熟时褐红色。花期4—5月，果期10—11月。

主要利用形式：常见园林行道树。适于建筑、造船、车辆、家具等用材。果肉可酿酒。种子含油量达30%，可供食用，也可作润滑油和肥皂油。其根、叶可入药，能行气活血、消肿解毒。果肉可酿酒。枝叶对二氧化硫有一定的抗性；落叶量大，可培肥增加地力，也可以作为能源树种进行开发。

051 臭椿

拉丁学名：*Ailanthus altissima*（Mill.）Swingle；苦木科臭椿属。别名：臭椿皮、大果臭椿。

形态特征：落叶乔木，高达 20 余米。树皮平滑而有直纹；嫩枝有髓，幼时被黄色或黄褐色柔毛，后脱落。叶为奇数羽状复叶，长 40~60 厘米，叶柄长 7~13 厘米，有小叶 13~27；小叶对生或近对生，纸质，卵状披针形，基部偏斜，截形或稍圆，两侧各具 1 或 2 个粗锯齿。齿背有腺体 1 个，叶面深绿色，背面灰绿色，揉碎后有臭味。圆锥花序长 10~30 厘米；花淡绿色，花梗长 1~2.5 毫米；萼片 5，覆瓦状排列，裂片长 0.5~1 毫米；花瓣 5，长 2~2.5 毫米，基部两侧被硬粗毛；雄蕊 10，花丝基部密被硬粗毛，雄花中的花丝长于花瓣，雌花中的花丝短于花瓣；花药长圆形，长约 1 毫米；心皮 5，花柱黏合，柱头 5 裂。翅果长椭圆形，长 3~4.5 厘米，宽 1~1.2 厘米；种子位于翅的中间，扁圆形。花期 4—5 月，果期 8—10 月。

主要利用形式：乡土树种。树皮、根皮、果实均可入药，具有清热燥湿、收涩止带、止泻、止血的功效。臭椿有小毒，只供煎汤外洗使用。臭椿叶不能食用，民间有人用其冒充香椿芽销售。果实名“凤眼草”，可清热燥湿、止痢、止血，可治痢疾、白浊、带下、便血、尿血及崩漏等症。

052 垂柳

拉丁学名：*Salix babylonica* L.；杨柳科柳属。别名：水柳、垂丝柳、倒挂柳、倒插杨、清明柳、吊杨柳、线柳、倒垂柳、青龙须。

形态特征：乔木，高达 12~18 米。树冠开展而疏散。树皮灰黑色，不规则开裂；枝细，下垂，淡褐黄色、淡褐色或带紫色，无毛。芽线形，先端急尖。叶狭披针形或线状披针形，先端长渐

尖，基部楔形，两面无毛或微有毛，上面绿色，下面色较淡，锯齿缘；叶柄长（3）5~10毫米，有短柔毛；托叶仅生在萌发枝上，斜披针形或卵圆形，边缘有齿牙。花序先叶开放，或与叶同时开放；雄花序长1.5~2（~3）厘米，有短梗，轴有毛；雄蕊2，花丝与苞片近等长或较长，基部多少有长毛，花药红黄色；苞片披针形，外面有毛；腺体2；雌花序长达2~3（~5）厘米，有梗，基部有3~4小叶，轴有毛；子房椭圆形，无毛或下部稍有毛，无柄或近无柄，花柱短，柱头2~4深裂；苞片披针形，长约1.8~2（~2.5）毫米，外面有毛；腺体1。蒴果长3~4毫米，带绿黄褐色。花期3—4月，果期4—5月。

主要利用形式：优美的湿地绿化树种。木材可供制家具；枝条可编筐；树皮含鞣质，可提制栲胶。叶可作羊饲料。叶、枝、根皮、须根、树皮等入药。叶用于治疗慢性气管炎、尿道炎、膀胱炎、膀胱结石、高血压；外用治关节肿痛和痈疽肿毒。枝、根皮用于治疗白带和风湿性关节炎；外用治烧烫伤。须根用于治疗风湿拘挛、筋骨疼痛、湿热带下及牙龈肿痛。树皮外用治黄水疮。

053 垂盆草

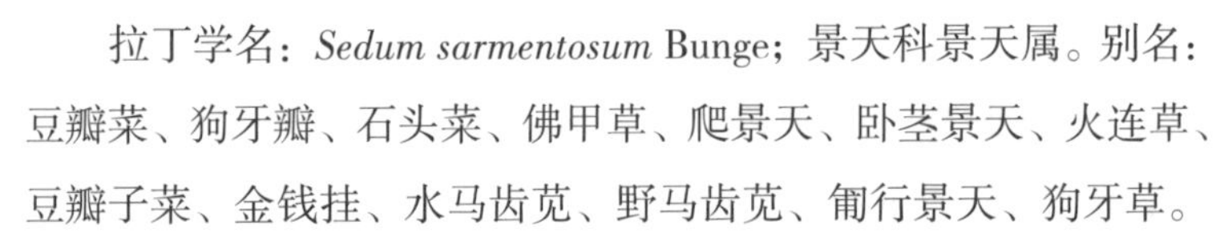

拉丁学名：*Sedum sarmentosum* Bunge；景天科景天属。别名：豆瓣菜、狗牙瓣、石头菜、佛甲草、爬景天、卧茎景天、火连草、豆瓣子菜、金钱挂、水马齿苋、野马齿苋、匍行景天、狗牙草。

形态特征：多年生草本。不育枝及花茎细，匍匐而节上生根，直到花序之下，长10~25厘米。3叶轮生，叶倒披针形至长圆形，长15~28毫米，宽3~7毫米，先端近急尖，基部急狭，有距。聚伞花序，有3~5分枝，花少，宽5~6厘米；花无梗；萼片5，披针形至长圆形，长3.5~5毫米，先端钝，基部无距；花瓣5，黄色，披针形至长圆形，长5~8毫米，先端有稍长的短尖；雄蕊10，较花瓣短；鳞片10，楔状四方形，长0.5毫米，先端稍有微缺；心皮5，长圆形，长5~6毫米，略叉开，有长花柱。种子卵形，长0.5毫米。花期5—7月，果期8月。

主要利用形式：本种耐粗放管理，在地被、护坡、花坛、吊篮等城市景观工程中应用广泛，并可作为北方屋顶绿化的专用草坪草。可作庭院地被栽植或者室内吊挂欣赏。全草药用，能清热解毒。也可作野菜。

054 刺儿菜

拉丁学名：*Cirsium setosum*（Willd.）MB.；菊科蓟属。别名：小蓟草、小蓟、萋萋菜、萋萋芽、枪刀菜。

形态特征：多年生草本。地下部分常大于地上部分，有长根茎。茎直立，幼茎被白色蛛丝状毛，有棱，高 30~80（100~120）厘米，基部直径 3~5 毫米，有时可达 1 厘米。上部有分枝，花序分枝无毛或有薄茸毛。叶互生，基生叶花时凋落，下部和中部叶椭圆形或椭圆状披针形，长 7~10 厘米，宽 1.5~2.2 厘米，表面绿色，背面淡绿色，两面有疏密不等的白色蛛丝状毛，顶端短尖或钝，基部窄狭或钝圆，近全缘或有疏锯齿，无叶柄。花果期 5—9 月。

主要利用形式：黄土区常见杂草。秋季采根，除去茎叶，洗净鲜用或晒干切段用；春夏采幼嫩的全株，洗净鲜用。秋季新萌生的越冬幼苗，也鲜嫩可口。渭南地区的“刺角面”就以本种为主要原料。本种还是秋季蜜源植物。带花全草或根茎均性味甘苦凉，归心、肝经，能凉血止血、祛瘀消肿，可治衄血、吐血、尿血、便血、崩漏下血、外伤出血以及痈肿疮毒。

055 刺槐

拉丁学名：*Robinia pseudoacacia* L.；豆科刺槐属。别名：洋槐、刺儿槐、刺槐花、德国槐、胡藤。

形态特征：落叶乔木，高 10~25 米。树皮灰褐色至黑褐色，浅裂至深纵裂。小枝灰褐色，幼时有棱脊，具托叶刺，长达 2 厘米；冬芽小，被毛。羽状复叶长 10~25（~40）厘米；叶轴上面具沟槽；小叶 2~12 对，常对生，椭圆形、长椭圆形或卵形，长 2~5 厘米，宽 1.5~2.2 厘米，先端圆，微凹，具小尖头，基部圆至阔楔形，全缘，上面绿色，下面灰绿色。总状花序腋生，长 10~20 厘米，下垂，花多数，芳香；苞片早落；花梗长 7~8 毫米；花萼斜钟状，长 7~9 毫米，萼齿 5，三角形至卵状三角形，密被柔毛；花冠白色，各瓣均具瓣柄，旗瓣近圆形，翼瓣斜倒卵形，与旗瓣几等长，长约 16 毫米，基部一侧具圆耳，龙骨瓣镰状，三角形，与翼瓣等长或稍短，前缘合生，先端钝尖；雄蕊 2 体，对旗瓣的 1 枚分离；子房线形，长约 1.2 厘米，无毛，柄长 2~3 毫米，花柱钻形，长约 8 毫米，上弯，顶端具毛，柱头顶生。荚果褐色，或具红褐色斑纹，线状长圆形，长 5~12 厘米，宽 1~1.3（~1.7）厘米，扁平，先端上弯，具尖头，果颈短，沿腹缝线具狭翅；花萼宿存，有种子 2~15 粒；种子褐色至黑褐色，近肾形，长 5~6 毫米，宽约 3 毫米，种脐圆形，偏于一端。花期 4—6 月，果期 8—9 月。

主要利用形式：根系浅而发达，适应性强，为优良固沙保土树种和行道树，又是优良的蜜源植物。对二氧化硫、氯气、光化学烟雾、铅蒸气等的抗性都较强，为工矿区绿化及荒山荒地绿化的先锋树种。叶含粗蛋白，可作饲料；花是优良的蜜源；种子榨油供油漆原料及做肥皂。洋槐幼芽及幼叶可作副食品。刺槐花主治大肠下血、咯血、吐血及妇女红崩。槐豆胶常与其他食用胶复配，用作增稠剂、持水剂、黏合剂及胶凝剂等。

056 刺楸

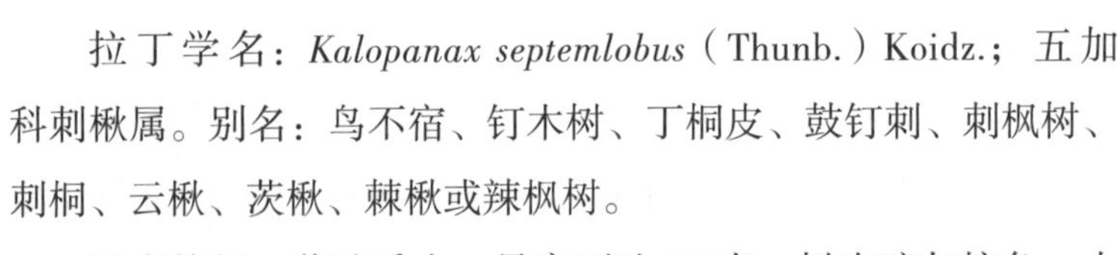

拉丁学名：*Kalopanax septemlobus*（Thunb.）Koidz.；五加科刺楸属。别名：鸟不宿、钉木树、丁桐皮、鼓钉刺、刺枫树、刺桐、云楸、茨楸、棘楸或辣枫树。

形态特征：落叶乔木，最高可达 30 米。树皮暗灰棕色；小枝淡黄棕色或灰棕色，散生粗刺；刺基部宽阔扁平，在茁壮枝上的长达 1 厘米以上。叶形多变化，叶片纸质，在长枝上互生，在短枝上簇生，圆形或近圆形，掌状 5~7 浅裂，裂片阔三角状卵形至长圆状卵形，长不及全叶片的一半，茁壮枝上的叶片分裂较深，裂片长超过全叶片的一半，先端渐尖，基部心形，上面深绿色，无毛或几无毛，下面淡绿色，幼时疏生短柔毛，边缘有细锯齿，放射状主脉 5~7 条，两面均明显；叶柄细长，无毛。圆锥花序大；伞形花序，有花多数；总花梗细长无毛；花梗细长，无关节，无毛或稍有短柔毛；花白色或淡绿黄色；萼无毛，边缘有 5 小齿；花瓣 5，三角状卵形；雄蕊 5；花丝长 3~4 毫米；子房 2 室，花盘隆起；花柱合生成柱状，柱头离生。果实球形，蓝黑色；宿存花柱。花期 7—10 月，果期 9—12 月。

主要利用形式：叶形美观，叶色浓绿，树干通直挺拔，有良好的观赏性。刺楸木质坚硬细腻、花纹明显，是制作高级家具、乐器和工艺雕刻的良好材料。树皮及叶含鞣酸，可提制栲胶。种子可榨油，供工业用。根、树皮入药，味苦辛性平，有清热解毒、消炎祛痰、收敛镇痛等功效。春季的嫩叶采摘后可供食用，气味清香，品质极佳。

057 刺苋

拉丁学名：*Amaranthus spinosus* L.；苋科苋属。别名：苋菜、勒苋菜。

形态特征：一年生草本。茎直立，圆柱形或钝棱形，多分枝，有纵条纹，绿色或带紫色，无毛或稍有柔毛。叶片菱状卵形或卵状披针形，顶端圆钝，具微凸头，基部楔形，全缘，无毛或幼时沿叶脉稍有柔毛。圆锥花序腋生及顶生，下部顶生花穗常全部为雄花；苞片在腋生花簇及顶生花穗的基部者变成尖锐直刺，在顶生花穗的上部者狭披针形，顶端急尖，具凸尖，中脉绿色；小苞片狭披针形，花被片绿色，顶端急尖，具凸尖，边缘透明，中脉绿色或带紫色，在雄花者矩圆形，在雌花者矩圆状匙形；雄蕊花丝略和花被片等长或较短；柱头 3，有时 2。胞果矩圆形。花果期 7—11 月。

主要利用形式：杂草。嫩茎叶可作野菜。全草味甘淡性凉，入肺、肝经，能清热利湿、解毒消肿、凉血止血，可治痢疾、肠炎、胃及十二指肠溃疡出血、痔疮便血；外用治毒蛇咬伤、皮肤湿疹、疖肿脓疡。

058 簇生卷耳

拉丁学名：*Cerastium fontanum* subsp. *vulgare*（Hartm.）Greuter et Burdet；石竹科卷耳属。别名：卷耳、曾青、小儿惊风药、高脚鼠耳草、婆婆指甲草、破花絮草、鹅秧菜。

形态特征：多年生或一、二年生草本，高15~30厘米。茎单生或丛生，近直立，被白色短柔毛和腺毛。基生叶叶片近匙形或倒卵状披针形，基部渐狭呈柄状，两面被短柔毛；茎生叶近无柄，叶片卵形、狭卵状长圆形或披针形，长1~3（~4）厘米，宽3~10（~12）毫米，顶端急尖或钝尖，两面均被短柔毛，边缘具缘毛。聚伞花序顶生；苞片草质；花梗细，长5~25毫米，密被长腺毛，花后弯垂；萼片5，长圆状披针形，长5.5~6.5毫米，外面密被长腺毛，边缘中部以上膜质；花瓣5，白色，倒卵状长圆形，等长或微短于萼片，顶端2浅裂，基部渐狭，无毛；雄蕊短于花瓣，花丝扁线形，无毛；花柱5，短线形。蒴果圆柱形，长8~10毫米，长为宿存萼的2倍，顶端10齿裂；种子褐色，具瘤状突起。花期5—6月，果期6—7月。

主要利用形式：全草入药，性味苦微寒，能清热解毒、消肿止痛，主治感冒、乳痈初起、疔疽肿痛。

059 打碗花

拉丁学名：*Calystegia hederacea* Wall.；旋花科打碗花属。别名：小旋花、面根藤、狗儿蔓、葍秧。

形态特征：多年生蔓性草本。根茎略粗肥，径4~8毫米。茎纤细，缠绕或匍匐。单叶互生；叶柄较叶片稍短；叶片戟形或3裂，长3.5~8厘米，宽1~3厘米，中裂片最大，侧裂片较短，并再作2浅裂，先端尖，全缘或带波状，基部心脏形。花腋生，单生，花梗较叶柄稍长；苞片 2，卵圆形，较大，包围花萼，宿存；花萼裂片长圆形，光滑；花冠漏斗状，长 2~4 厘米，淡红白色；雄蕊 5，内藏；雌蕊 1，子房 1 室，花柱单 1，柱头 2 裂。蒴果卵圆形，稍尖，光滑，有黑色种子 4 粒。花期 5—8 月，果期 8—10 月。

主要利用形式：常见杂草。嫩茎叶可作蔬菜。根状茎可健脾益气、利尿、调经止带，可治脾虚消化不良、月经不调、白带、乳汁稀少。花具有止痛作用，外用治牙痛。

060 大白菜

拉丁学名：*Brassica pekinensis*（Lour.）Rupr.；十字花科芸薹属。别名：菘、白菜、黄芽白、绍菜、黄芽菜、结球白菜、包心白菜、菘、小白菜、百财。

形态特征：二年生草本，高 40~60 厘米。基生叶多数，大形，倒卵状长圆形至宽倒卵形，顶端圆钝，边缘皱缩，波状，有时具不显明牙齿，中脉白色，很宽，有多数粗壮侧脉；叶柄白色，扁平，边缘有具缺刻的宽薄翅；上部茎生叶长圆状卵形、长圆披针形至长披针形，顶端圆钝至短急尖，全缘或有裂齿，有柄或抱茎，有粉霜。花鲜黄色；萼片长圆形或卵状披针形，直立，淡绿色至黄色；花瓣倒卵形，基部渐窄成爪。长角果较粗短，两侧压扁，直立，顶端圆；果梗开展或上升，较粗。种子球形，棕色。花期 5 月，果期 6 月。

主要利用形式：嫩的叶球、莲座叶或花茎可供食用。栽培面积和消费量在中国居各类蔬菜之首。为东北及华北冬、春季主要蔬菜，生食、炒食、盐腌、酱渍均可；外层脱落的叶可作饲料。白菜性味甘平，有清热除烦、解渴利尿、通利肠胃的功效。经常吃白菜可预防维生素 C 缺乏病（坏血病）。

061 大车前

拉丁学名：*Plantago major* L.；车前科车前属。别名：钱贯草、

大猪耳朵草。

形态特征：二年生或多年生草本。须根多数。根茎粗短。叶基生，先端钝尖或急尖，边缘波状、疏生不规则牙齿或近全缘，两面疏生短柔毛或近无毛，少数被较密的柔毛；叶柄基部鞘状，常被毛。花序一至数个；花序梗直立或弓曲上升，有纵条纹，被短柔毛或柔毛；穗状花序细圆柱状，基部常间断；苞片宽卵状三角形，宽与长约相等或略超过，无毛或先端疏生短毛，龙骨突宽厚。花无梗；萼片先端圆形，无毛或疏生短缘毛，边缘膜质，龙骨突不达顶端，前对萼片椭圆形至宽椭圆形，后对萼片宽椭圆形至近圆形。花冠白色，无毛，冠筒等长或略长于萼片，裂片披针形至狭卵形，于花后反折。雄蕊着生于冠筒内面近基部，与花柱明显外伸，花药椭圆形，通常初为淡紫色，稀白色，蒴果。

主要利用形式：幼苗和嫩茎可供食用。全草味甘性寒，归肝、肾、肺、小肠经，具有清热利尿、祛痰、凉血、解毒的功效，可治水肿、尿少、热淋涩痛、暑湿泻痢、痰热咳嗽、吐血、痈肿疮毒。

062 大豆

拉丁学名：*Glycine max*（Linn.）Merr.；豆科大豆属。别名：菽、黄豆、毛豆、泥豆、马料豆、秣食豆。

形态特征：一年生草本，高 30~90 厘米。茎粗壮，直立，或上部近缠绕状，上部多少具棱，密被褐色长硬毛。叶通常具 3 小叶；托叶宽卵形，渐尖，长 3~7 毫米，具脉纹，被黄色柔毛；叶柄长 2~20 厘米，幼嫩时散生疏柔毛或具棱并被长硬毛；小叶纸质，宽卵形，近圆形或椭圆状披针形；小托叶披针形，长 1~2 毫米；小叶柄长 1.5~4 毫米，被黄褐色长硬毛。总状花序短的少花，长的多花；苞片披针形，长 2~3 毫米，被糙伏毛；小苞片披针形，长 2~3 毫米，被伏贴的刚毛；花萼长 4~6 毫米，密被长硬毛或糙伏毛，常深裂成二唇形，花紫色、淡紫色或白色，长 4.5~8（~10）毫米，旗瓣倒卵状近圆形，先端微凹并通常外反，基部具瓣柄，翼瓣蓖状，基部狭，具瓣柄和耳，龙骨瓣斜倒卵形，具短瓣柄；雄蕊 2 体；子房基部有不发达的腺体，被毛。荚果肥大，长圆形，稍弯，下垂，黄绿色，长 4~7.5 厘米，宽 8~15 毫米，密被褐黄色长毛；种子 2~5 颗，椭圆形、近球形、卵圆形至长圆形，长约 1 厘米，宽 5~8 毫米，种皮光滑，淡绿、黄、褐和黑色等，因品种而异，种脐明显，椭圆形。花期 6—7 月，果期 7—9 月。

主要利用形式：常见油料作物。大豆除供直接食用外，可作酱、酱油、豆腐、豆浆、腐竹、腐乳、豆瓣酱、豆豉等多种加工食品。茎、叶、豆粕及粗豆粉可作肥料和优良的牲畜饲料。大豆可以加工豆腐等豆制品，还可以提炼大豆异黄酮。淡豆豉味苦辛性凉，能解表、除烦、宣发郁热，可治感冒、寒热头痛、烦躁胸闷、虚烦不眠。

063 大戟

拉丁学名：*Euphorbia pekinensis* Rupr.；大戟科大戟属。别名：京大戟、龙虎草、湖北大戟、将军草、九头狮子。

形态特征：多年生草本。根圆柱状，长 20~30 厘米。直径 6~14 毫米，分枝或不分枝。茎单生或自基部多分枝，每个分枝上部又 4~5 分枝，高 40~80（~90）厘米，直径 3~6（~7）厘米，被柔毛，或被少许柔毛，或无毛。叶互生，常为椭圆形，少为披针形或披针状椭圆形，变异较大，先端尖或渐尖，基部渐狭，或呈楔形，或近圆形，或近平截，边缘全缘；主脉明显，侧脉羽状，不明显，叶两面无毛，或有时叶背具少许柔毛或被较密的柔毛，变化较大且不稳定；总苞叶 4~7 枚，长椭圆形，先端尖，基部近平截；伞幅 4~7，长 2~5 厘米；苞叶 2 枚，近圆形，先端具短尖头，基部平截或近平截。花序单生于二歧分枝顶端，无柄；总苞杯状，高约 3.5 毫米，直径 3.5~4.0 毫米，边缘 4 裂，裂片半圆形，边缘具不明显的缘毛；腺体 4，半圆形或肾状圆形，淡褐色。雄花多数，伸出总苞之外；雌花 1 枚，具较长的子房柄，柄长 3~5

（~6）毫米；子房幼时被较密的瘤状突起；花柱 3，分离；柱头 2 裂。蒴果球状，长约 4.5 毫米，直径 4.0~4.5 毫米，被稀疏的瘤状突起，成熟时分裂为 3 个分果爿；花柱宿存且易脱落。种子长球状，长约 2.5 毫米，直径 1.5~2.0 毫米，暗褐色或微光亮，腹面具浅色条纹；种阜近盾状，无柄。花期 5—8 月，果期 6—9 月。

主要利用形式：有毒植物。宜慎用；亦可作兽药用。其根能泻水逐饮、通便、消肿散结，可治水肿胀满、胸腹积水、痰饮积聚。孕妇禁用；不宜与甘草同用。

064 大麻

拉丁学名：*Cannabis sativa* L.；桑科大麻属。别名：山丝苗、线麻、胡麻、野麻或火麻。

形态特征：一年生直立草本，高 1~3 米。枝具纵沟槽，密生灰白色贴伏毛。叶掌状全裂，裂片披针形或线状披针形，长 7~15 厘米，中裂片最长，宽 0.5~2 厘米，先端渐尖，基部狭楔形，表面深绿，微被糙毛，背面幼时密被灰白色贴状毛，后变无毛，边缘具向内弯的粗锯齿，中脉及侧脉在表面微下陷，背面隆起；叶柄长 3~15 厘米，密被灰白色贴伏毛；托叶线形。雄花序长达 25 厘米；花黄绿色，花被 5，膜质，外面被细伏贴毛，雄蕊 5，花丝极短，花药长圆形；小花柄长 2~4 毫米；雌花绿色；花被 1，紧包子房，略被小毛；子房近球形，外面包于苞片。瘦果为宿存黄褐色苞片所包，果皮坚脆，表面具细网纹。花期 5—6 月，果期 7 月。

主要利用形式：经济作物。可用以织麻布或纺线，制绳索，编织渔网和造纸；种子榨油，可供做油漆、涂料等，油渣可作饲料。果实中医称“火麻仁”或“大麻仁”，入药性平味甘，有润肠通便的功效，主治大便燥结；花称“麻勃”，主治恶风、经闭、健忘；果壳和苞片称“麻蒉”，有毒，治劳伤、破积、散脓，多服令人发狂；叶含麻醉性树脂，可以配制麻醉剂。

065 丹参

拉丁学名：*Salvia miltiorrhiza* Bunge；唇形科鼠尾草属。别名：赤参、逐乌、山参、郁蝉草、木羊乳、奔马草、血参根、野苏子根、红根、大红袍、血参根。

形态特征：多年生直立草本。根肥厚，外面朱红色，内面白色，长 5~15 厘米，直径 4~14 毫米，疏生支根。茎直立，高 40~80 厘米，四棱形，具槽，密被长柔毛，多分枝。叶常为奇数羽状复叶，叶柄长 1.3~7.5 厘米，密被向下长柔毛，小叶 3~5（~7），长 1.5~8 厘米，宽 1~4 厘米，卵圆形，或椭圆状卵圆形，或宽披针形，边缘具圆齿，草质，两面被疏柔毛，小叶柄长 2~14 毫米。轮伞花序 6 花或多花，组成长 4.5~17 厘米具长梗的顶生或腋生总状花序；苞片披针形，全缘；花梗长 3~4 毫米。花萼钟形，带紫色，长约 1.1 厘米，花后稍增大，具 11 脉，二唇形。花冠紫蓝色，长 2~2.7 厘米，外被具腺短柔毛，尤以上唇为密，冠筒外伸，比冠檐短，基部宽 2 毫米，向上渐宽，至喉部宽达 8 毫米，冠檐二唇形，上唇长 12~15 毫米，镰刀状，向上竖立，先端微缺，下唇短于上唇，3 裂，中裂片长 5 毫米，宽达 10 毫米，先端 2 裂，顶端圆形，宽约 3 毫米。能育雄蕊 2，伸至上唇片，花丝长 3.5~4 毫米，药隔长 17~20 毫米，中部关节处略被小疏柔毛，上臂十分伸长，长 14~17 毫米，药室不育，顶端连合。退化雄蕊线形，长约 4 毫米。花柱远外伸，长达 40 毫米，先端不相等 2 裂，后裂片极短，前裂片线形。小坚果黑色，椭圆形，长约 3.2 厘米，直径 1.5 毫米。花期 4—8 月。

主要利用形式：近些年开发比较多的常见中药。根入药，含丹参酮。干燥根和根茎，能活血祛瘀、通经止痛、清心除烦、凉血消痈，可治胸痹心痛、脘腹胁痛、症瘕积聚、热痹疼痛、心烦不眠、月经不调、痛经经闭、疮疡肿痛。

066 地肤

拉丁学名：*Kochia scoparia*（L.）Schrad.；藜科地肤属。别名：地麦、落帚、扫帚苗、扫帚菜、孔雀松。

形态特征：一年生草本，高 50~100 厘米。根略呈纺锤形。茎直立，圆柱状，淡绿色或带紫红色，有多数条棱，稍有短柔毛或下部几无毛；分枝稀疏，斜上。叶为平面叶，披针形或条状披针形，无毛或稍有毛，先端短渐尖，基部渐狭入短柄，通常有 3 条明显的主脉，边缘有疏生的锈色绢状缘毛；茎上部叶较小，无柄，1 脉。花两性或雌性，通常 1~3 个生于上部叶腋，构成疏穗状圆锥状花序，花下有时有锈色长柔毛；花被近球形，淡绿色，花被裂片近三角形，无毛或先端稍有毛；翅端附属物三角形至倒卵形，有时近扇形，膜质，边缘微波状或具缺刻；花丝丝状，花药淡黄色；柱头 2，丝状，紫褐色，花柱极短。胞果扁球形，果皮膜质，与种子离生。种子卵形，黑褐色，长 1.5~2 毫米，稍有光泽；胚环形，胚乳块状。花期 6—9 月，果期 7—10 月。

主要利用形式：幼苗可作蔬菜。秋季干后的植株，农村常用作扫帚。果实称“地肤子”，为常用中药，能清湿热、利尿，治尿痛、尿急、小便不利及荨麻疹；外用治皮肤癣及阴囊湿疹。

067 地黄

拉丁学名：*Rehmannia glutinosa*（Gaetn.）Libosch. ex Fisch. et Mey.；玄参科地黄属。别名：生地、怀庆地黄、小鸡喝酒、地髓、原生地、干地黄、苄、芑、牛奶子、婆婆奶。

形态特征：多年生草本，高可达 30 厘米。根茎肉质，鲜时黄色，在木栽培条件下，茎紫红色。直径可达 5.5 厘米，叶片卵形至长椭圆形，叶脉在上面凹陷，花在茎顶部略排列成总状花序，花冠外紫红色，内黄紫色，药室矩圆形。蒴果卵形至长卵形。花果期 4—7 月。

主要利用形式：杂草。初夏开花，具有较好的观赏性。其根为传统中药。依照炮制方法在药材上分为鲜地黄、干地黄与熟地黄，同时其药性和功效也有较大的差异，按照《中华本草》功效分类，鲜地黄为清热凉血药，熟地黄则为补益药。

068 地锦

拉丁学名：*Euphorbia humifusa* Willd.；大戟科大戟属。别名：地锦草、铺地锦、田代氏大戟、血见愁、红丝草、奶浆草。

形态特征：一年生草本。常皱缩卷曲，根细小。茎细，呈叉状分枝，表面带紫红色，光滑无毛或疏生白色细柔毛；质脆，易折断，断面黄白色，中空。单叶对生，具淡红色短柄或几无柄；叶片多皱缩或已脱落，展平后呈长椭圆形。绿色或带紫红色，通常无毛或疏生细柔毛；先端钝圆，基部偏斜，边缘具小锯齿或呈微波状。杯状聚伞花序腋生，细小。蒴果三棱状球形，表面光滑。种子细小，卵形，褐色。气微，味微涩。喜温暖湿润气候，常生于田野路旁及庭院间。斑地锦叶上表面具红斑。蒴果被稀疏白色短柔毛。

主要利用形式：杂草，可作野菜。 全草性味辛平，能清热解毒、凉血止血、利湿退黄，可治痢疾泄泻、咯血、尿血、便血、崩漏、疮疖痈肿及湿热黄疸。

069 地梢瓜

拉丁学名：*Cynanchum thesiodes*（Freyn）K. Schum.；萝藦科鹅绒藤属。别名：地梢花、女菁、蒿瓜、地瓜飘、蒿瓜子。

形态特征：直立或斜生草本，高 15~25 厘米。果实有白色乳液，密被细柔毛。茎多分枝，细弱，节间甚短。单叶对生，有短柄；叶片条形，长 3~5 厘米，宽 2~5 毫米，先端尖，基部稍窄，全缘，两面均有短毛，下面中脉隆起。秋季开黄白色小花，伞形花序腋生，梗短，花冠钟状，内面光滑无毛；花药顶有一膜质体，花粉块在每一花药内 2 个，下垂；柱头短。蓇葖果纺锤形，两端短尖，中部宽大，长约 4 厘米，宽约 2 厘米。种子棕褐色，扁平，先端有束白毛。花期 5—8 月，果期 8—10 月。

主要利用形式：杂草，也为药食两用植物。全草及果实入药，主治体虚、乳汁不下；外用治瘊子。营养全面，生长旺盛，病虫害较少，因此被视作绿色食品和营养蔬菜。

070 地笋

拉丁学名：*Lycopus lucidus* Turcz.；唇形科地笋属。别名：提娄、地参、地笋子、地蚕子、地藕、泽兰根、地瓜儿、野三七、水三七、旱藕。

形态特征：多年生草本，高 0.6~1.7 米。根茎横走，具节，节上密生须根，先端肥大呈圆柱形，此时于节上具鳞叶及少数须根，或侧生有肥大的具鳞叶的地下枝。茎直立，通常不分枝，四棱形，具槽，绿色，常于节上多少带紫红色，无毛，或在节上疏生小硬毛。叶具极短柄或近无柄，长圆状披针形，多少弧弯，通常长 4~8 厘米，宽 1.2~2.5 厘米，先端渐尖，基部渐狭，两面或上面具光泽，亮绿色，侧脉 6~7 对，与中脉在上面不显著，下面突出。轮伞花序无梗，轮廓圆球形，花时径 1.2~1.5 厘米，多花密集，其下承以小苞片；小苞片卵圆形至披针形，先端刺尖，位于外方者超过花萼，长达 5 毫米，具 3 脉，位于内方者，长 2~3 毫米，短于或等于花萼，具 1 脉，边缘均具小纤毛。花萼钟形，长 3 毫米，两面无毛，外面具腺点，萼齿 5，披针状三角形，长 2 毫米，具刺尖头，边缘具小缘毛。花冠白色，长 5 毫米，冠筒长约 3 毫米，冠檐不明显二唇形，上唇近圆形，下唇 3 裂，中裂片较大。雄蕊仅前对能育，超出于花冠，先端略下弯，花丝丝状，无毛，花药卵圆形，2 室，室略叉开。花柱伸出花冠，先端相等 2 浅裂，裂片线形。花盘平顶。小坚果倒卵圆状四边形，基部略狭，长 1.6 毫米，宽 1.2 毫米，褐色。花期 6—9 月，果期 8—11 月。

主要利用形式：春、夏季可采摘嫩茎叶凉拌、炒食、做汤。

根茎入药，具有降血脂、通九窍、利关节、养气血等功效。茎味甘辛性平，能化瘀止血、益气利水，主治衄血、吐血、产后腹痛、黄疸、水肿、带下、气虚乏力。

071 地榆

拉丁学名：*Sanguisorba officinalis* L.；蔷薇科地榆属。别名：黄爪香、山地瓜、玉札、玉豉、酸赭、猪人参、血箭草。

形态特征：多年生草本，高 30~120 厘米。根粗壮，多呈纺锤形，稀圆柱形，表面棕褐色或紫褐色，有纵皱及横裂纹，横切面黄白或紫红色，较平正。茎直立，有棱，无毛或基部有稀疏腺毛。基生叶为羽状复叶，有小叶 4~6 对，叶柄无毛或基部有稀疏腺毛；小叶片有短柄，卵形或长圆状卵形，长 1~7 厘米，宽 0.5~3 厘米，顶端圆钝，稀急尖，基部心形至浅心形，边缘有多数粗大圆钝稀急尖的锯齿，两面绿色，无毛；茎生叶较少，小叶片有短柄至几无柄，茎生叶托叶大，草质，半卵形，外侧边缘有尖锐锯齿。穗状花序椭圆形、圆柱形或卵球形，直立，通常长 1~3（~4）厘米，横径 0.5~1 厘米，从花序顶端向下开放，花序梗光滑或偶有稀疏腺毛；苞片膜质，披针形，顶端渐尖至尾尖，比萼片短或近等长，背面及边缘有柔毛；萼片 4 枚，紫红色，椭圆形至宽卵形，背面被疏柔毛，中央微有纵棱脊，顶端常具短尖头；雄蕊 4 枚，花丝丝状，不扩大，与萼片近等长或稍短；子房外面无毛或基部微被毛，柱头顶端扩大，盘形，边缘具流苏状乳头。果实包藏在宿存萼筒内，外面有斗棱。花果期 7—10 月。

主要利用形式：春、夏季嫩苗、嫩茎叶或花穗可作野菜。地榆叶形美观，可栽植于庭院或花园。本种根为止血要药，能治疗烧烫伤，此外有些地区用以提制栲胶。

072 冬瓜

拉丁学名：*Benincasa hispida*（Thunb.）Cogn.；葫芦科冬

瓜属。别名：白瓜、白东瓜皮、白冬瓜、白瓜皮、白瓜子、地芝、东瓜。

形态特征：一年生蔓生或架生草本。茎被黄褐色硬毛及长柔毛，有棱沟。叶柄粗壮，长5~20厘米，被黄褐色的硬毛和长柔毛；叶片肾状近圆形，宽15~30厘米，5~7浅裂或有时中裂，裂片宽三角形或卵形，先端急尖，边缘有小齿，基部深心形，弯缺张开，近圆形，深、宽均为2.5~3.5厘米，表面深绿色，稍粗糙，有疏柔毛，老后渐脱落，变近无毛；背面粗糙，灰白色，有粗硬毛，叶脉在叶背面稍隆起，密被毛。卷须2~3歧，被粗硬毛和长柔毛。雌雄同株；花单生。雄花梗长5~15厘米，密被黄褐色短刚毛和长柔毛，常在花梗的基部具一苞片，苞片卵形或宽长圆形，长6~10毫米，先端急尖，有短柔毛；花萼筒宽钟形，宽12~15毫米，密生刚毛状长柔毛，裂片披针形，长8~12毫米，有锯齿，反折；花冠黄色，辐状，裂片宽倒卵形，长3~6厘米，宽2.5~3.5厘米，两面有稀疏的柔毛，先端钝圆，具5脉；雄蕊3，离生，花丝长2~3毫米，基部膨大，被毛，花药长5毫米，宽7~10毫米，药室3回折曲，雌花梗长不及5厘米，密生黄褐色硬毛和长柔毛；子房卵形或圆筒形，密生黄褐色茸毛状硬毛，长2~4厘米；花柱长2~3毫米，柱头3，长12~15毫米，2裂。果实长圆柱状或近球状，大型，有硬毛和白霜，长25~60厘米，径10~25厘米。种子卵形，白色或淡黄色，压扁，有边缘，长10~11毫米，宽5~7毫米，厚2毫米。

主要利用形式：本种果实除作蔬菜外，也可浸渍为各种糖果。果皮药用，有消炎、利尿及消肿的功效。冬瓜肉及瓤有利尿、清热、化痰、解渴等功效，可治水肿、痰喘、暑热、痔疮等症。冬瓜如带皮煮汤喝，有消肿利尿、清热解暑的作用。冬瓜子有清肺化痰的功效。冬瓜藤水煎液对于脱肛症有独到之效；冬瓜藤鲜汁用于洗面、洗澡，可增白皮肤，使皮肤有光泽。冬瓜性寒，脾胃气虚、腹泻便溏、胃寒疼痛者，月经来潮期间和寒性痛经者忌食。

073 豆梨

拉丁学名：*Pyrus calleryana* Decne.；蔷薇科梨属。别名：野梨、台湾野梨、山梨、鹿梨、刺仔、乌梨、阳檖、赤梨、酱梨。

形态特征：乔木，高5~8米。小枝粗壮，圆柱形，在幼嫩时有茸毛，不久脱落，二年生枝条灰褐色；冬芽三角卵形，先端短渐尖，微具茸毛。叶片宽卵形至卵形，稀长椭卵形，长4~8厘米，宽3.5~6厘米，先端渐尖，稀短尖，基部圆形至宽楔形，边缘有钝锯齿，两面无毛；叶柄长2~4厘米，无毛；托叶叶质，线状披针形，长4~7毫米，无毛。伞形总状花序，具花6~12朵，直径4~6毫米，总花梗和花梗均无毛，花梗长1.5~3厘米；苞片膜质，线状披针形，长8~13毫米，内面具茸毛；花直径2~2.5厘米；萼筒无毛；萼片披针形，先端渐尖，全缘，外面无毛，内面具茸毛，边缘较密；花瓣卵形，长约13毫米，宽约10毫米，基部具短爪，白色；雄蕊20，稍短于花瓣；花柱2，稀3，基部无毛。梨果球形，直径约1厘米，黑褐色，有斑点，萼片脱落，有细长果梗。花期4月，果期8—9月。

主要利用形式：乡土树种，常用作其他果树的砧木。根、叶能润肺止咳、清热解毒，主治肺燥咳嗽、急性眼结膜炎。果实入药有健胃、消食、止痢、止咳的功效。

074 毒莴苣

拉丁学名：*Lactuca serriola* L.；菊科莴苣属。别名：指南草、指向莴苣、莴苣、刺莴苣、野莴苣、刺毛莴苣。

形态特征：一年生草本，高50~200厘米。茎单生，直立，无毛或有时有白色茎刺，上部圆锥状花序分枝或自基部分枝。中下部茎叶倒披针形或长椭圆形，长3~7.5厘米，宽1~4.5厘米，倒向羽状或羽状浅裂、半裂或深裂，有时茎叶不裂，宽线形，无柄，基部箭头状抱茎，顶裂片与侧裂片等大，三角状卵形或菱形，

或侧裂片集中在叶的下部或基部而顶裂片较长，宽线形，侧裂片3~6对，镰刀形、三角状镰刀形或卵状镰刀形，最下部茎叶及接圆锥花序下部的叶与中下部茎叶同形或披针形、线状披针形或线形，全部叶或裂片边缘有细齿，或刺齿，或细刺，或全缘，下面沿中脉有刺毛，刺毛黄色。头状花序多数，在茎枝顶端排成圆锥状花序。总苞果期卵球形，长1.2厘米，宽约6毫米；总苞片约5层，外层及最外层小，长1~2毫米，宽1毫米或不足1毫米，中内层披针形，长7~12毫米，宽至2毫米，全部总苞片顶端急尖，外面无毛。舌状小花15~25枚，黄色。瘦果倒披针形，长3.5毫米，宽1.3毫米，压扁，浅褐色，上部有稀疏的上指的短糙毛，每面有8~10条高起的细肋，顶端急尖成细丝状的喙，喙长5毫米。冠毛白色，微锯齿状，长6毫米。花果期6—8月。

主要利用形式：一年生恶性入侵杂草，植株繁茂，影响蔬菜、牧草、大田等作物，难防治。其地上部分多刺且有怪味，动物也不喜食。乳汁和叶具镇静、止痛和催眠等功效。

075 杜仲

拉丁学名：*Eucommia ulmoides* Oliver；杜仲科杜仲属。别名：丝楝树皮、丝棉皮、棉树皮、胶树、扯丝皮、思仙、思仲、石思仙、丝连皮。

形态特征：落叶乔木，高达20米，胸径约50厘米。树皮灰褐色，粗糙，内含橡胶，折断拉开有多数细丝。叶椭圆形、卵形或矩圆形，薄革质，长6~15厘米，宽3.5~6.5厘米；基部圆形或阔楔形，先端渐尖；上面暗绿色，初时有褐色柔毛，不久变秃净，老叶略有皱纹，下面淡绿色，初时有褐毛，以后仅在脉上有毛；侧脉6~9对，与网脉在上面下陷，在下面稍凸起；边缘有锯齿；叶柄长1~2厘米，上面有槽，被散生长毛。花生于当年枝基部，雄花无花被；花梗长约3毫米，无毛；苞片倒卵状匙形，长6~8毫米，顶端圆形，边缘有睫毛，早落；雄蕊长约1厘米，无毛，花丝长约1毫米，药隔突出，花粉囊细长，无退化雌蕊。雌花单生，苞片倒卵形，花梗长 8 毫米，子房无毛，1 室，扁而长，先端 2 裂，子房柄极短。翅果扁平，长椭圆形，长 3~3.5 厘米，宽 1~1.3 厘米，先端 2 裂，基部楔形，周围具薄翅；坚果位于中央，稍凸起，子房柄长 2~3 毫米，与果梗相接处有关节。种子扁平，线形，长 1.4~1.5 厘米，宽 3 毫米，两端圆形。早春开花，秋后果实成熟。

主要利用形式：树皮药用，性味甘微辛温，入肝、肾经，能补肝肾、强筋骨、安胎，主治腰脊酸疼、足膝痿弱、小便余沥、阴下湿痒、胎漏欲堕、胎动不安、高血压。树皮分泌的硬橡胶可用作工业原料及绝缘材料；种子含油率达 27%；木材供建筑用及制家具。

076 鹅绒藤

拉丁学名：*Cynanchum chinense* R. Br.；萝藦科鹅绒藤属。别名：羊奶角角、祖子花、牛皮消、软毛牛皮消、祖马花、趋姐姐叶、老牛肿。

形态特征：缠绕草本。主根圆柱状，长约 20 厘米，直径约 5 毫米，干后灰黄色；全株被短柔毛。叶对生，薄纸质，宽三角状心形，长 4~9 厘米，宽 4~7 厘米，顶端锐尖，基部心形，叶面深绿色，叶背苍白色，两面均被短柔毛，脉上较密；侧脉约 10 对，在叶背略隆起。伞形聚伞花序腋生，两歧，着花约 20 朵；花萼外面被柔毛；花冠白色，裂片长圆状披针形；副花冠二型，杯状，上端裂成 10 个丝状体，分为两轮，外轮约与花冠裂片等长，内轮略短；花粉块每室 1 个，下垂；花柱头略凸起，顶端 2 裂。蓇葖双生或仅有 1 个发育，细圆柱状，向端部渐尖，长 11 厘米，直径 5 毫米；种子长圆形；种毛白色绢质。花期 6—8 月，果期 8—10 月。

主要利用形式：杂草。全株可作驱风剂。茎中的白色浆乳汁及根入药，味苦性寒，归脾、胃、肾经，能清热解毒、消积健胃、利水消肿，主治小儿食积、疳积、胃炎、十二指肠溃疡、肾炎水肿及寻常疣。

077 鹅掌楸

拉丁学名：*Liriodendron chinense*（Hemsl.）Sargent.；木兰科鹅掌楸属。别名：马褂木、双飘树、马褂树。

形态特征：乔木，高达40米，胸径1米以上。小枝灰色或灰褐色。叶马褂状，长4~12（~18）厘米，近基部每边具1侧裂片，先端具2浅裂，下面苍白色，叶柄长4~8（~16）厘米。花杯状，花被片9，外轮3片，绿色，萼片状，向外弯垂，内两轮6片，直立，花瓣状倒卵形，长3~4厘米，绿色，具黄色纵条纹，花药长10~16毫米，花丝长5~6毫米，花期时雌蕊群超出花被之上，心皮黄绿色。聚合果长7~9厘米，具翅的小坚果长约6毫米，顶端钝或钝尖，具种子1~2颗。花期5月，果期9—10月。

主要利用形式：树叶形状奇特，花大而美丽，为珍贵园林树种，对有害气体的抵抗性较强，也是工矿区绿化的优良树种。本种为优良的建筑、造船、家具、细木工用材，亦可制胶合板。根、叶和树皮入药，具有祛风除湿、止咳、强筋骨的功效，常用于治疗风湿关节痛、肌肉痿软、风寒咳嗽。

078 二球悬铃木

拉丁学名：*Platanus acerifolia* Willd.；悬铃木科悬铃木属。别名：英国梧桐、槭叶悬铃木。

形态特征：落叶大乔木，高30余米。树皮光滑，大片块状脱落；嫩枝密生灰黄色茸毛；老枝秃净，红褐色。叶阔卵形，上下两面嫩时有灰黄色毛被，下面的毛被更厚而密，以后变秃净，仅在背脉腋内有毛；基部截形或微心形，上部掌状5裂，有时7裂或3裂；中央裂片阔三角形，宽度与长度约相等；裂片全缘或有1~2个粗大锯齿；掌状脉3条，稀为5条，常离基部数毫米，或为基出；叶柄密生黄褐色毛被；托叶中等大，基部鞘状，上部开裂。花通常4数。雄花的萼片卵形，被毛；花瓣矩圆形，长为萼片的 2 倍；雄蕊比花瓣长，盾形药隔有毛。果枝有头状果序 1~2 个，稀为 3 个，常下垂；头状果序直径约 2.5 厘米，宿存花柱长 2~3 毫米，刺状，坚果之间无凸出的茸毛，或有极短的毛。

主要利用形式：世界著名的城市绿化树种、优良庭荫树和行道树，具有生长迅速、株型美观、适应性较强的特点，有“行道树之王”之称。鲜叶可作牲畜粗饲料。枝条树叶可作食用菌培养基，也可作为治虫烟雾剂的供热剂原料。不足之处是成年植株会大量开花、结果，每年春夏季节会形成大量的花粉，同时上一年的球果开裂，产生大量的果毛。据统计，一株 10 年生、胸径为 10 厘米的悬铃木，每年可结 200~400 个球果，而每个球果均可产生 200 万 ~500 万根果毛，这些漂浮于空中的花粉和果毛容易进入人们的呼吸道，引起部分人群发生过敏反应，引发鼻炎、咽炎、支气管炎症、哮喘病等诸多病症。

079 二色补血草

拉丁学名：*Limonium bicolor*（Bunge）Kuntze；蓝雪科补血草属。别名：蝎子花菜、屹蚤花、野菠菜、燎眉蒿、补血草、扫帚草、匙叶草、血见愁、秃子花、苍蝇花、白花菜棵、矶松。

形态特征：多年生草本，全株（除萼外）无毛。叶基生，偶可花序轴下部 1—3 节上有叶，花期叶常存在，匙形至长圆状匙形，先端通常圆或钝，基部渐狭成平扁的柄。花序圆锥状；花序轴单生，或 2~5 枚各由不同的叶丛中生出，通常有 3~4 棱角，有时具沟槽，偶可主轴圆柱状，往往自中部以上作数回分枝，末级小枝二棱形；不育枝少，通常位于分枝下部或单生于分叉处；穗状花序有柄至无柄，排列在花序分枝的上部至顶端，由 3~5(~9) 个小穗组成，萼长 6~7 毫米，漏斗状，全宽为花萼全长的一半，开张幅径与萼的长度相等，裂片宽短而先端通常圆，偶可有一易落的软尖，间生裂片明显，脉不达于裂片顶缘（向上变为无色），沿脉被微柔毛或变无毛；花冠黄色。花期 5 月下旬至 7 月，果期 6—8 月。

主要利用形式：根、叶、花、枝均可入药，如带根全草入药，能活血止血、温中健脾、滋补强壮，主治月经不调、功能性子宫出血、痔疮出血等。

080 翻白草

拉丁学名：*Potentilla discolor* Bge.；蔷薇科委陵菜属。别名：鸡腿根、鸡拔腿、天藕、翻白萎陵菜、叶下白、鸡爪参。

形态特征：多年生草本。根粗壮，下部常肥厚呈纺锤形。花茎直立，上升或微铺散，高10~45厘米，密被白色绵毛。基生叶有小叶2~4对，间隔0.8~1.5厘米，连叶柄长4~20厘米，叶柄密被白色绵毛，有时并有长柔毛；小叶对生或互生，无柄，小叶片长圆形或长圆披针形，长1~5厘米，宽0.5~0.8厘米，顶端圆钝，稀急尖，基部楔形、宽楔形或偏斜圆形，边缘具圆钝锯齿，稀急尖，上面暗绿色，被稀疏白色绵毛或脱落几无毛，下面密被白色或灰白色绵毛，脉不显或微显，茎生叶1~2，有掌状3~5小叶；基生叶托叶膜质，褐色，外面被白色长柔毛，茎生叶托叶草质，绿色，卵形或宽卵形，边缘常有缺刻状牙齿，稀全缘，下面密被白色绵毛。聚伞花序有花数朵至多朵，疏散，花梗长1~2.5厘米，外被绵毛；花直径1~2厘米；萼片三角状卵形，副萼片披针形，比萼片短，外面被白色绵毛；花瓣黄色，倒卵形，顶端微凹或圆钝，比萼片长；花柱近顶生，基部具乳头状膨大，柱头稍微扩大。瘦果近肾形，宽约1毫米，光滑。花果期5—9月。

主要利用形式：植株紧密，花期长，为良好荫生和观花地被，有很好的保持水土的作用。块根含有丰富的淀粉，可供食用；嫩茎以沸水煮后，再浸泡，可蔬食。全草入药，能解热、消肿、止痢、止血。

081 繁缕

拉丁学名：*Stellaria media*（L.）Cyr.；石竹科繁缕属。别名：

鹅肠菜、鹅耳伸筋、鸡儿肠。

形态特征：一年生或二年生草本，高 10~30 厘米。茎俯仰或上升，基部多少分枝，常带淡紫红色，被 1（~2）列毛。叶片宽卵形或卵形，长 1.5~2.5 厘米，宽 1~1.5 厘米，顶端渐尖或急尖，基部渐狭或近心形，全缘；基生叶具长柄，上部叶常无柄或具短柄。疏聚伞花序顶生；花梗细弱，具 1 列短毛，花后伸长，下垂，长 7~14 毫米；萼片 5，卵状披针形，长约 4 毫米，顶端稍钝或近圆形，边缘宽膜质，外面被短腺毛；花瓣白色，长椭圆形，比萼片短，深 2 裂达基部，裂片近线形；雄蕊 3~5，短于花瓣；花柱 3，线形。蒴果卵形，稍长于宿存萼，顶端 6 裂，具多数种子；种子卵圆形至近圆形，稍扁，红褐色，直径 1~1.2 毫米，表面具半球形瘤状突起，脊较显著。花期 6—7 月，果期 7—8 月。

主要利用形式：杂草，嫩苗可食。据《东北草本植物志》记载，为有毒植物，家畜食用会引起中毒及死亡。茎、叶及种子供药用，归肝、大肠经，味微苦甘酸性凉，能清热解毒、凉血、活血止痛、下乳，主治痢疾、肠痈、肺痈、乳痈、疔疮肿毒、痔疮肿痛、跌打伤痛等。

082 繁穗苋

拉丁学名：*Amaranthus paniculatus* L.；苋科苋属。别名：天雪米、鸦谷、老鸦谷。

形态特征：一年生草本，高 20~80 厘米，有时可达 1.3 米。茎直立，粗壮，淡绿色，有时具带紫色条纹，稍具钝棱。叶片菱状卵形或椭圆状卵形，长 5~12 厘米，宽 2~5 厘米，先端锐尖或尖凹，有小凸尖，基部楔形，有柔毛。圆锥花序顶生及腋生，直立，或以后下垂，直径 2~4 厘米，由多数穗状花序形成，顶生花穗较侧生者长；苞片及小苞片钻形，长 4~6 毫米，白色，先端具芒尖；花被片白色，有 1 淡绿色细中脉，先端急尖或尖凹，具小凸尖。胞果扁卵形，环状横裂，包裹在宿存花被片内。种子近球形，直径 1 毫米，棕色或黑色。花期 6—7 月，果期 9—10 月。

主要利用形式：栽培植物供观赏，逸为野生。茎叶可作蔬菜。种子为粮食作物，可食用或酿酒。它是一种产量高、适口性好的优良动物饲料。全草有清热解毒、消炎止痛、清肠、排毒、抗癌等功效。

083 反枝苋

拉丁学名：*Amaranthus retroflexus* L.；苋科苋属。别名：西风谷、苋菜、野苋菜。

形态特征：一年生草本，高 20~80 厘米，有时达 1 米多。茎直立，粗壮，单一或分枝，淡绿色，有时具带紫色条纹，稍具钝棱，密生短柔毛。叶片菱状卵形或椭圆状卵形，长 5~12 厘米，宽 2~5 厘米，顶端锐尖或尖凹，有小凸尖，基部楔形，全缘或波状缘，两面及边缘有柔毛，下面毛较密；叶柄长 1.5~5.5 厘米，淡绿色，有时淡紫色，有柔毛。圆锥花序顶生及腋生，直立，直径 2~4 厘米，由多数穗状花序形成，顶生花穗较侧生者长；苞片及小苞片钻形，长 4~6 毫米，白色，背面有一龙骨状突起，伸出顶端成白色尖芒；花被片矩圆形或矩圆状倒卵形，长 2~2.5 毫米，薄膜质，白色，有 1 淡绿色细中脉，顶端急尖或尖凹，具凸尖；雄蕊比花被片稍长；柱头 3，有时 2。胞果扁卵形，长约 1.5 毫米，环状横裂，薄膜质，淡绿色，包裹在宿存花被片内。种子近球形，直径 1 毫米，棕色或黑色，边缘钝。花期 7—8 月，果期 8—9 月。

主要利用形式：常见杂草。嫩茎叶为野菜；全草也可作家畜饲料。种子作青葙子入药；全草药用，治腹泻、痢疾、痔疮肿痛出血等。

084 飞廉

拉丁学名：*Carduus nutans* L.；菊科飞廉属。别名：飞帘、飞轻、天荠、伏猪、伏兔、飞雉、木禾、老牛错。

形态特征：二年生或多年生草本，高 30~100 厘米。茎单生

或少数茎成簇生，通常多分枝，分枝细长，极少不分枝，全部茎枝有条棱，被稀疏的蛛丝毛和多细胞长节毛。中下部茎叶长卵圆形或披针形，长（5）10~40 厘米，宽（1.5）3~10 厘米，羽状半裂或深裂，侧裂片 5~7 对，斜三角形或三角状卵形，顶端有淡黄白或褐色的针刺，针刺长达 4~6 毫米，边缘针刺较短；向上茎叶渐小，羽状浅裂或不裂，顶端及边缘具等样针刺，但通常比中下部茎叶裂片边缘及顶端的针刺短。全部茎叶两面同色，两面沿脉被多细胞长节毛，基部无柄，两侧沿茎下延成茎翼，但基部茎叶基部渐狭成短柄。茎翼连续，边缘有大小不等的三角形刺齿裂，齿顶和齿缘有黄白色或褐色的针刺，接头状花序下部的茎翼常呈针刺状。头状花序通常下垂或下倾，单生茎顶或长分枝的顶端，但不形成明显的伞房花序排列，植株通常生 4~6 个头状花序，极少多于 4~6 个头状花序，更少植株含 1 个头状花序的。总苞钟状或宽钟状，直径 4~7 厘米。总苞片多层，不等长，覆瓦状排列，向内层渐长；全部苞片无毛或被稀疏蛛丝状毛，除最内层苞片以外，其余各层苞片中部或上部曲膝状弯曲，中脉高起，在顶端成长或短针刺状伸出。小花紫色，长 2.5 厘米，檐部长 1.2 厘米，5 深裂，裂片狭线形，长达 6.5 毫米，细管部长 1.3 厘米。瘦果灰黄色，楔形，稍压扁，长 3.5 毫米，有多数浅褐色的细纵线纹及细横皱纹，下部收窄，基底着生面稍偏斜，顶端斜截形，有果缘，果缘全缘，无锯齿。冠毛白色，多层，不等长，向内层渐长，长达 2 厘米；冠毛刚毛锯齿状，向顶端渐细，基部连合成环，整体脱落。花果期 6—10 月。

主要利用形式：杂草。全草或根，味微苦性平，归肺、膀胱、肝经，能散瘀止血、清热利尿，主治吐血、鼻衄、尿血、功能性子宫出血、泌尿系统感染等；外用治痈疖和疔疮。

085 费菜

拉丁学名：*Sedum aizoon* L.；景天科景天属。别名：土三七、四季还阳、景天三七、六月淋、收丹皮、石菜兰、九连花、长生

景天、乳毛土三七、多花景天三七、还阳草、金不换、豆包还阳、豆瓣还阳、田三七、六月还阳、养心草、倒山黑豆、马三七、白三七、胡椒七、七叶草、回生草、血草。

形态特征：多年生草本。根状茎短，粗茎高 20~50 厘米，有 1~3 条茎，直立，不分枝。叶互生，狭披针形、椭圆状披针形至卵状倒披针形，先端渐尖，基部楔形，边缘有不整齐的锯齿；叶坚实，近革质。聚伞花序有多花，水平分枝，平展，下托以苞叶。萼片 5，线形，肉质；花瓣 5，黄色，长圆形至椭圆状披针形，有短尖；雄蕊 10，较花瓣短；鳞片 5，近正方形，心皮 5，卵状长圆形，基部合生，腹面凸出，花柱长钻形。蓇葖星芒状排列；种子椭圆形。花期 6—7 月，果期 8—9 月。

主要利用形式：本种为较耐干旱的绿化观叶植物，也可作为蔬菜。根或全草药用，性味酸平，入心、肝、脾三经，能止血散瘀、安神镇痛、利湿消肿、宁心、解毒，治跌打损伤、咳血、吐血、便血、心悸和痈肿。

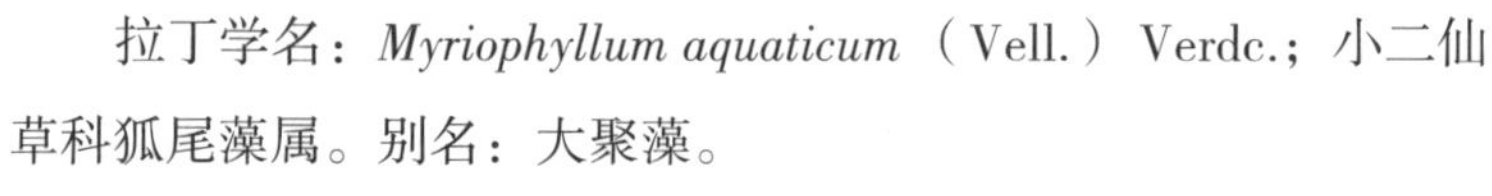

086 粉绿狐尾藻

拉丁学名：*Myriophyllum aquaticum*（Vell.）Verdc.；小二仙草科狐尾藻属。别名：大聚藻。

形态特征：多年生草本，株高 10~20 厘米。茎呈半蔓性，能匍匐湿地生长。上部为挺水叶，匍匐在水面上，下半部为水中茎，水中茎多分枝。叶 5~7 枚轮生，羽状排列，小叶针状，绿白色；沉水叶丝状，朱红色。冬天老叶会枯掉，叶子掉落时是红色的。穗状花序顶生，花单性，雌雄同株，花序上半部为雄花，下半部为雌花，花期在每年的 4—9 月。最上面开小红花。核果坚果状，具 4 凹沟。

主要利用形式：世界各地栽培或逸为野生。为水族界著名观赏植物，也可作鱼饲料。本种能吸收水中的氮、磷等物质，净化水体，抑制蓝藻暴发。

087 枫杨

拉丁学名：*Pterocarya stenoptera* C. DC.；胡桃科枫杨属。别名：枰柳、麻柳、麻柳树、小鸡树、枫柳、平杨柳、枰伦树、水麻柳、蜈蚣柳。

形态特征：大乔木，高达 30 米，胸径达 1 米。幼树树皮平滑，浅灰色，老时则深纵裂；小枝灰色至暗褐色，具灰黄色皮孔；芽具柄，密被锈褐色盾状着生的腺体。叶多为偶数或稀奇数羽状复叶，长 8~16 厘米（稀达 25 厘米），叶柄长 2~5 厘米，叶轴具翅至翅不甚发达，与叶柄一样被有疏或密的短毛；小叶 10~16 枚（稀 6~25 枚），无小叶柄，对生或稀近对生，长椭圆形至长椭圆状披针形，长 8~12 厘米，宽 2~3 厘米，顶端常钝圆或稀急尖，基部歪斜，上方一侧楔形至阔楔形，下方一侧圆形，边缘有向内弯的细锯齿，上面被有细小的浅色疣状突起，沿中脉及侧脉被有极短的星芒状毛，下面幼时被有散生的短柔毛，成长后脱落而仅留有极稀疏的腺体，侧脉腋内留有一丛星芒状毛。雄性葇荑花序长 6~10 厘米，单独生于去年生枝条上叶痕腋内，花序轴常有稀疏的星芒状毛。雄花常具 1（稀 2 或 3）枚发育的花被片，雄蕊 5~12 枚。雌性葇荑花序顶生，长 10~15 厘米，具 2 枚长达 5 毫米的不孕性苞片。雌花几乎无梗，苞片及小苞片基部常有细小的星芒状毛，并密被腺体。果序长 20~45 厘米，果序轴常被有宿存的毛。果实长椭圆形，长 6~7 毫米，基部常有宿存的星芒状毛；果翅狭，条形或阔条形，长 12~20 毫米，宽 3~6 毫米，具近于平行的脉。花期 4—5 月，果熟期 8—9 月。

主要利用形式：常见园林庭荫树木。树皮和枝皮含鞣质，可提取栲胶，亦可作纤维原料；果实可作饲料和酿酒，种子还可榨油。树皮味辛苦性温，有小毒，能杀虫止痒、利尿消肿。叶治疗血吸虫病；外用治黄癣、脚癣。枝、叶捣烂可杀蛆虫、孑孓。

088 凤仙花

拉丁学名：*Impatiens balsamina* L.；凤仙花科凤仙花属。别名：女儿花、指甲花、急性子、金凤花、桃红、凤仙透骨草、染指甲花、小桃红。

形态特征：一年生草本，高60~100厘米。茎粗壮，肉质，直立，不分枝或有分枝，无毛或幼时被疏柔毛，基部直径可达8毫米，具多数纤维状根，下部节常膨大。叶互生，最下部叶有时对生；叶片披针形、狭椭圆形或倒披针形，先端尖或渐尖，基部楔形，边缘有锐锯齿，向基部常有数对无柄的黑色腺体，两面无毛或被疏柔毛，侧脉4~7对；叶柄长1~3厘米，上面有浅沟，两侧具数对具柄的腺体。花单生或2~3朵簇生于叶腋，无总花梗，单瓣或重瓣；花梗长2~2.5厘米，密被柔毛；苞片线形，位于花梗的基部；侧生萼片2，卵形或卵状披针形，长2~3毫米，唇瓣深舟状，长13~19毫米，宽4~8毫米，被柔毛，基部急尖成长1~2.5厘米内弯的距；旗瓣圆形，兜状，先端微凹，背面中肋具狭龙骨状突起，顶端具小尖，翼瓣具短柄，长23~35毫米，2裂，下部裂片小，倒卵状长圆形，上部裂片近圆形，先端2浅裂，外缘近基部具小耳；雄蕊5，花丝线形，花药卵球形，顶端钝；子房纺锤形，密被柔毛。蒴果宽纺锤形，长10~20毫米；两端尖，密被柔毛。种子多数，圆球形，直径1.5~3毫米，黑褐色。花期7—10月。

主要利用形式：常见草花，民间常用其花及叶染指甲。茎及种子入药，可治风湿性关节痛、屈伸不利；种子可治噎膈、骨鲠咽喉、腹部肿块、闭经。

089 佛甲草

拉丁学名：*Sedum lineare* Thunb.；景天科景天属。别名：铁指甲、狗牙菜、金莿插。

形态特征：多年生草本，无毛。茎高10~20厘米。3叶轮生，少有 4 叶轮生或对生的，叶线形，长 20~25 毫米，宽约 2 毫米，先端钝尖，基部无柄，有短距。花序聚伞状，顶生，疏生花，宽 4~8 厘米，中央有一朵有短梗的花，另有 2~3 分枝，分枝常再二次分枝，着生花无梗；萼片 5，线状披针形，长 1.5~7 毫米，不等长，不具距，有时有短距，先端钝；花瓣 5，黄色，披针形，长 4~6 毫米，先端急尖，基部稍狭；雄蕊 10，较花瓣短；鳞片 5，宽楔形至近四方形，长 0.5 毫米，宽 0.5~0.6 毫米。蓇葖略叉开，长 4~5 毫米，花柱短；种子小。花期 4—5 月，果期 6—7 月。

主要利用形式：全草味微酸性凉，能清热解毒、消肿排脓、止痛、退黄，可治咽喉痛、肝炎、痈肿疮毒、毒蛇咬伤、缠腰火丹、烧伤烫伤。佛甲草植株细腻，花美丽，碧绿的小叶宛如翡翠，整齐美观，可盆栽欣赏，也是优良的地被植物，适宜用以护坡和层顶绿化，可取代传统的隔热层和防水保护层。

090 附地菜

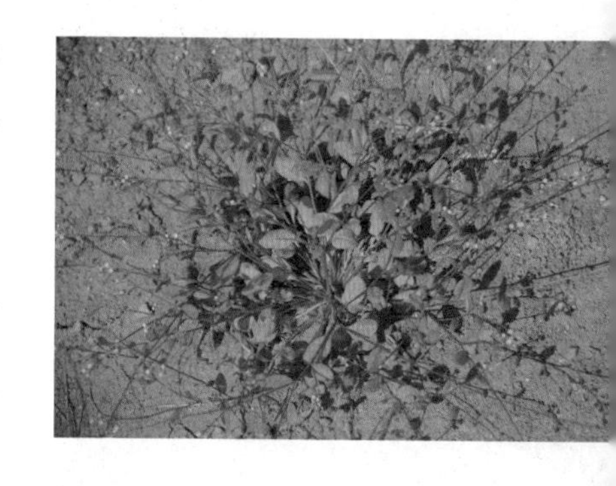

拉丁学名：*Trigonotis peduncularis*（Trev.）Benth. ex Baker et Moore；紫草科附地菜属。别名：鸡肠、鸡肠草、地胡椒、雀扑拉。

形态特征：一年生或二年生草本。茎通常多条丛生，稀单一，密集，铺散，高 5~30 厘米，基部多分枝，被短糙伏毛。基生叶呈莲座状，有叶柄，叶片匙形，长 2~5 厘米，先端圆钝，基部楔形或渐狭，两面被糙伏毛，茎上部叶长圆形或椭圆形，无叶柄或具短柄。花序生茎顶，幼时卷曲，后渐次伸长，长 5~20 厘米，只在基部具 2~3 个叶状苞片，其余部分无苞片；花梗短，花后伸长，长 3~5 毫米，顶端与花萼连接部分变粗呈棒状；花萼裂片卵形，长 1~3 毫米，先端急尖；花冠淡蓝色或粉色，筒部甚短，檐部直径 1.5~2.5 毫米，裂片平展，倒卵形，先端圆钝，喉部附属 5，白色或带黄色；花药卵形，长 0.3 毫米，先端具短尖。小坚果 4，斜三棱锥状四面体形，长 0.8~1 毫米，有短毛或平滑无毛，背面三角状卵形，具 3 锐棱，腹面的 2 个侧面近等大而基底面略小，凸起，具短柄，柄长约1毫米，向一侧弯曲。早春开花，花期甚长。

主要利用形式：杂草，可作草花。嫩叶可供食用。全草入药，味甘性辛温，能温中健胃、消肿止痛、止血，可治胃痛、吐酸、吐血，外用治跌打损伤或者骨折。

091 甘薯

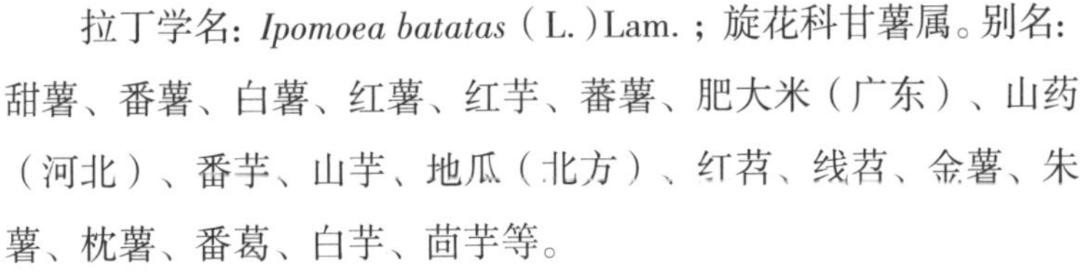

拉丁学名：*Ipomoea batatas*（L.）Lam.；旋花科甘薯属。别名：甜薯、番薯、白薯、红薯、红芋、蕃薯、肥大米（广东）、山药（河北）、番芋、山芋、地瓜（北方）、红苕、线苕、金薯、朱薯、枕薯、番葛、白芋、茴芋等。

形态特征：一年生草本，长2米以上。平卧地面斜上，叶片通常为宽卵形，长4~13厘米，宽3~13厘米，花冠粉红色、白色、淡紫色或紫色，钟状或漏斗状，长3~4厘米，蒴果卵形或扁圆形，有假隔膜，分为4室，具地下块根，块根纺锤形，外皮土黄色或紫红色。地下块茎顶分枝末端膨大成卵球形的块茎，外皮淡黄色，光滑。茎左旋，基部有刺，被丁字形柔毛。块根是贮藏养分的器官，也是供食用的部分。分布在5~25厘米深的土层中，先伸长后长粗，其形状、大小、皮肉颜色等因品种、土壤和栽培条件不同而有差异。单叶互生，阔心脏形；雄花序为穗状花序，单生，雄花无梗或具极短的梗；苞片卵形，顶端渐尖；花被浅杯状，被短柔毛；蒴果三棱形，顶端微凹，基部截形，每棱翅状；种子圆形，具翅。花期初夏。

主要利用形式：重要的农作物，为食品、饲料、酿酒及淀粉原料，也具有食疗保健价值，有“长寿食品”之誉。其块茎含糖量达到15%~20%，有抗癌、保护心脏、预防肺气肿、减肥等功效。

092 杠柳

拉丁学名：*Periploca sepium* Bunge；萝藦科杠柳属。别名：羊奶条、山五加皮、香加皮、北五加皮。

形态特征：落叶蔓性灌木，长可达 1.5 米。主根圆柱状，外皮灰棕色，内皮浅黄色。具乳汁，除花外，全株无毛；茎皮灰褐色；小枝通常对生，有细条纹，具皮孔。叶卵状长圆形，长 5~9 厘米，宽 1.5~2.5 厘米，顶端渐尖，基部楔形，叶面深绿色，叶背淡绿色；中脉在叶面扁平，在叶背微凸起，侧脉纤细，两面扁平，每边 20~25 条；叶柄长约 3 毫米。聚伞花序腋生，着花数朵；花序梗和花梗柔弱；花萼裂片卵圆形，长 3 毫米，宽 2 毫米，顶端钝，花萼内面基部有 10 个小腺体；花冠紫红色，辐状，张开直径 1.5 厘米，花冠筒短，约长 3 毫米，裂片长圆状披针形，长 8 毫米，宽 4 毫米，中间加厚呈纺锤形，反折，内面被长柔毛，外面无毛；副花冠环状，10 裂，其中 5 裂延伸丝状被短柔毛，顶端向内弯；雄蕊着生在副花冠内面，并与其合生，花药彼此粘连并包围着柱头，背面被长柔毛；心皮离生，无毛，每心皮有胚珠多个，柱头盘状凸起；花粉器匙形，四合花粉藏在载粉器内，粘盘粘连在柱头上。蓇葖 2，圆柱状，长 7~12 厘米，直径约 5 毫米，无毛，具有纵条纹；种子长圆形，长约 7 毫米，宽约 1 毫米，黑褐色，顶端具白色绢质种毛；种毛长 3 厘米。花期 5—6 月，果期 7—9 月。

主要利用形式：杠柳根系发达，无性繁殖能力和抗旱性很强，是一种极好的固沙植物。根皮、茎皮可药用，能祛风湿、壮筋骨、强腰膝，治风湿关节炎、筋骨痛等；我国北方称杠柳的根皮为“北五加皮”，浸酒，功用与五加皮略似，但有毒，不宜过量和久服，以免中毒。根皮还可用来制杀虫药。种子可以榨油。基叶的乳汁含有弹性橡胶。本种可作为薪炭林。

093 枸骨冬青

拉丁学名：*Ilex cornuta* Lindl. et Paxt.；冬青科冬青属。别名：猫儿刺、老虎刺、八角刺、构骨、鸟不宿、狗骨刺、猫儿香、老鼠树、圣诞树。

形态特征：常绿灌木或小乔木。树皮灰白色。幼枝具纵脊

及沟，二年枝褐色，三年生枝灰白色，无皮孔。叶片厚革质，二型，四角状长圆形或卵形，先端具3枚尖硬刺齿，中央刺齿常反曲，基部圆形或近截形，两侧各具1~2刺齿，有时全缘（此情况常出现在卵形叶）；托叶胼胝质，宽三角形。花序簇生于二年生枝的叶腋内，基部宿存鳞片近圆形，被柔毛，具缘毛；苞片卵形，先端钝或具短尖头，被短柔毛和缘毛；花淡黄色，4基数。雄花：花梗长5~6毫米，无毛，基部具1~2枚阔三角形的小苞片；花萼盘状；直径约2.5毫米，裂片膜质，阔三角形，长约0.7毫米，宽约1.5毫米，疏被微柔毛，具缘毛；花冠辐状，直径约7毫米，花瓣长圆状卵形，长3~4毫米，反折，基部合生；雄蕊与花瓣近等长或稍长，花药长圆状卵形，长约1毫米；退化子房近球形，先端钝或圆形，不明显4裂。雌花：花梗长8~9毫米，果期长达13~14毫米，无毛，基部具2枚小的阔三角形苞片；花萼与花瓣像雄花；退化雄蕊长为花瓣的五分之四，略长于子房，败育花药卵状箭头形；子房长圆状卵球形，长3~4毫米，直径2毫米，柱头盘状，4浅裂。果球形，直径8~10毫米，成熟时鲜红色，基部具四角形宿存花萼，顶端宿存柱头盘状，明显4裂；果梗长8~14毫米。分核4，内果皮骨质。花期4—5月，果期10—12月。

主要利用形式：本种是优良的观叶、观果树种，对有害气体有较强抗性，生长缓慢；萌蘖力强，耐修剪。根有滋补强壮、活络、清风热、祛风湿、治疗黄疸型肝炎的功效；枝叶可治肺痨咳嗽、咯血、劳伤失血、腰膝痿弱、风湿痹痛；果实可治阴虚身热、白带过多、慢性腹泻、淋浊、筋骨疼痛等。

094 构树

拉丁学名：*Broussonetia papyifera*（Linn.）L’ Her. ex Vent.；桑科构属。别名：构桃树、构乳树、楮树、楮实子、沙纸树、谷木、谷浆树、假杨梅。

形态特征：乔木，高10~20米。树皮暗灰色；小枝密生柔毛。叶螺旋状排列，广卵形至长椭圆状卵形，长6~18厘米，宽5~9

厘米，先端渐尖，基部心形，两侧常不相等，边缘具粗锯齿，不分裂或 3~5 裂，小树之叶常有明显分裂，表面粗糙，疏生糙毛，背面密被茸毛，基生叶脉三出，侧脉 6~7 对；叶柄密被糙毛；托叶大，卵形，狭渐尖，长 1.5~2 厘米，宽 0.8~1 厘米。花雌雄异株；雄花序为葇荑花序，粗壮，长 3~8 厘米，苞片披针形，被毛，花被 4 裂，裂片三角状卵形，被毛，雄蕊 4，花药近球形，退化雌蕊小；雌花序球形头状，苞片棍棒状，顶端被毛，花被管状，顶端与花柱紧贴，子房卵圆形，柱头线形，被毛。聚花果直径 1.5~3 厘米，成熟时橙红色，肉质；瘦果具等长的柄，表面有小瘤，龙骨双层，外果皮壳质。花期 4—5 月，果期 6—7 月。

主要利用形式：常见城乡绿化乡土树木，抗有毒气体（二氧化硫和氯气）。本种韧皮纤维可作造纸材料。果为楮实子，能补肾、利尿、强筋骨。构树以乳液、根皮、树皮、叶、果实及种子入药。树叶也为饲料。

095 瓜木

拉丁学名：*Alangium chinense*（Lour.）Harms；八角枫科八角枫属。别名：八角枫、华瓜木、白龙须、木八角、橙木。

形态特征：落叶乔木或灌木，高 3~5 米，稀达 15 米，胸径 20 厘米。小枝略呈“之”字形，幼枝紫绿色，无毛或有稀疏的疏柔毛，冬芽锥形，生于叶柄的基部内，鳞片细小。叶纸质，近圆形或椭圆形、卵形，顶端短锐尖或钝尖，基部两侧常不对称，一侧微向下扩张，另一侧向上倾斜，阔楔形、截形，稀近于心脏形，长 13~19（~26）厘米，宽 9~15（~22）厘米，不分裂或 3~7（~9）裂，裂片短锐尖或钝尖，叶上面深绿色，无毛，下面淡绿色，除脉腋有丛状毛外，其余部分近无毛；基出脉 3~5（~7），成掌状，侧脉 3~5 对；叶柄长 2.5~3.5 厘米，紫绿色或淡黄色，幼时有微柔毛，后无毛。聚伞花序腋生，长 3~4 厘米，被稀疏微柔毛，有 7~30（~50）花，花梗长 5~15 毫米；小苞片线形或披针形，长 3 毫米，常早落；总花梗长 1~1.5 厘米，常分节；花冠圆筒形，长

1~1.5厘米，花萼长2~3毫米，顶端分裂为5~8枚齿状萼片，长0.5~1毫米，宽2.5~3.5毫米；花瓣6~8，线形，长1~1.5厘米，宽1毫米，基部黏合，上部开花后反卷，外面有微柔毛，初为白色，后变黄色；雄蕊和花瓣同数而近等长，花丝略扁，长2~3毫米，有短柔毛，花药长6~8毫米，药隔无毛，外面有时有褶皱；花盘近球形；子房2室，花柱无毛，疏生短柔毛，柱头头状，常2~4裂。核果卵圆形，长约5~7毫米，直径5~8毫米，幼时绿色，成熟后黑色，顶端有宿存的萼齿和花盘，种子1颗。花期5—7月、9—10月，果期7—11月。

主要利用形式：有药用价值，根名白龙须，茎名白龙条，治风湿、跌打损伤、外伤止血等。树皮纤维可编绳索。木材可用来制作家具及天花板。

096 栝楼

拉丁学名：*Trichosanthes kirilowii* Maxim.；葫芦科栝楼属。别名：瓜蒌、瓜楼、药瓜、果裸、王菩、地楼、泽巨、泽冶、王白、天瓜、瓜葵、泽姑、黄瓜、天圆子、柿瓜、野苦瓜、杜瓜、大肚瓜、药瓜、鸭屎瓜。

形态特征：攀缘藤本，长达10米。块根圆柱状，粗大肥厚，富含淀粉，淡黄褐色。茎较粗，多分枝，具纵棱及槽，被白色伸展柔毛。叶片纸质，轮廓近圆形，长、宽均5~20厘米，常3~5（~7）浅裂至中裂，稀深裂或不分裂而仅有不等大的粗齿，裂片菱状倒卵形、长圆形，先端钝，急尖，边缘常再浅裂，叶基心形，弯缺深2~4厘米，上表面深绿色，粗糙，背面淡绿色，基出掌状脉5条，细脉网状；叶柄长3~10厘米，具纵条纹，被长柔毛。卷须3~7歧，被柔毛。花雌雄异株。雄总状花序长10~20厘米，粗壮，具纵棱与槽，被微柔毛，顶端有5~8花，单花花梗长约15厘米，花梗长约3毫米，小苞片倒卵形或阔卵形，长1.5~2.5（~3）厘米，宽1~2厘米，中上部具粗齿，基部具柄，被短柔毛；花萼筒筒状，长2~4厘米，顶端扩大，径约10毫米，中、下部径约5

毫米，被短柔毛，裂片披针形，长 10~15 毫米，宽 3~5 毫米，全缘；花冠白色，裂片倒卵形，长 20 毫米，宽 18 毫米，顶端中央具 1 绿色尖头，两侧具丝状流苏，被柔毛；花药靠合，长约 6 毫米，径约 4 毫米，花丝分离，粗壮，被长柔毛。雌花单生，花梗长 7.5 厘米，被短柔毛；花萼筒圆形，长 2.5 厘米，径 1.2 厘米，裂片和花冠同雄花；子房椭圆形，绿色，长 2 厘米，径 1 厘米，花柱长 2 厘米，柱头 3。果梗粗壮，长 4~11 厘米；果实椭圆形或圆形，长 7~10.5 厘米，成熟时黄褐色或橙黄色；种子卵状椭圆形，压扁，长 11~16 毫米，宽 7~12 毫米，淡黄褐色，近边缘处具棱线。花期 5—8 月，果期 8—10 月。

主要利用形式：攀缘植物。根、果实、果皮和种子，分别为传统的中药天花粉、栝楼、栝楼皮和栝楼子（瓜蒌仁）。果实具有抗菌、抗癌、泻下、保护心血管系统、抗溃疡以及延缓衰老等功效。

097 广玉兰

拉丁学名：*Magnolia grandiflora* L.；木兰科木兰属。别名：泽玉兰、洋玉兰、荷花玉兰、木莲花。

形态特征：常绿乔木。树皮淡褐色或灰色，薄鳞片状开裂；小枝粗壮，具横隔的髓心；小枝、芽、叶下面、叶柄均密被褐色或灰褐色短茸毛（幼树的叶下面无毛）。叶厚革质，椭圆形，长圆状椭圆形或倒卵状椭圆形，先端钝或短钝尖，基部楔形，叶面深绿色，有光泽；侧脉每边 8~10 条；叶柄无托叶痕，具深沟。花白色，有芳香；花被片 9~12，厚肉质，倒卵形；雄蕊长，花丝扁平，紫色，花药内向，药隔伸出成短尖；雌蕊群椭圆体形，密被长茸毛；心皮卵形，花柱呈卷曲状。聚合果圆柱状长圆形或卵圆形，密被褐色或淡灰黄色茸毛；蓇葖背裂，背面圆，顶端外侧具长喙；种子近卵圆形或卵形，外种皮红色，除去外种皮的种子，顶端延长成短颈。花期 5—6 月，果期 9—10 月。

主要利用形式：常绿观叶灌木，对二氧化硫、氯气、氟化氢等有毒气体抗性较强；也耐烟尘。木材黄白色，材质坚重，可供装饰材用。叶、幼枝和花可提取芳香油；花制浸膏用。种子榨油，含油率 42.5%。叶入药治高血压。其花性味辛温，能祛风散寒、止痛，可治外感风寒、鼻塞头痛。树皮能燥湿、行气止痛，可治湿阻、气滞胃痛。

098 鬼针草

拉丁学名：*Bidens pilosa* L.；菊科鬼针草属。别名：虾钳草、蟹钳草、对叉草、一包针、引线包、豆渣草、豆渣菜、细毛鬼针草、盲肠草、三叶鬼针草。

形态特征：一年生草本。茎直立，高 30~100 厘米，钝四棱形，无毛或上部被极稀疏的柔毛，基部直径可达 6 毫米。茎下部叶较小，3 裂或不分裂，通常在开花前枯萎，中部叶具长 1.5~5 厘米无翅的柄，三出，小叶 3 枚，很少为具 5（~7）小叶的羽状复叶，两侧小叶椭圆形或卵状椭圆形，长 2~4.5 厘米，宽 1.5~2.5 厘米，先端锐尖，基部近圆形或阔楔形，有时偏斜，不对称，具短柄，边缘有锯齿；顶生小叶较大，长椭圆形或卵状长圆形，长 3.5~7 厘米，先端渐尖，基部渐狭或近圆形，具长 1~2 厘米的柄，边缘有锯齿；上部叶小，3 裂或不分裂，条状披针形。头状花序直径 8~9 毫米，有长 1~6（果时长 3~10）厘米的花序梗。总苞基部被短柔毛，苞片 7~8 枚，条状匙形，上部稍宽，开花时长 3~4 毫米，果时长至 5 毫米，草质，边缘疏被短柔毛或几无毛；外层托片披针形，果时长 5~6 毫米，干膜质，背面褐色，具黄色边缘，内层较狭，条状披针形。无舌状花，盘花筒状，长约 4.5 毫米，冠檐 5 齿裂。瘦果黑色，条形，略扁，具棱，长 7~13 毫米，宽约 1 毫米，顶端芒刺 3~4 枚，长 1.5~2.5 毫米，具倒刺毛。

主要利用形式：杂草。全草具有解毒消肿、清热镇痛、活血散瘀、调气消积的功效，可治胃肠炎、中暑腹痛、细菌性痢疾、感冒发热、急性喉炎、白浊、再生障碍性贫血、痔疮、脱肛、大小便出血、糖尿病、肩周炎、跌打损伤、关节炎、白血病等，也能抗多种病原真菌；外用治疮疖、毒蛇咬伤、跌打肿痛。

099 海桐

拉丁学名：*Pittosporum tobira*（Thunb.）Ait.；海桐花科海桐花属。别名：七里香、海桐花、山矾、宝珠香、山瑞香。

形态特征：常绿灌木或小乔木，高达 6 米。嫩枝被褐色柔毛，有皮孔。叶聚生于枝顶，二年生，革质，嫩时上下两面有柔毛，以后变秃净，倒卵形或倒卵状披针形，长 4~9 厘米，宽 1.5~4 厘米，上面深绿色，发亮，干后暗晦无光，先端圆形或钝，常微凹入或为微心形，基部窄楔形，侧脉 6~8 对，在靠近边缘处相结合，有时因侧脉间的支脉较明显而呈多脉状，网脉稍明显，网眼细小，全缘，干后反卷，叶柄长达 2 厘米。伞形花序或伞房状伞形花序顶生或近顶生，密被黄褐色柔毛，花梗长 1~2 厘米；苞片披针形，长 4~5 毫米；小苞片长 2~3 毫米，均被褐毛。花白色，有芳香，后变黄色；萼片卵形，长 3~4 毫米，被柔毛；花瓣倒披针形，长 1~1.2 厘米，离生；雄蕊 2 型，退化雄蕊的花丝长 2~3 毫米，花药近于不育；正常雄蕊的花丝长 5~6 毫米，花药长圆形，长 2 毫米，黄色；子房长卵形，密被柔毛，侧膜胎座 3 个，胚珠多数，2 列着生于胎座中段。蒴果圆球形，有棱或呈三角形，直径 12 毫米，多少有毛，子房柄长 1~2 毫米，3 片裂开，果片木质，厚 1.5 毫米，内侧黄褐色，有光泽，具横格；种子多数，长 4 毫米，多角形，红色，种柄长约 2 毫米。

主要利用形式：常见的花坛造景树和造园绿化树种，对二氧化硫抗性强。树皮性味苦平无毒，主治腰膝痛、风癣、风虫牙痛。

100 旱柳

拉丁学名：*Salix matsudana* Koidz.；杨柳科柳属。别名：柳树、河柳、江柳、立柳、直柳。

形态特征：落叶乔木，高可达 20 米，胸径达 80 厘米。大枝

斜上，树冠广圆形；树皮暗灰黑色，有裂沟；枝细长，直立或斜展，浅褐黄色或带绿色，后变褐色，无毛，幼枝有毛。芽微有短柔毛。叶披针形，长5~10厘米，宽1~1.5厘米，先端长渐尖，基部窄圆形或楔形，上面绿色，无毛，有光泽，下面苍白色或带白色，有细腺锯齿缘，幼叶有丝状柔毛；叶柄短，长5~8毫米，在上面有长柔毛；托叶披针形或缺，边缘有细腺锯齿。花序与叶同时开放；雄花序圆柱形，长1.5~2.5（~3）厘米，粗6~8毫米，多少有花序梗，轴有长毛；雄蕊2，花丝基部有长毛，花药卵形，黄色；苞片卵形，黄绿色，先端钝，基部多少有短柔毛；腺体2；雌花序较雄花序短，长达2厘米，粗4毫米，有3~5小叶生于短花序梗上，轴有长毛；子房长椭圆形，近无柄，无毛，无花柱或很短，柱头卵形，近圆裂；苞片同雄花；腺体2，背生和腹生。果序长达2（2.5）厘米。花期4月，果期4—5月。

主要利用形式：常见乡土树种。旱柳的根、枝、皮、叶，均可入药。树皮含鞣质3.06%~7.49%，味微苦性寒，能散风、清湿热、消肿止痛，主治急性膀胱炎、小便不利、关节炎、黄水疮、疮毒、牙痛。

101 旱芹

拉丁学名：*Apium graveolens* Linn.；伞形科芹属。别名：芹菜、香芹、药芹、水芹。

形态特征：二年生或多年生草本。茎具匍匐性，多年生叶片肉质，叶近圆形或肾形，有V形缺口，叶边缘有5~7浅裂，裂片有钝锯齿，浅裂约等于锯齿深度，基部心形，掌状脉7~9，叶面疏生短硬毛；叶柄上密被柔毛；托叶膜质，顶端钝圆或有浅裂，花为伞形花序，分散生于走茎的叶腋处，被有柔毛；伞形花序有花18~26朵，密生成球形的头状花序；花柄极短，花柄基部有膜质、卵形或倒卵形的小总苞片；无萼齿；花瓣5枚，渐尖形，白色或乳白色；花柱幼时内卷，花后向外反曲，基部隆起。花果期4—11月，果为离果。

主要利用形式：常见蔬菜。果实可提取芳香油，用以调和香精。带根全草味甘辛微苦性凉，归肝、胃、肺经，能平肝、清热、祛风、利水、止血、解毒，主治肝阳眩晕、风热头痛、咳嗽、黄疸、小便淋痛、尿血、崩漏、带下、疮疡肿毒。

102 合欢

拉丁学名：*Albizia julibrissin* Durazz.；豆科合欢属。别名：马缨花、绒花树、夜合欢、蓉花树、野广木。

形态特征：落叶乔木，高可达 16 米。树冠开展；小枝有棱角，嫩枝、花序和叶轴被茸毛或短柔毛。托叶线状披针形，较小叶小，早落。二回羽状复叶，总叶柄近基部及最顶一对羽片着生处各有 1 枚腺体；羽片 4~12 对，栽培的有时达 20 对；小叶 10~30 对，线形至长圆形，长 6~12 毫米，宽 1~4 毫米，向上偏斜，先端有小尖头，有缘毛，有时在下面或仅中脉上有短柔毛；中脉紧靠上边缘。头状花序于枝顶排成圆锥花序；花粉红色；花萼管状，长 3 毫米；花冠长 8 毫米，裂片三角形，长 1.5 毫米，花萼、花冠外均被短柔毛；花丝长 2.5 厘米。荚果带状，长 9~15 厘米，宽 1.5~2.5 厘米，嫩荚有柔毛，老荚无毛。花期 6—7 月，果期 8—10 月。

主要利用形式：常见行道树和观赏树。心材黄灰褐色，边材黄白色，耐久，多用于制家具；嫩叶可食，老叶可以洗衣服；树皮能解郁、和血、宁心、消痈肿，可治心神不安、忧郁失眠、肺痈、痈肿、瘰疬、筋骨折伤等。

103 何首乌

拉丁学名：*Fallopia multiflora*（Thunb.）Harald.；蓼科何首乌属。别名：多花蓼、紫乌藤、夜交藤。

形态特征：多年生草本。块根肥厚，长椭圆形，黑褐色。茎缠绕，长 2~4 米，多分枝，具纵棱，无毛，微粗糙，下部木质化。叶卵形或长卵形，长 3~7 厘米，宽 2~5 厘米，顶端渐尖，基部心

形或近心形，两面粗糙，边缘全缘；叶柄长 1.5~3 厘米；托叶鞘膜质，偏斜，无毛，长 3~5 毫米。花序圆锥状，顶生或腋生，长 10~20 厘米，分枝开展，具细纵棱，沿棱密被小突起；苞片三角状卵形，具小突起，顶端尖，每苞内具 2~4 花；花梗细弱，长 2~3 毫米，下部具关节，果时延长；花被 5 深裂，白色或淡绿色，花被片椭圆形，大小不相等，外面 3 片较大，背部具翅，果时增大，花被果时外形近圆形，直径 6~7 毫米；雄蕊 8，花丝下部较宽；花柱 3，极短，柱头头状。瘦果卵形，具 3 棱，长 2.5~3 毫米，黑褐色，有光泽，包于宿存花被内。花期 8—9 月，果期 9—10 月。

主要利用形式：常见垂直绿化植物，也为常见中药材。块根入药，味苦甘涩性微温，归肝、肾经，炮制后能补益精血；生用可解毒、截疟、润肠通便，可治精血亏虚、头晕眼花、须发早白、腰膝酸软、久疟、痈疽、瘰疬、肠燥便秘。

104 荷花

拉丁学名：*Nelumbo nucifera* L.；睡莲科莲属。别名：莲花、莲、水芙蓉、藕花、芙蕖、水芝、水华、泽芝、中国莲、芙蕖、鞭蓉、水芸、水旦、溪客、玉环。

形态特征：多年生水生草本。根状茎横生，肥厚，节间膨大，内有多数纵行通气孔道，节部缢缩，上生黑色鳞叶，下生须状不定根。叶圆形，盾状，表面深绿色，被蜡质白粉覆盖，背面灰绿色，全缘稍呈波状，上面光滑，具白粉，下面叶脉从中央射出，有 1~2 次叉状分枝；叶柄粗壮，圆柱形，中空，外面散生小刺。花梗和叶柄等长或稍长，也散生小刺；叶柄圆柱形，密生倒刺。花单生于花梗顶端、高托水面之上，有单瓣、复瓣、重瓣及重台等花型；花色有白、粉、深红、淡紫、黄色或间色等变化；荷叶矩圆状椭圆形至倒卵形，由外向内渐小，有时变成雄蕊，先端圆钝或微尖，雄蕊多数；雌蕊离生，埋藏于倒圆锥状海绵质花托内，花托表面具多数散生蜂窝状孔洞，受精后逐渐膨大成为莲蓬，每一孔洞内生一小坚果（莲子）；花药条形，花丝细长，着生在花托之下；花柱极短，柱头顶生；坚果椭圆形或卵形，果皮革质，坚硬，熟时黑褐色；种子（莲子）卵形或椭圆形，种皮红色或白色。花期 6—9 月。

主要利用形式：荷花种类很多，分观赏和食用两大类。藕节止血、散瘀；荷叶清暑利湿、升发清阳、止血；荷梗清热解暑、通气行暑；荷叶蒂清暑去湿、和血安胎；莲花活血止血、去湿消风；莲房消瘀、止血、去湿；莲须清心、益肾、涩精、止血；莲子养心、益肾、补脾、涩肠，以湖南的"湘莲子"最为著名；莲衣能敛，诸失血后佐参以补脾阴；莲子心清心、去热、止血、涩精。莲子为高级滋补营养品。莲藕是最好的蔬菜和蜜饯果品。莲叶、莲花、莲蕊等也都是中国人民喜爱的药膳食品。由于莲的品种繁多，不同品种的不同部位，其药效可能略有差异。

105 红花

拉丁学名：*Carthamus tinctorius* L.；菊科红花属。别名：草红花、红蓝花、刺红花。

形态特征：一年生草本。高（20）50~100（150）厘米。茎直立，上部分枝，全部茎枝白色或淡白色，光滑，无毛。中下部茎叶披针形、披状披针形，或长椭圆形，长 7~15 厘米，宽 2.5~6 厘米，边缘大锯齿、重锯齿、小锯齿以至无锯齿而全缘，极少有羽状深裂的，齿顶有针刺，针刺长 1~1.5 毫米，向上的叶渐小，披针形，边缘有锯齿，齿顶针刺较长，长达 3 毫米。全部叶质地坚硬，革质，两面无毛无腺点，有光泽，基部无柄，半抱茎。头状花序多数，在茎枝顶端排成伞房花序，为苞叶所围绕，苞片椭圆形或卵状披针形，包括顶端针刺长 2.5~3 厘米，边缘有针刺，针刺长 1~3 毫米，或无针刺，顶端渐长，有篦齿状针刺，针刺长 2 毫米。总苞卵形，直径 2.5 厘米。总苞片 4 层，外层竖琴状，中部或下部有收缢，收缢以上叶质，绿色，边缘无针刺或有篦齿状针刺，针刺长达 3 毫米，顶端渐尖，长 1~2 毫米，收缢以下黄白色；中内层硬膜质，倒披针状椭圆形至长倒披针形，长达 2.2 厘米，顶端渐尖。

全部苞片无毛无腺点。小花红色、橘红色，全部为两性，花冠长2.8厘米，细管部长2厘米，花冠裂片几达檐部基部。瘦果倒卵形，长5.5毫米，宽5毫米，乳白色，有4棱，棱在果顶伸出，侧生着生面。无冠毛。花果期5—8月。

主要利用形式：药用植物。干燥花具有活血通经、散瘀止痛的功效，可治经闭、痛经、恶露不行、症瘕痞块、胸痹心痛、瘀滞腹痛、胸胁刺痛、跌扑损伤、疮疡肿痛。

106　红花刺槐

拉丁学名：*Robinia hisqida* L.；豆科刺槐属。别名：江南槐、毛刺槐、红花槐、粉花刺槐、粉花洋槐、红毛洋槐、紫雀花。

形态特征：落叶灌木或小乔木，高1~3米。幼枝绿色，密被紫红色硬腺毛及白色曲柔毛，二年生枝深灰褐色，密被褐色刚毛，毛长2~5毫米，羽状复叶长15~30厘米；叶轴被刚毛及白色短曲柔毛，上面有沟槽；小叶5~7（~8）对，椭圆形、卵形、阔卵形至近圆形，长1.8~5厘米，宽1.5~3.5厘米，通常叶轴下部一对小叶最小，两端圆，先端芒尖，幼嫩时上面暗红色，后变绿色，无毛，下面灰绿色，中脉疏被毛；小叶柄被白色柔毛；小托叶芒状，宿存。总状花序腋生，除花冠外，均被紫红色腺毛及白色细柔毛，花3~8朵；总花梗长4~8.5厘米；苞片卵状披针形，长5~6毫米，有时上部3裂，先端渐尾尖，早落；花萼紫红色，斜钟形，萼筒长约5毫米，萼齿卵状三角形，长3~6毫米，先端尾尖至钻状；花冠红色至玫红色，花瓣具柄，旗瓣近肾形，长约2厘米，宽约3厘米，先端凹缺，翼瓣镰形，长约2厘米；龙骨瓣近三角形，长约1.5厘米，先端圆，前缘合生，与翼瓣均具耳；雄蕊2体，对旗瓣的1枚分离，花药椭圆形；子房近圆柱形，长约1.5厘米，密布腺状突起，沿缝线微被柔毛，柱头顶生，胚珠多数，荚果线形，具腺状刺毛，长5~8厘米，宽8~12毫米，扁平，密被腺刚毛，先端急尖，果颈短，有种子3~5粒。花期5—6月，果期7—10月。

主要利用形式：庭荫树、行道树、防护林及城乡绿化先锋速生用材树种。本种可供枕木、建筑、车辆、矿柱、薪炭用材；树皮可造纸及人造棉。种子含油约 12%，可供制肥皂及油漆。嫩叶和花可食。茎皮、根、叶药用，有利尿止血的功效。本种有小毒，其毒性部位为茎皮、叶、豆荚和种子。

107 红花锦鸡儿

拉丁学名：*Caragana rosea* Turcz. ex Maxim.；豆科锦鸡儿属。别名：金雀儿。

形态特征：灌木。树皮绿褐色或灰褐色，小枝细长，具条棱，托叶在长枝者成细针刺，短枝者脱落；叶假掌状；小叶 4，楔状倒卵形，先端圆钝或微凹，具刺尖，基部楔形，近革质，上面深绿色，下面淡绿色，无毛，有时小叶边缘、小叶柄、小叶下面沿脉被疏柔毛。花梗单生，关节在中部以上，无毛；花萼管状，不扩大或仅下部稍扩大，常紫红色，萼齿三角形，渐尖，内侧密被短柔毛；花冠黄色，常紫红色或全部淡红色，凋时变为红色，旗瓣长圆状倒卵形，先端凹入，基部渐狭成宽瓣柄，翼瓣长圆状线形，瓣柄较瓣片稍短，耳短齿状，龙骨瓣的瓣柄与瓣片近等长，耳不明显；子房无毛。荚果圆筒形，具渐尖头。花期 4—6 月，果期 6—7 月。

主要利用形式：根入药，归肝、脾经，能健脾益肾、通经利尿，主治虚损劳热、咳嗽、淋浊、阳痿、妇女血崩、白带、乳少及子宫脱垂。

108 红花酢浆草

拉丁学名：*Oxalis corymbosa* DC.；酢浆草科酢浆草属。别名：铜锤草、大酸味草、南天七、夜合梅、大叶酢浆草、三夹莲。

形态特征：多年生直立草本。无地上茎，地下部分有球状鳞茎，外层鳞片膜质，褐色，背具 3 条肋状纵脉，被长缘毛，内层鳞片呈三角形，无毛。叶基生；叶柄长 5~30 厘米或更长，被毛；

小叶3，扁圆状倒心形，长1~4厘米，宽1.5~6厘米，顶端凹入，两侧角圆形，基部宽楔形，表面绿色，被毛或近无毛；背面浅绿色，通常两面或有时仅边缘有干后呈棕黑色的小腺体，背面尤甚，并被疏毛；托叶长圆形，顶部狭尖，与叶柄基部合生。总花梗基生，二歧聚伞花序，通常排列成伞形花序式，总花梗长10~40厘米或更长，被毛；花梗、苞片、萼片均被毛；花梗长5~25毫米，每花梗有披针形干膜质苞片2枚；萼片5，披针形，先端有暗红色长圆形的小腺体2枚，顶部腹面被疏柔毛；花瓣5，倒心形，淡紫色至紫红色，基部颜色较深；雄蕊10枚，长的5枚超出花柱，另5枚长至子房中部，花丝被长柔毛；子房5室，花柱5，被锈色长柔毛，柱头浅2裂。花果期3—12月。

主要利用形式：常见多年生草花，或者逸为恶性杂草。全草入药，味酸性寒，入肝、小肠经，具有散瘀消肿、清热利湿、解毒的功效，主治跌打损伤、月经不调、咽喉肿痛、水泻、痢疾、水肿、白带、淋浊、痔疮、痈肿疮疖、烧烫伤等。

109 荭蓼

拉丁学名：*Polygonum orientale* L.；蓼科蓼属。别名：荭草、红蓼、东方蓼、狗尾巴花、水荭子、荭草实、河蓼子、川蓼子、水红子。

形态特征：一年生草本。茎直立，粗壮，高1~2米，上部多分枝，密被开展的长柔毛。叶宽卵形、宽椭圆形或卵状披针形，长10~20厘米，宽5~12厘米，顶端渐尖，基部圆形或近心形，微下延，边缘全缘，密生缘毛，两面密生短柔毛，叶脉上密生长柔毛；叶柄长2~10厘米，具开展的长柔毛；托叶鞘筒状，膜质，长1~2厘米，被长柔毛，具长缘毛，通常沿顶端具草质、绿色的翅。总状花序呈穗状，顶生或腋生，长3~7厘米，花紧密，微下垂，通常数个再组成圆锥状；苞片宽漏斗状，长3~5毫米，草质，绿色，被短柔毛，边缘具长缘毛，每苞内具3~5花；花梗比苞片长；花被5深裂，淡红色或白色；花被片椭圆形，长3~4毫米；

雄蕊 7，比花被长；花盘明显；花柱 2，中下部合生，比花被长，柱头头状。瘦果近圆形，双凹，直径长 3~3.5 毫米，黑褐色，有光泽，包于宿存花被内。花期 6—9 月，果期 8—10 月。

主要利用形式：果实入药，名“水红花子”，有活血、止痛、消积、利尿的功效。

110 胡萝卜

拉丁学名：*Daucus carota* L. var. *sativa* Hoffm.；伞形科胡萝卜属。别名：黄萝卜、番萝卜、丁香萝卜、小人参。

形态特征：二年生草本。茎单生，全体有白色粗硬毛。基生叶薄膜质，长圆形，二至三回羽状全裂，末回裂片线形或披针形，顶端尖锐，有小尖头，光滑或有糙硬毛；叶柄长 3~12 厘米；茎生叶近无柄，有叶鞘，末回裂片小或细长。复伞形花序，有糙硬毛；总苞有多数苞片，呈叶状，羽状分裂，少有不裂的，裂片线形，长 3~30 毫米；伞辐多数，长 2~7.5 厘米，结果时外缘的伞辐向内弯曲；小总苞片 5~7，线形，不分裂或 2~3 裂，边缘膜质，具纤毛；花通常白色，有时带淡红色；花柄不等长，果实圆卵形，棱上有白色刺毛。花期 5—7 月。

主要利用形式：常见蔬菜，营养丰富。根也可药用，可健脾消食、润肠通便、杀虫、行气化滞、补肝明目、清热解毒，能治疗食欲不振、腹胀腹泻、咳喘痰多、视物不明、小儿营养不良、麻疹、夜盲症、便秘、高血压、肠胃不适、饱闷气胀等。

111 胡桃

拉丁学名：*Juglans regia* L.；胡桃科胡桃属。别名：核桃、羌桃、英国胡桃、波斯胡桃。

形态特征：乔木，高达 20~25 米。树干较别的种类矮，树冠广阔；树皮幼时灰绿色，老时则灰白色而纵向浅裂；小枝无毛，具光泽，被盾状着生的腺体，灰绿色，后来带褐色。奇数羽状复

叶长25~30厘米，叶柄及叶轴幼时被有极短腺毛及腺体；小叶通常5~9枚，稀3枚，椭圆状卵形至长椭圆形，长6~15厘米，宽3~6厘米，顶端钝圆或急尖、短渐尖，基部歪斜、近于圆形，边缘全缘或在幼树上者具稀疏细锯齿，上面深绿色，无毛，下面淡绿色，侧脉11~15对，腋内具簇短柔毛，侧生小叶具极短的小叶柄或近无柄，生于下端者较小，顶生小叶常具长3~6厘米的小叶柄。雄性葇荑花序下垂，长5~10厘米，稀达15厘米。雄花的苞片、小苞片及花被片均被腺毛；雄蕊6~30枚，花药黄色，无毛。雌性穗状花序通常具1~3（~4）雌花。雌花的总苞被极短腺毛，柱头浅绿色。果序短，杞俯垂，具1~3果实；果实近于球状，直径4~6厘米，无毛；果核稍具皱曲，有2条纵棱，顶端具短尖头；隔膜较薄，内里无空隙；内果皮壁内具不规则的空隙或无空隙而仅具皱曲。花期5月，果期10月。

主要利用形式：叶大荫浓，且有清香，可用作庭荫树及行道树。种仁含油量高，可生食，亦可榨油食用；木材坚实，是很好的硬木材料。种仁入药，入肝经，有较强的活血调经、祛瘀生新之效，可破血祛瘀、润燥滑肠、止咳，可治血滞经闭、血瘀腹痛、蓄血发狂、跌打瘀伤、肠燥便秘。

112 花椒

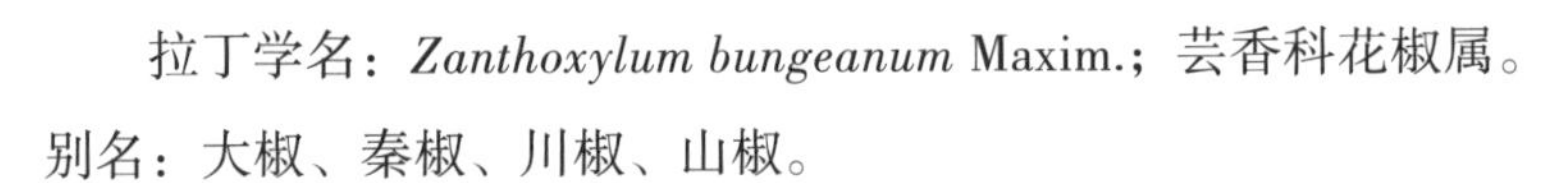

拉丁学名：*Zanthoxylum bungeanum* Maxim.；芸香科花椒属。别名：大椒、秦椒、川椒、山椒。

形态特征：落叶小乔木，高3~7米。叶有小叶5~13片，叶轴常有甚狭窄的叶翼；小叶对生，无柄，卵形，椭圆形，稀披针形，位于叶轴顶部的较大，近基部的有时圆形，长2~7厘米，宽1~3.5厘米，叶缘有细裂齿，齿缝有油点。花序顶生或生于侧枝之顶，花被片6~8片，黄绿色，形状及大小大致相同。雄花的花蕊5枚或多至8枚；退化雌蕊顶端叉状浅裂；雌花很少有发育雄蕊，有心皮3或2个，间有4个，花柱斜向背弯。果紫红色，单个分果瓣径4~5毫米，散生微凸起的油点，顶端有甚短的芒尖或无。种子长 3.5~4.5 毫米。花期 4—5 月，果期 8—9 月或 10 月。

主要利用形式：常见调味植物，也可作绿篱。其果壳可除各种肉类的腥气，能促进唾液分泌、增加食欲、扩张血管、降血压。孕妇、阴虚火旺者忌食。果实成熟时叫椒红，种子叫椒目，都是中药材。嫩叶可做凉菜。

113 花椰菜

拉丁学名：*Brassica oleracea* L. var. *botrytis* L.；十字花科芸薹属。别名：花菜、菜花、椰菜花。

形态特征：二年生草本，高 60~90 厘米，被粉霜。茎直立，粗壮，有分枝。基生叶及下部叶长圆形至椭圆形，长 2~3.5 厘米，灰绿色，顶端圆形，开展，不卷心，全缘或具细牙齿，有时叶片下延，具数个小裂片，并成翅状；叶柄长 2~3 厘米；茎中上部叶较小且无柄，长圆形至披针形，抱茎。茎顶端有 1 个由总花梗、花梗和未发育的花芽密集成的乳白色肉质头状体；总状花序顶生及腋生；花淡黄色，后变成白色。长角果圆柱形，长 3~4 厘米，有 1 中脉，喙下部粗上部细，长 10~12 毫米。种子宽椭圆形，长近 2 毫米，棕色。花期 4 月，果期 5 月。

主要利用形式：常见蔬菜，富含维生素 K。有抗癌防癌的功效。花序能预防内出血及痔疮、减少生理期大量出血、促进血液正常凝固、保护肝脏。花椰菜内还有多种吲哚衍生物活性物质，该物质能降低雌激素水平，降低乳腺癌的发病率。

114 花叶滇苦菜

拉丁学名：*Sonchus asper*（L.）Hill.；菊科苦苣菜属。别名：续断菊。

形态特征：一年生草本。根倒圆锥状，褐色，垂直直伸。茎单生或少数茎成簇生。茎直立，高 20~50 厘米，有纵纹或纵棱，上部长或短，总状或伞房状花序分枝，或花序分枝极短缩，全部

茎枝光滑无毛，或上部及花梗被头状具柄的腺毛。基生叶与茎生叶同形，但较小；中下部茎叶长椭圆形、倒卵形、匙状或匙状椭圆形，包括渐狭的翼柄，长 7~13 厘米，宽 2~5 厘米，顶端渐尖、急尖或钝，基部渐狭成短或较长的翼柄，柄基耳状抱茎或基部无柄，耳状抱茎；上部茎叶披针形，不裂，基部扩大，圆耳状抱茎。或下部叶或全部茎叶羽状浅裂、半裂或深裂，侧裂片 4~5 对，椭圆形、三角形、宽镰刀形或半圆形。全部叶及裂片与抱茎的圆耳边缘有尖齿刺，两面光滑无毛，质地薄。头状花序少数（5 个）或较多（10 个）在茎枝顶端排成稠密的伞房花序。总苞宽钟状，长约 1.5 厘米，宽 1 厘米；总苞片 3~4 层，向内层渐长，覆瓦状排列，绿色，草质，外层长披针形或长三角形，长 3 毫米，宽不足 1 毫米，中内层长椭圆状披针形至宽线形，长达 1.5 厘米，宽 1.5~2 毫米；全部苞片顶端急尖，外面光滑无毛。舌状小花黄色。瘦果倒披针状，褐色，长 3 毫米，宽 1.1 毫米，压扁，两面各有 3 条细纵肋，肋间无横皱纹。冠毛白色，长达 7 毫米，柔软，彼此纠缠，基部连合成环。花果期 5—10 月。

主要利用形式：杂草，野菜。根和全草都可以入药，具有止血、止痛的功效。作为野菜，对预防和治疗贫血，促进生长发育，以及消暑保健都有较好的效果。

115 华北鸦葱

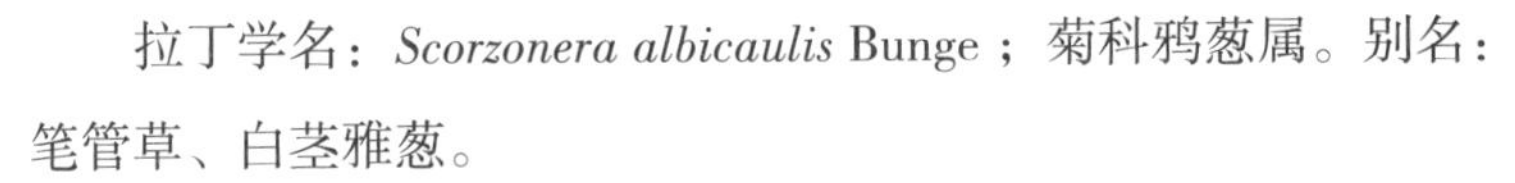

拉丁学名：*Scorzonera albicaulis* Bunge；菊科鸦葱属。别名：笔管草、白茎雅葱。

形态特征：多年生草本，高达 120 厘米。根圆柱状或倒圆锥状，直径达 1.8 厘米。茎单生或少数茎成簇生，上部伞房状或聚伞花序状分枝，全部茎枝被白色茸毛，但在花序脱毛，茎基被棕色的残鞘。基生叶与茎生叶同形，线形、宽线形或线状长椭圆形，宽 0.3~2 厘米，边缘全缘，极少有浅波状微齿，两面光滑无毛，3~5 出脉，两面明显，基生叶基部鞘状扩大，抱茎。头状花序在茎枝顶端排成伞房花序，花序分枝长，或排成聚伞花序而花序分枝短或长短不一。总苞圆柱状，花期直径 1 厘米，果期直径增大；总苞片约 5 层，外层三角状卵形或卵状披针形，长 5~8 毫米，宽约 4 毫米，中内层椭圆状披针形、长椭圆形至宽线形。全部总苞片被薄柔毛，但果期稀毛或无毛，顶端急尖或钝。舌状小花黄色。瘦果圆柱状，长 2.1 厘米，有多数高起的纵肋，无毛，无脊瘤，向顶端渐细成喙状。冠毛污黄色，其中 3~5 根超长，超长冠毛长达 2.4 厘米，非超长冠毛刚毛长达 1.8 厘米，全部冠毛大部羽毛状，羽枝蛛丝毛状，上部为细锯齿状，基部连合成环，整体脱落。花果期 5—9 月。

主要利用形式：可作野菜。具有清热解毒、消肿散结的功效，常用于治疗疔疮痈疽、乳痈、跌打损伤。

116 化香

拉丁学名：*Platycarya strobilacea* Sieb. et Zucc.；胡桃科化香属。别名：花龙树、化香树、栲香、山麻柳。

形态特征：落叶小乔木，高 2~5 米。树皮纵深裂，暗灰色。枝条褐黑色，幼枝棕色有茸毛，髓实心。奇数羽状复叶互生，长 15~30 厘米。小叶 7~15，长 3~10 厘米，宽 2~3 厘米，薄革质，顶端长渐尖，边缘有重锯齿，基部阔楔形，稍偏斜，表面暗绿色，背面黄绿色，幼时有密毛。花单性，雌雄同穗状花序，直立；雄花序在上，长 4~10 厘米，有苞片，披针形，长 3~5 毫米，表面密生褐色茸毛，雄蕊通常 8；雌花序在下，长约 2 厘米，有苞片，宽卵形，长约 5 毫米；花柱短，柱头 2 裂。果序球果状，长椭圆形，暗褐色；小坚果扁平，直径约 5 毫米，有 2 狭翅。花期 5—6 月，果期 7—10 月。

主要利用形式：本种适应性强，抗风力强，耐烟尘。根皮、树皮、叶和果实为制栲胶的原料；种子可榨油；树皮纤维能代麻；叶可作农药，捣烂加水过滤出的汁液可防治棉蚜、红蜘蛛、甘薯金花虫、菜青虫、地老虎等。叶有毒，外用治疮毒，内服能顺气、祛风、化痰、消肿、止痛、燥湿、杀虫。

117 槐

拉丁学名：*Sophora japonica* L.；豆科槐属。别名：国槐、槐树、槐蕊、豆槐、白槐、细叶槐、金药材、护房树、家槐、中国槐。

形态特征：落叶乔木，高6~25米。干皮暗灰色，小枝绿色，皮孔明显。羽状复叶长15~25厘米；叶轴有毛，基部膨大；小叶9~15片，卵状长圆形，长2.5~7.5厘米，宽1.5~5厘米，顶端渐尖而有细凸尖，基部阔楔形，下面灰白色，疏生短柔毛。圆锥花序顶生；萼钟状，有5小齿；花冠乳白色，旗瓣阔心形，有短爪，并有紫脉，翼瓣龙骨瓣边缘稍带紫色；雄蕊10条，不等长。荚果肉质，串珠状，长2.5~20厘米，无毛，不裂；种子1~15颗，肾形。花果期6—11月。

主要利用形式：乡土树种。本种树冠优美，花芳香，是西北地区常见行道树和优良的蜜源植物。花和荚果入药，有清凉收敛、止血降压的功效；叶和根皮有清热解毒的功效，可治疗疮毒。

118 黄鹌菜

拉丁学名：*Youngia japonica*（L.）DC.；菊科黄鹌菜属。别名：还阳草、毛连连、野芥菜（福建）、黄花枝香草、野青菜。

形态特征：一年生草本，高10~100厘米。根垂直直伸，生多数须根。茎直立，单生或少数茎成簇生，粗壮或细，顶端伞房花序状分枝或下部有长分枝，下部被稀疏的皱波状长或短毛。基生叶倒披针形、椭圆形、长椭圆形或宽线形，长2.5~13厘米，宽1~4.5厘米，大头羽状深裂或全裂，极少有不裂的，叶柄长1~7厘米，顶裂片卵形、倒卵形或卵状披针形，顶端圆形或急尖，边缘有锯齿或几全缘，侧裂片3~7对，椭圆形，向下渐小，最下方的侧裂片耳状，全部侧裂片边缘有锯齿或细锯齿，或边缘有小尖头，极少边缘全缘；无茎叶或极少有1~2枚茎生叶，且与基生叶同形并等样分裂；全部叶及叶柄被皱波状长或短柔毛。头状花序含 10~20 枚舌状小花，少数或多数在茎枝顶端排成伞房花序，花序梗细。总苞圆柱状，长 4~5 毫米，极少长 3.5~4 毫米；总苞片 4 层，外层及最外层极短，宽卵形或宽形，长、宽不足 0.6 毫米，顶端急尖，内层及最内层长，长 4~5 毫米，极少长 3.5~4 毫米，宽 1~1.3 毫米，披针形，顶端急尖，边缘白色，宽膜质，内面有贴伏的短糙毛；全部总苞片外面无毛。舌状小花黄色，花冠管外面有短柔毛。瘦果纺锤形，压扁，褐色或红褐色，长 1.5~2 毫米，向顶端有收缢，顶端无喙，有 11~13 条粗细不等的纵肋，肋上有小刺毛。冠毛长 2.5~3.5 毫米，糙毛状。花果期 4—10 月。

主要利用形式：常见杂草。鲜草捣敷或捣汁含漱，可消肿、抗菌、消炎。全草或根干品可清热、解毒、消肿、止痛，可治感冒、咽痛、乳腺炎、结膜炎、疮疖、尿路感染、白带、风湿关节炎。

119 黄瓜

拉丁学名：*Cucumis sativus* Linn.；葫芦科黄瓜属。别名：胡瓜、刺瓜、王瓜、勤瓜、青瓜、唐瓜、吊瓜。

形态特征：一年生蔓生或攀缘草本。茎、枝伸长，有棱沟，被白色的糙硬毛。卷须细，不分歧，具白色柔毛。叶柄稍粗糙，有糙硬毛，叶片宽卵状心形，膜质，长、宽均 7~20 厘米，两面甚粗糙，被糙硬毛，3~5 个角或浅裂，裂片三角形，有齿，有时边缘有缘毛，先端急尖或渐尖，基部弯缺半圆形，有时基部向后靠合。雌雄同株。雄花：常数朵在叶腋簇生；花梗纤细，被微柔毛；花萼筒狭钟状或近圆筒状，密被白色的长柔毛，花萼裂片钻形，开展，与花萼筒近等长；花冠黄白色，长约 2 厘米，花冠裂片长圆状披针形，急尖；雄蕊 3，花丝近无，花药长 3~4 毫米，药隔伸出，长约 1 毫米。雌花：单生或稀簇生；花梗粗壮，被柔毛；子房纺锤形，粗糙，有小刺状突起。果实长圆形或圆柱形，熟时黄绿色，表面粗糙，有具刺尖的瘤状突起，极稀近于平滑。

种子小，狭卵形，白色，无边缘，两端近急尖。花果期夏季。

主要利用形式：常见水果和蔬菜。果实具有除热、利水利尿、清热解毒的功效，主治烦渴、咽喉肿痛、火眼、火烫伤；还可减肥。

120 黄花蒿

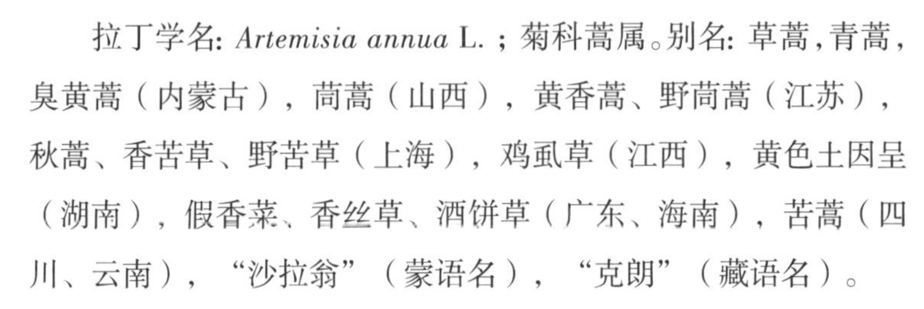

拉丁学名：*Artemisia annua* L.；菊科蒿属。别名：草蒿，青蒿，臭黄蒿（内蒙古），茼蒿（山西），黄香蒿、野茼蒿（江苏），秋蒿、香苦草、野苦草（上海），鸡虱草（江西），黄色土因呈（湖南），假香菜、香丝草、酒饼草（广东、海南），苦蒿（四川、云南），“沙拉翁”（蒙语名），“克朗”（藏语名）。

形态特征：一年生草本。植株有浓烈的挥发性香气。根单生，垂直，狭纺锤形；茎单生，有纵棱，幼时绿色，后变褐色或红褐色，多分枝；茎、枝、叶两面及总苞片背面无毛，或初时背面微有极稀疏短柔毛，后脱落无毛。叶纸质，绿色；茎下部叶宽卵形或三角状卵形，绿色，稀少为细短狭线形，具短柄；上部叶与苞片叶一（至二）回栉齿状羽状深裂，近无柄。头状花序球形，多数，有短梗，下垂或倾斜，基部有线形的小苞叶，在分枝上排成总状或复总状花序，并在茎上组成开展、尖塔形的圆锥花序；总苞片3~4层，内、外层近等长，外层总苞片长卵形或狭长椭圆形，中层、内层总苞片宽卵形或卵形，花序托凸起，半球形；花深黄色，雌花10~18朵，花冠狭管状，花柱线形，伸出花冠外；两性花10~30朵，花冠管状，花药线形，上端附属物尖，长三角形，基部具短尖头，花柱近与花冠等长，先端2叉，叉端截形，有短睫毛。瘦果小，椭圆状卵形，略扁。花果期8—11月。

主要利用形式：杂草。全草含“青蒿素”，有抗疟、清热、解暑、截疟、凉血、利尿、健胃等功效；此外，还作外用药。南方民间取枝叶制酒饼或作制酱的香料。牧区用作牲畜饲料。

121 黄连木

拉丁学名：*Pistacia chinensis* Bunge；漆树科黄连木属。别名：楷木、惜木、孔木、楷树、黄楝树、药树、药木、鸡冠果、黄华、石连、黄木连、木蓼树、鸡冠木、洋杨、烂心木、黄连茶。

形态特征：落叶乔木，高达 20 余米。树干扭曲，树皮暗褐色，呈鳞片状剥落，幼枝灰棕色，具细小皮孔，疏被微柔毛或近无毛。奇数羽状复叶互生，有小叶 5~6 对，叶轴具条纹，被微柔毛，叶柄上面平，被微柔毛；小叶对生或近对生，纸质，披针形，或卵状披针形，或线状披针形，先端渐尖或长渐尖，基部偏斜，全缘，两面沿中脉和侧脉被卷曲微柔毛或近无毛，侧脉和细脉两面凸起；小叶柄长 1~2 毫米。花单性异株，先花后叶，圆锥花序腋生，雄花序排列紧密，长 6~7 厘米，雌花序排列疏松，均被微柔毛；花小，花梗长约 1 毫米，被微柔毛；苞片披针形或狭披针形，内凹，长约 1.5~2 毫米，外面被微柔毛，边缘具睫毛。雄花：花被片 2~4，披针形或线状披针形，大小不等，边缘具睫毛；雄蕊 3~5，花丝极短，花药长圆形，雌蕊缺。雌花：花被片 7~9，大小不等，外面 2~4 片远较狭，披针形或线状披针形，外面被柔毛，边缘具睫毛，里面 5 片卵形或长圆形，外面无毛，边缘具睫毛；不育雄蕊缺；子房球形，无毛，径约 0.5 毫米，花柱极短，柱头 3，厚，肉质，红色。核果倒卵状球形，略压扁，径约 5 毫米，成熟时紫红色，干后具纵向细条纹，先端细尖。

主要利用形式：黄连木对二氧化硫、氯化氢和煤烟的抗性较强，是优良的木本油料树种，可用于制肥皂、润滑油，照明，也是制取生物柴油的上佳原料。油饼可作饲料和肥料。叶含鞣质 10.8%，果实含鞣质 5.4%，可提制栲胶。果、叶亦可用来做黑色染料。其嫩叶有香味，经焖炒加工后可替代茶叶作饮料，清凉爽口，还可腌食作菜蔬。黄连木先叶开花，是城市及风景区的优良绿化树种。黄连木花期 3—4 月，花粉量多、含蜜量大，是早春重要的蜜源植物。木材鲜黄色，可提黄色染料，材质坚硬致密，可供家具和细工用材。种子榨的油可作润滑油或制皂。

122 黄栌

拉丁学名：*Cotinus coggygria* Scop. var. *cinerea* Engl.；漆树科黄栌属。别名：黄栌木、红叶、红叶黄栌、黄道栌、黄溜子、黄龙头、黄栌材、黄栌柴、黄栌会、黄栌树、黄栌台、摩林罗、黄杨木、乌牙木、烟树。

形态特征：灌木，高3~5米。叶倒卵形或卵圆形，长3~8厘米，宽2.5~6厘米，先端圆形或微凹，基部圆形或阔楔形，全缘，两面尤其叶背显著被灰色柔毛，侧脉6~11对，先端常叉开；叶柄短。圆锥花序被柔毛；花杂性，径约3毫米；花梗长7~10毫米，花萼无毛，裂片卵状三角形，长约1.2毫米，宽约0.8毫米；花瓣卵形或卵状披针形，长2~2.5毫米，宽约1毫米，无毛；雄蕊5，长约1.5毫米，花药卵形，与花丝等长，花盘5裂，紫褐色；子房近球形，径约0.5毫米，花柱3，分离，不等长，果肾形，长约4.5毫米，宽约2.5毫米，无毛。

主要利用形式：重要的观赏红叶树种。木材黄色，古代用作黄色染料。树皮和叶可提栲胶。叶含芳香油，为调香原料。嫩芽可炸食。根、茎可治急性黄疸型肝炎、慢性肝炎、无黄疸肝炎（迁延性肝炎）及麻疹不出。枝叶能清湿热、镇痛、活血化瘀，可抗凝血、溶血栓、抗疲劳，具有抗菌消炎、退热消肿等功效，可治疗感冒、齿龈炎、高血压等，对黄疸型肝炎亦有不错的疗效，也可治疗丹毒、漆疮。木材入药，《本草拾遗》记载“味苦，寒，无毒……除烦热，解酒疸，目黄，水煮服之”；《日华子本草》记载“洗汤、火、漆疮及赤眼”。

123 黄芩

拉丁学名：*Scutellaria baicalensis* Georgi；唇形科黄芩属。别名：山茶根、土金茶根、山茶跟、黄芩茶。

形态特征：多年生草本。根茎肥厚，肉质，径达 2 厘米，伸长而分枝。茎基部伏地，上升，高（15）30~120 厘米，基部径 2.5~3 毫米，钝四棱形，具细条纹，近无毛或被上曲至开展的微柔毛，绿色或带紫色，自基部多分枝。叶坚纸质，披针形至线状披针形，长 1.5~4.5 厘米，宽（0.3）0.5~1.2 厘米，顶端钝，基部圆形，全缘，上面暗绿色，无毛或疏被贴生至开展的微柔毛，下面色较淡，无毛或沿中脉疏被微柔毛，密被下陷的腺点，侧脉 4 对，与中脉上面下陷，下面凸出；叶柄短，长 2 毫米，腹凹背凸，被微柔毛。花序在茎及枝上顶生，总状，长 7~15 厘米，常再于茎顶聚成圆锥花序；花梗长 3 毫米，与序轴均被微柔毛；苞片下部者似叶，上部者远较小，卵圆状披针形至披针形，长 4~11 毫米，近于无毛。花萼开花时长 4 毫米，盾片高 1.5 毫米，外面密被微柔毛，萼缘被疏柔毛，内面无毛，果时花萼长 5 毫米，有高 4 毫米的盾片。花冠紫、紫红至蓝色，长 2.3~3 厘米，外面密被具腺短柔毛，内面在囊状膨大处被短柔毛；冠筒近基部明显膝曲，中部径 1.5 毫米，至喉部宽达 6 毫米；冠檐二唇形，上唇盔状，先端微缺，下唇中裂片三角状卵圆形，宽 7.5 毫米，两侧裂片向上唇靠合。雄蕊 4，稍露出，前对较长，具半药，退化半药不明显，后对较短，具全药，药室裂口具白色髯毛，背部具泡状毛；花丝扁平，中部以下前对在内侧、后对在两侧被小疏柔毛。花柱细长，先端锐尖，微裂。花盘环状，高 0.75 毫米，前方稍增大，后方延伸成极短子房柄。子房褐色，无毛。小坚果卵球形，高 1.5 毫米，径 1 毫米，黑褐色，具瘤，腹面近基部具果脐。花期 7—8 月，果期 8—9 月。

主要利用形式：常见中药材。干燥根味苦性寒，归肺、胆、脾、大肠、小肠经，能清热燥湿、泻火解毒、止血、安胎，主治湿温、暑湿、胸闷呕恶、湿热痞满、泻痢、黄疸、肺热咳嗽、高热烦渴、血热吐衄、痈肿疮毒、胎动不安。

124 灰绿藜

拉丁学名：*Chenopodium glaucum* L.；藜科藜属。别名：盐

灰菜、黄瓜菜、山芥菜、山菘菠、山根龙。

形态特征：一年生小草本，高 10~35 厘米。茎自基部分枝；分枝平卧或上升，有绿色或紫红色条纹。叶矩圆状卵形至披针形，长 2~4 厘米，宽 6~20 毫米，先端急尖或钝，基部渐狭，边缘有波状牙齿，上面深绿色，下面灰白色或淡紫色，密生粉粒。花序穗状或复穗状，顶生或腋生；花两性和雌性；花被片 3 或 4，肥厚，基部合生；雄蕊 1~2。胞果伸出花被外，果皮薄，黄白色；种子横生，稀斜生，直径约 0.7 毫米，赤黑色或暗黑色。

主要利用形式：嫩苗、嫩茎叶可食用，常食可健身，并能医治头昏目眩、高血压等。幼嫩植株可作猪饲料。

125 茴香

拉丁学名：*Foeniculum vulgare* Mill.；伞形科茴香属。别名：谷茴、怀香、香丝菜。

形态特征：草本，高 0.4~2 米。茎直立，光滑，灰绿色或苍白色，多分枝。较下部的茎生叶柄长 5~15 厘米，中部或上部的叶柄部分或全部成鞘状，叶鞘边缘膜质；叶片轮廓为阔三角形，长 4~30 厘米，宽 5~40 厘米，4~5 回羽状全裂，末回裂片线形，长 1~6 厘米，宽约 1 毫米。复伞形花序顶生与侧生，花序梗长 2~25 厘米；伞辐 6~29，不等长，长 1.5~10 厘米；小伞形花序有花 14~39；花柄纤细，不等长；无萼齿；花瓣黄色，倒卵形或近倒卵圆形，长约 1 毫米，先端有内折的小舌片，中脉 1 条；花丝略长于花瓣，花药卵圆形，淡黄色；花柱基圆锥形，花柱极短，向外叉开或贴伏在花柱基上。果实长圆形，长 4~6 毫米，宽 1.5~2.2 毫米，主棱 5 条，尖锐；每棱槽内有油管 1，合生面油管 2；胚乳腹面近平直或微凹。花期 5—6 月，果期 7—9 月。

主要利用形式：调味作物。嫩叶可作蔬菜食用或调味用。果实可调味用，也可入药，有驱风祛痰、散寒、健胃和止痛的功效。

126 火棘

拉丁学名: *Pyracantha fortuneana*（Maxim.）Li；蔷薇科火棘属。别名：赤阳子、红子、豆金娘、水搓子、火把果、救兵粮、救军粮、救命粮、红子。

形态特征：常绿灌木，高达 3 米。侧枝短，先端成刺状，嫩枝外被锈色短柔毛，老枝暗褐色，无毛；芽小，外被短柔毛。叶片倒卵形或倒卵状长圆形，长 1.5~6 厘米，宽 0.5~2 厘米，先端圆钝或微凹，有时具短尖头，基部楔形，下延连于叶柄，边缘有钝锯齿，齿尖向内弯，近基部全缘，两面皆无毛；叶柄短，无毛或嫩时有柔毛。花集成复伞房花序，直径 3~4 厘米，花梗和总花梗近于无毛，花梗长约 1 厘米；花直径约 1 厘米；萼筒钟状，无毛；萼片三角卵形，先端钝；花瓣白色，近圆形，长约 4 毫米，宽约 3 毫米；雄蕊 20，花丝长 3~4 毫米，药黄色；花柱 5，离生，与雄蕊等长，子房上部密生白色柔毛。果实近球形，直径约 5 毫米，橘红色或深红色。花期 3—5 月，果期 8—11 月。

主要利用形式：常见绿篱植物。果实磨粉可作代食品。果可消积止痢、活血止血，可用于治疗消化不良、肠炎、痢疾、小儿疳积、崩漏、白带、产后腹痛。根可清热凉血，用于治疗虚痨、骨蒸潮热、肝炎、跌打损伤、筋骨疼痛、腰痛、崩漏、白带、月经不调、吐血、便血。叶可清热解毒，外敷可治疮疡肿毒。

127 火炬树

拉丁学名：*Rhus typhina* L.；漆树科盐肤木属。别名：鹿角漆、火炬漆、加拿大盐肤木、红蜻蜓。

形态特征：落叶小乔木。高达 12 米。柄下芽。小枝密生灰色茸毛。奇数羽状复叶，小叶 19~23（11~31），长椭圆状至披针形，长 5~13 厘米，缘有锯齿，先端长渐尖，基部圆形或宽楔形，上面深绿色，下面苍白色，两面有茸毛，老时脱落，叶轴无翅。

圆锥花序顶生，密生茸毛，花淡绿色，雌花花柱有红色刺毛。核果深红色，密生茸毛，花柱宿存，密集成火炬形。花期6—7月，果期8—9月。

主要利用形式：荒山绿化兼盐碱荒地风景林树种，生态入侵性较强。雌花序、果序均亮红似火炬，极富观赏价值。树皮、叶含有单宁，是制取鞣酸的原料；果实含有柠檬酸和维生素C，可做饮料；种子含油蜡，可制肥皂和蜡烛；木材黄色，纹理致密美观，可雕刻、旋制工艺品；根皮可药用。火炬树生长快，枝干含水量高，油脂少，不易燃烧，为耐火树种。

128 藿香

拉丁学名：*Agastache rugosa*（Fisch. et Mey.）O. Ktze.；唇形科藿香属。别名：合香、苍告、山茴香、土藿香。

形态特征：多年生草本。茎直立，高0.5~1.5米，四棱形，上部被极短的细毛，下部无毛，在上部具能育的分枝。叶心状卵形至长圆状披针形，向上渐小，先端尾状长渐尖，基部心形，稀截形，边缘具粗齿，纸质，上面橄榄绿色，近无毛，下面略淡，被微柔毛及点状腺体；叶柄长1.5~3.5厘米。轮伞花序多花，在主茎或侧枝上组成顶生密集的圆筒形穗状花序，穗状花序长2.5~12厘米；花序基部的苞叶长不超过5毫米，披针状线形，长渐尖，苞片形状与之相似，较小；轮伞花序具短梗，总梗长约3毫米，被腺微柔毛。花萼管状倒圆锥形，被腺微柔毛及黄色小腺体，多少染成浅紫色或紫红色，喉部微斜，萼齿三角状披针形，后3齿长约2.2毫米，前2齿稍短。花冠淡紫蓝色，外被微柔毛，冠筒基部宽约1.2毫米，微超出于萼，向上渐宽，至喉部宽约3毫米，冠檐二唇形，上唇直伸，先端微缺，下唇3裂，中裂片较宽大，平展，边缘波状，基部宽，侧裂片半圆形。雄蕊伸出花冠，花丝细，扁平，无毛。花柱与雄蕊近等长，丝状，先端相等2裂。花盘厚环状。子房裂片顶部具茸毛。成熟小坚果卵状长圆形，腹面具棱，先端具短硬毛，褐色。花期6—9月，果期9—11月。

主要利用形式：藿香全体芳香，绿化上多用于花径、池畔和庭院成片栽植。全草入药，有止呕吐、治霍乱腹痛、驱逐肠胃充气、清暑等功效；果可作香料；叶及茎均富含挥发性芳香油。嫩茎叶可作蔬菜。其地上部分性味辛微温，归脾、胃、肺经，能芳香化浊、和中止呕、发表解暑，可用于治疗湿浊中阻、脘痞呕吐、湿温初起、发热倦怠、胸闷不舒、寒湿闭暑、腹痛吐泻、鼻渊头痛。

129 鸡冠花

拉丁学名：*Celosia cristata* L.；苋科青葙属。别名：鸡髻花、老来红、芦花鸡冠、笔鸡冠、小头鸡冠、凤尾鸡冠、大鸡公花、鸡角根、红鸡冠。

形态特征：一年生草本。叶片卵形、卵状披针形或披针形，宽 2~6 厘米；花多数，极密生，成扁平肉质鸡冠状、卷冠状或羽毛状的穗状花序，一个大花序下面有数个较小的分枝，圆锥状矩圆形，表面羽毛状；花被片红色、紫色、黄色、橙色或红黄色相间，呈鸡冠状，故称鸡冠花。花果期 7—9 月。

主要利用形式：药用、观赏和园林价值兼具，品种很多，株型有高、中、矮 3 种；形状有鸡冠状、火炬状、绒球状、羽毛状、扇面状等；花色有鲜红色、橙黄色、暗红色、紫色、白色、红黄相杂色等；叶色有深红色、翠绿色、黄绿色、红绿色等，极其好看，为夏秋季常用的花坛用花。花和种子供药用，为收敛剂，有止血、凉血及止泻的功效。

130 鸡屎藤

拉丁学名：*Paederia scandens*（Lour.）Merr.；茜草科鸡矢藤属。别名：鸡矢藤、牛皮冻、臭藤、斑鸠饭、女青、主屎藤、却节。

形态特征：多年生草质藤本。茎呈扁圆柱形，稍扭曲，无毛或近无毛，老茎灰棕色，栓皮常脱落，有纵皱纹及叶柄断痕，易折断，断面平坦，灰黄色；嫩茎黑褐色，质韧，不易折断，断面

纤维性，灰白色或浅绿色。叶对生，多皱缩或破碎，完整者展平后呈宽卵形或披针形，先端尖，基部楔形，圆形或浅心形，全缘，绿褐色，两面无柔毛或近无毛；叶柄长 1.5~1.75 厘米，无毛或有毛。聚伞花序顶生或腋生，前者多带叶，后者疏散少花，花序轴及花均被疏柔毛，花淡紫色。喜温暖湿润的环境，常生于溪边、河边、路边、林旁及灌木林中，常攀缘于其他植物或岩石上。

主要利用形式：恶性杂草。全草及根性平味甘微苦，能祛风活血、止痛解毒、消食导滞、除湿消肿，主治风湿疼痛、腹泻痢疾、脘腹胀痛、气虚浮肿、头昏食少、肝脾肿大、瘰疬、肠痈、无名肿毒、跌打损伤。

131 蒺藜

拉丁学名：*Tribulus terrester* L.；蒺藜科蒺藜属。别名：白蒺藜、名茨、旁通、屈人、止行、休羽、升推。

形态特征：一年生草本。茎平卧，无毛，被长柔毛或长硬毛，枝长 20~60 厘米，偶数羽状复叶，长 1.5~5 厘米；小叶对生，3~8 对，矩圆形或斜短圆形，长 5~10 毫米，宽 2~5 毫米，先端锐尖或钝，基部稍偏斜，被柔毛，全缘。花腋生，花梗短于叶，花黄色；萼片 5，宿存；花瓣 5；雄蕊 10，生于花盘基部，基部有鳞片状腺体，子房 5 棱，柱头 5 裂，每室 3~4 胚珠。果有分果瓣 5，硬，长 4~6 毫米，无毛或被毛，中部边缘有锐刺 2 枚，下部常有小锐刺 2 枚，其余部位常有小瘤体。花期 5—8 月，果期 6—9 月。

主要利用形式：旱地常见杂草，青鲜时可作饲料。其果实可平肝解郁、活血祛风、明目、止痒，可治头痛眩晕、胸胁胀痛、乳闭乳痈、目赤翳障、风疹瘙痒。

132 蕺菜

拉丁学名：*Houttuynia cordata* Thunb.；三白草科蕺菜属。别名：鱼腥草、狗贴耳、侧耳根、折耳根。

形态特征：腥臭草本，高 30~60 厘米。茎下部伏地，节上轮生小根，上部直立，无毛或节上被毛，有时带紫红色。叶薄纸质，有腺点，背面尤甚，卵形或阔卵形，顶端短渐尖，基部心形，两面有时除叶脉被毛外余均无毛，背面常呈紫红色；叶脉 5~7 条，全部基出或最内一对离基约 5 毫米从中脉发出，如为 7 脉时，则最外一对很纤细或不明显；托叶膜质，顶端钝，下部与叶柄合生而成鞘，且常有缘毛，基部扩大，略抱茎。总花梗无毛；总苞片长圆形或倒卵形，顶端钝圆；雄蕊长于子房，花丝长为花药的 3 倍。蒴果顶端有宿存的花柱。花期 4—7 月。

主要利用形式：植株叶茂花繁，生性强健，为乡土地被植物。全株入药，味辛性温，有小毒，有清热解毒、利水消肿的功效，治肠炎、痢疾、肾炎水肿及乳腺炎、中耳炎等。嫩根茎常作蔬菜或调味品。

133 荠菜

拉丁学名：*Capsella bursa-pastoris*（Linn.）Medic.；十字花科荠属。别名：荠、扁锅铲菜、荠荠菜、地丁菜、地菜、靡草、花花菜、菱角菜等。

形态特征：一年生或二年生草本，高（7~）10~50 厘米，无毛、有单毛或分叉毛。茎直立，单一或从下部分枝。基生叶丛生，呈莲座状，大头羽状分裂，长可达 12 厘米，宽可达 2.5 厘米，顶裂片卵形至长圆形，长 5~30 毫米，宽 2~20 毫米，侧裂片 3~8 对，长圆形至卵形，长 5~15 毫米，顶端渐尖，浅裂，或有不规则粗锯齿或近全缘，叶柄长 5~40 毫米；茎生叶窄披针形或披针形，长 5~6.5 毫米，宽 2~15 毫米，基部箭形，抱茎，边缘有缺刻或锯齿。总状花序顶生及腋生，果期延长达 20 厘米；花梗长 3~8 毫米；萼片长圆形，长 1.5~2 毫米；花瓣白色，卵形，长 2~3 毫米，有短爪。短角果倒三角形或倒心状三角形，长 5~8 毫米，宽 4~7 毫米，扁平，无毛，顶端微凹，裂瓣具网脉；花柱长约 0.5 毫米；果梗长 5~15 毫米。种子 2 行，长椭圆形，长约 1 毫米，浅褐色。

花果期 4—6 月。

主要利用形式：杂草，野菜。全草性味甘平，具有和脾、利水、止血、明目的功效，可治痢疾、水肿、淋病、乳糜尿、吐血、便血、血崩、月经过多、目赤肿痛等。全草含二硫酚硫酮，具有抗癌的作用。

134 加杨

拉丁学名：*Populus canadensis* Moench；杨柳科杨属。别名：加拿人杨、欧美杨、加拿大白杨、美国大叶白杨。

形态特征：落叶乔木，高 30 多米。干直，树皮粗厚，深沟裂，下部暗灰色，上部褐灰色，大枝微向上斜伸，树冠卵形；萌枝及苗茎棱角明显，小枝圆柱形，稍有棱角，无毛，稀微被短柔毛。芽大，先端反曲，初为绿色，后变为褐绿色，富黏质。单叶互生，叶三角形或三角状卵形，长 7~10 厘米，长枝萌枝叶较大，长 10~20 厘米，一般长大于宽，先端渐尖，基部截形或宽楔形，无或有 1~2 腺体，边缘半透明，有圆锯齿，近基部较疏，具短缘毛。上面暗绿色，下面淡绿色，叶柄侧扁而长，带红色（苗期特明显）。雄花序长 7~15 厘米，花序轴光滑，每花有雄蕊 15~25（~40），苞片淡绿褐色，不整齐，丝状深裂，花盘淡黄绿色，全叶缘，花丝细长，白色，超出花盘；雌花序有花 45~50 朵，柱头 4 裂。果序长达 27 厘米。蒴果卵圆形，长约 8 毫米，先端锐尖，2~3 瓣裂。雌雄异株。雄株多，雌株少。花期 4 月，果期 5—6 月。

主要利用形式：本种是美洲黑杨和欧洲黑杨的杂交种，生长快、耐旱、繁殖容易、适应性强，在我国北部广泛栽培。材质轻软，纹理直，易干燥、加工。适用于制作家具、包装箱、农具，及作为农村建筑用材，也是制作火柴盒、杆和造纸等的良好材料。树叶为农村牲畜良好饲料。

135 夹竹桃

拉丁学名：*Nerium indicum* Mill.；夹竹桃科夹竹桃属。别名：白羊桃、水甘草、柳叶树、洋桃梅、枸那、柳叶桃树、洋桃、大节肿、柳叶桃、叫出冬、红花夹竹桃。

形态特征：常绿小乔木或灌木，高达 5 米。枝条灰绿色，含水液；嫩枝条具棱，被微毛，老时毛脱落。叶 3~4 枚轮生，下枝为对生，窄披针形，顶端急尖，基部楔形，叶缘反卷，长 11~15 厘米，宽 2~2.5 厘米，叶面深绿，无毛，叶背浅绿色，有多数洼点，幼时被疏微毛，老时毛渐脱落；中脉在叶面陷入，在叶背凸起，侧脉两面扁平，纤细，密生而平行，每边达 120 条，直达叶缘。

主要利用形式：园林有毒灌木，能抗烟雾，抗灰尘，抗二氧化硫、氟化氢、氯气，净化空气。花大、艳丽，花期长，常作观赏；用插条、压条繁殖，极易成活。茎皮纤维为优良混纺原料；种子含油量约为 58.5%，可榨油供制润滑油。叶、树皮、根、花、种子均含有多种糖苷，毒性极强，人、畜误食能致死。叶性味辛苦涩温，有毒，能强心利尿、祛痰杀虫，可用于治疗心力衰竭、癫痫；外用可治甲沟炎、斑秃。全株可杀蝇、灭孑孓。

136 豇豆

拉丁学名：*Vigna unguiculata*（Linn.）Walp.；豆科豇豆属。别名：角豆、羊角、豆角、姜豆、带豆、饭豆、腰豆、长豆、裙带豆、浆豆。

形态特征：一年生缠绕草质藤本或近直立草本，有时顶端缠绕状。茎近无毛。羽状复叶具 3 小叶；托叶披针形，长约 1 厘米，着生处下延成一短距，有线纹；小叶卵状菱形，长 5~15 厘米，宽 4~6 厘米，先端急尖，边全缘或近全缘，有时淡紫色，无毛。总状花序腋生，具长梗；花 2~6 朵聚生于花序的顶端，花梗间常有肉质密腺；花萼浅绿色，钟状，长 6~10 毫米，裂齿披针形；

花冠黄白色而略带青紫，长约 2 厘米，各瓣均具瓣柄，旗瓣扁圆形，宽约 2 厘米，顶端微凹，基部稍有耳，翼瓣略呈三角形，龙骨瓣稍弯；子房线形，被毛。荚果下垂，直立或斜展，线形，长 7.5~70（~90）厘米，宽 6~10 毫米，稍肉质而膨胀或坚实，有种子多颗；种子长椭圆形，或圆柱形，或稍肾形，长 6~12 毫米，黄白色、暗红色或其他颜色。花期 5—8 月。

主要利用形式：小杂粮作物。秋季采收成熟的荚果，除去荚壳，收集种子备用，或于夏、秋季采摘未成熟的嫩荚果鲜用。豇豆种子性平味甘咸，归脾、胃、肾经，具有理中益气、健胃补肾、和五脏、调颜养身、生精髓、止消渴、解毒的功效，主治呕吐、痢疾、脾胃虚弱、泻痢、吐逆、消渴、遗精、白带、白浊、尿频等。叶子可清热解毒。

137 接骨草

拉丁学名：*Sambucus chinensis* Lindl.；忍冬科接骨木属。别名：小接骨丹、陆英、蒴藋、排风藤、八棱麻、大臭草、秧心草。

形态特征：高大草本或半灌木，高 1~2 米。茎有棱条，髓部白色。羽状复叶的托叶叶状或有时退化成蓝色的腺体；小叶 2~3 对，互生或对生，狭卵形，嫩时上面被疏长柔毛，先端长渐尖，基部钝圆，两侧不等，边缘具细锯齿，近基部或中部以下边缘常有 1 或数枚腺齿；顶生小叶卵形或倒卵形，基部楔形，有时与第一对小叶相连，小叶无托叶，基部一对小叶有时有短柄。复伞形花序顶生，大而疏散，总花梗基部托以叶状总苞片，分枝 3~5 出，纤细，被黄色疏柔毛；杯形不孕性花不脱落，可孕性花小；萼筒杯状，萼齿三角形；花冠白色，仅基部连合，花药黄色或紫色；子房 3 室，花柱极短或几无，柱头 3 裂。果实红色，近圆形；核 2~3 粒，卵形，表面有小疣状突起。花期 4—5 月，果熟期 8—9 月。

主要利用形式：药用植物，可通经活血、解毒消炎，能治跌打损伤、风湿、骨折和闭经。

138 结球甘蓝

拉丁学名：*Brassica oleracea* L. var. *capitata* L.；十字花科芸薹属。别名：洋白菜、圆白菜、包菜、疙瘩白、包心菜、莲花白、卷心菜。

形态特征：二年生草本。根系主要分布在 30 厘米以内的土层中。茎短缩，又分内、外短缩茎，外短缩茎着生莲座叶，内短缩茎着生球叶。甘蓝的叶片包括子叶、基生叶、幼苗叶、莲座叶和球叶，叶片深绿至绿色，叶面光滑，叶肉肥厚，叶面有粉状蜡质，有减少水分蒸腾的作用，因而甘蓝比大白菜的抗旱能力强。花为总状花序，异花授粉，甘蓝所有的变种和品种之间相互杂交。果实为长角果，种子圆球形，红褐或黑褐色，千粒重 4 克左右。结球甘蓝有绿色、白色、红色等不同颜色。

主要利用形式：常见蔬菜。富含维生素 C、维生素 B_1、叶酸和钾。希腊人和罗马人将它视为万能药。其性平味甘，归脾、胃经，可补骨髓、润脏腑、益心力、壮筋骨、利脏器、祛结气、清热止痛，主治睡眠不佳、多梦易睡、耳目不聪、关节屈伸不利、胃脘疼痛等。

139 芥菜

拉丁学名：*Brassica juncea*（L.）Czern. et Coss.；十字花科芸薹属。别名：大头菜、雪菜、盖菜、芥、挂菜。

形态特征：一年生草本，高 30~150 厘米。常无毛，有时幼茎及叶具刺毛，带粉霜，有辣味；茎直立，有分枝。基生叶宽卵形至倒卵形，长 15~35 厘米，顶端圆钝，基部楔形，大头羽裂，具 2~3 对裂片，或不裂，边缘均有缺刻或牙齿，叶柄长 3~9 厘米，具小裂片；茎下部叶较小，边缘有缺刻或牙齿，有时具圆钝锯齿，不抱茎；茎上部叶窄披针形，长 2.5~5 厘米，宽 4~9 毫米，边缘具不明显疏齿或全缘。总状花序顶生，花后延长；花黄色，直径

7~10 毫米；花梗长 4~9 毫米；萼片淡黄色，长圆状椭圆形，长 4~5 毫米，直立开展；花瓣倒卵形，长 8~10 毫米，长 4~5 毫米。长角果线形，长 3~5.5 厘米，宽 2~3.5 毫米，果瓣具 1 突出的中脉；喙长 6~12 毫米；果梗长 5~15 毫米。种子球形，直径约 1 毫米，紫褐色。花期 3—5 月，果期 5—6 月。

主要利用形式：常见蔬菜。叶盐腌可供食用。种子及全草供药用，能化痰平喘、消肿止痛。种子磨粉称芥末，为调味料；榨出的油称芥子油。

140 金丝梅

拉丁学名：*Hypericum patulum* Thunb. ex Murray；金丝桃科金丝桃属。别名：细连翘、土连翘、金丝桃、猪拇柳、黄花香、山栀子、打破碗花、过路黄、大叶黄、大田边黄、黄木、金香、端午花、芒种花、云南连翘、断痔果。

形态特征：灌木。丛状，具开张的枝条。茎淡红至橙色；皮层灰褐色。叶具柄；叶片披针形，或长圆状披针形至卵形，或长圆状卵形，坚纸质，上面绿色，下面苍白色，主侧脉 3 对。花序具 1~15 花，自茎顶端第 1~2 节生出，伞房状，有时顶端第一节间短，有时在茎中部有一些具 1~3 花的小枝；苞片狭椭圆形至狭长圆形，凋落。花多少呈盃状；花蕾宽卵珠形。萼片离生，在花蕾及果时直立，宽卵形，或宽椭圆形，或近圆形至长圆状椭圆形，或倒卵状匙形，膜质，常带淡红色。花瓣金黄色，无红晕，长圆状倒卵形至宽倒卵形，边缘全缘或略为啮蚀状小齿，有 1 行近边缘生的腺点。雄蕊 5 束，每束有雄蕊 50~70 枚，长度明显短于花瓣，花药亮黄色。子房多少呈宽卵珠形；柱头不或几不呈头状。蒴果宽卵珠形。种子深褐色，多少呈圆柱形，有浅的线状蜂窝纹。花期 6—7 月，果期 8—10 月。

主要利用形式：观赏、药用等利用价值强。花朵硕大，花形美观，亦能作切花，是非常珍贵的野生观赏灌木。全株药用，性苦寒，归肝、肾、膀胱经，能清热解毒、舒筋活血、疏肝通络、祛瘀、利湿利尿、通淋及催乳，主治湿热淋病、肝炎、感冒、扁桃体炎、疝气偏坠、筋骨疼痛和跌打损伤。

141 金丝桃

拉丁学名：*Hypericum monogynum* L.；金丝桃科金丝桃属。别名：狗胡花、金线蝴蝶、过路黄、金丝海棠、金丝莲。

形态特征：灌木，高 0.5~1.3 米。丛状或通常有疏生的开张枝条。茎红色，幼时具 2（4）纵线棱及两侧压扁，很快为圆柱形；皮层橙褐色。叶对生，无柄或具短柄，柄长达 1.5 毫米；叶片倒披针形或椭圆形至长圆形，或较稀为披针形至卵状三角形或卵形，长 2~11.2 厘米，宽 1~4.1 厘米，先端锐尖至圆形，通常具细小尖突，基部楔形至圆形，或上部者有时截形至心形，边缘平坦，坚纸质，上面绿色，下面淡绿但不呈灰白色，主侧脉 4~6 对，分枝，常与中脉分枝不分明。花序具 1~15（~30）花，自茎端第 1 节生出，疏松的近伞房状，有时亦自茎端 1~3 节生出，稀有 1~2 对次生分枝；花梗长 0.8~2.8 （~5）厘米；苞片小，线状披针形，早落。花直径 3~6.5 厘米，星状；花蕾卵珠形，先端近锐尖至钝形。花瓣金黄色至柠檬黄色，无红晕，开张，三角状倒卵形，长 2~3.4 厘米，宽 1~2 厘米，长为萼片的 2.5~4.5 倍，边缘全缘，无腺体，有侧生的小尖突，小尖突先端锐尖至圆形或消失。雄蕊 5 束，每束有雄蕊 25~35 枚，最长者长 1.8~3.2 厘米，与花瓣几等长，花药黄至暗橙色。子房卵珠形或卵珠状圆锥形至近球形，长 2.5~5 毫米，宽 2.5~3 毫米；花柱长 1.2~2 厘米，长为子房的 3.5~5 倍；柱头小。蒴果宽卵珠形或稀为卵珠状圆锥形至近球形，长 6~10 毫米，宽 4~7 毫米。种子深红褐色，圆柱形，长约 2 毫米，有狭的龙骨状突起，有浅的线状网纹至线状蜂窝纹。花期 5—8 月，果期 8—9 月。

主要利用形式：常见赏花灌木。果实及根供药用，果作连翘代用品，根能祛风、止咳、下乳、调经补血，并可治跌打损伤。

142 金樱子

拉丁学名：*Rosa laevigata* Michx.；蔷薇科蔷薇属。别名：金樱子、刺梨子、山石榴、山鸡头子、和尚头、唐樱竻、油饼果子。

形态特征：常绿攀缘灌木，高可达5米。小枝粗壮，散生扁弯皮刺，无毛，幼时被腺毛，老时逐渐脱落减少。小叶革质，通常3，稀5，连叶柄长5~10厘米；小叶片椭圆状卵形、倒卵形或披针状卵形，先端急尖或圆钝，稀尾状渐尖，边缘有锐锯齿，上面亮绿色，无毛，下面黄绿色，幼时沿中肋有腺毛，老时逐渐脱落无毛；小叶柄和叶轴有皮刺和腺毛；托叶离生或基部与叶柄合生，披针形，边缘有细齿，齿尖有腺体，早落。花单生于叶腋；花梗和萼筒密被腺毛，随果实成长变为针刺；萼片卵状披针形，先端呈叶状，边缘羽状浅裂或全缘，常有刺毛和腺毛，内面密被柔毛，比花瓣稍短；花瓣白色，宽倒卵形，先端微凹；雄蕊多数；心皮多数，花柱离生，有毛，比雄蕊短很多。果梨形、倒卵形，稀近球形，紫褐色，外面密被刺毛，果梗长约3厘米，萼片宿存。花期4—6月，果期7—11月。

主要利用形式：有较高的园艺和经济价值。根皮含鞣质，可制栲胶，果实可熬糖及酿酒。根味甘淡涩性平，有活血散瘀、祛风除湿、解毒收敛、止血及杀虫等功效；叶味苦性平，能解毒消肿，外用治疮疖、烧烫伤；果实（金樱子）味甘涩性平，能固精缩尿、涩肠止泻，可治遗精滑精、遗尿尿频、崩漏、带下病、久泻久痢，并对流感病毒有抑制作用。

143 锦葵

拉丁学名：*Malva sinensis* Cavan.；锦葵科锦葵属。别名：荆葵、钱葵、小钱花、金钱紫花葵、小白淑气花、淑（俗）气花、棋盘花。

形态特征：二年生或多年生直立草本，高50~90厘米，分枝多，疏被粗毛。叶圆心形或肾形，具5~7圆齿状钝裂片，长5~12厘米，宽几相等，基部近心形至圆形，边缘具圆锯齿，两面均无毛或仅脉上疏被短糙伏毛；叶柄长 4~8 厘米，近无毛，但上面槽内被长硬毛；托叶偏斜，卵形，具锯齿，先端渐尖。花 3~11 朵簇生，花梗长 1~2 厘米，无毛或疏被粗毛；小苞片 3，长圆形，长 3~4 毫米，宽 1~2 毫米，先端圆形，疏被柔毛；萼杯状，长 6~7 毫米，萼裂片 5，宽三角形，两面均被星状疏柔毛；花紫红色或白色，直径 3.5~4 厘米，花瓣 5，匙形，长 2 厘米，先端微缺，爪具髯毛；雄蕊柱长 8~10 毫米，被刺毛，花丝无毛；花柱分枝 9~11，被微细毛。果扁圆形，径 5~7 毫米，分果爿 9~11，肾形，被柔毛；种子黑褐色，肾形，长 2 毫米。花期 5—10 月。

主要利用形式：花供园林观赏，地植或盆栽均宜。茎、叶、花性味咸寒，能清热利湿、理气通便，可用于治疗大便不畅、脐腹痛、瘰疬等。

144 菊苣

拉丁学名：*Cichorium intybus* L.；菊科菊苣属。别名：苦苣、苦菜、卡斯尼、皱叶苦苣、明目菜、咖啡萝卜、咖啡草、卡斯尼、蓝菊、欧洲菊苣草、欧洲菊苣、欧洲苣草、咖啡草。

形态特征：多年生草本，高 40~100 厘米。茎直立，单生，分枝开展或极开展，全部茎枝绿色，有条棱，被极稀疏的长而弯曲的糙毛或刚毛，或几无毛。基生叶莲座状，花期生存，倒披针状长椭圆形，包括基部渐狭的叶柄，全长 15~34 厘米，宽 2~4 厘米，侧裂片 3~6 对或更多，顶侧裂片较大，向下侧裂片渐小，全部侧裂片镰刀形或不规则镰刀形或三角形。茎生叶少数，较小，卵状倒披针形至披针形，无柄。全部叶质地薄，两面被稀疏的多细胞长节毛，但叶脉及边缘的毛较多。头状花序多数，单生或数个集生于茎顶或枝端，或 2~8 个为一组沿花枝排列成穗状花序。总苞圆柱状，长 8~12 毫米；总苞片 2 层，外层披针形，长 8~13 毫米，宽 2~2.5 毫米，上半部绿色，草质，边缘有长缘毛，背面有极稀疏的头状具柄的长腺毛或单毛，下半部淡黄白色，质地坚硬，革质；内层总苞片线状披针形，长达 1.2 厘米，宽约 2 毫米，下部稍坚硬，上部边缘及背面通常有极稀疏的头状具柄的长腺毛并杂有长单毛。舌状小花蓝色，长约 14 毫米，有色斑。瘦果倒卵状、椭圆状或倒楔形，外层瘦果压扁，紧贴内层总苞片，3~5 棱，顶端截形，向下收窄，褐色，有棕黑色色斑。冠毛极短，2~3 层，膜片状，长 0.2~0.3 毫米。花果期 5—10 月。

主要利用形式：可作野趣园材料或疏林杂植。菊苣叶可调制生菜，在我国四川（成都）及广东等地有引种栽培。根含菊糖及芳香族物质，可提制代用咖啡，促进人体消化器官活动。植物的地上部分及根可供药用，中药名分别为菊苣、菊苣根，具有清热解毒、利尿消肿、健胃等功效。

145 菊叶香藜

拉丁学名：*Chenopodium foetidum* Schrad.；藜科藜属。别名：臭菜、菊叶刺藜、塞外香椿。

形态特征：一年生草本，高 20~60 厘米。有强烈气味，全体有具节的疏生短柔毛。茎直立，具绿色色条，通常有分枝。叶片矩圆形，边缘羽状浅裂至羽状深裂，先端钝或渐尖，有时具短尖头，基部渐狭，上面无毛或幼嫩时稍有毛，下面有具节的短柔毛并兼有黄色无柄的颗粒状腺体，很少近于无毛；叶柄长 2~10 毫米。复二歧聚伞花序腋生；花两性；花被 5 深裂；裂片卵形至狭卵形，有狭膜质边缘，背面通常有具刺状突起的纵隆脊，并有短柔毛和颗粒状腺体，果时开展；雄蕊 5，花丝扁平，花药近球形。胞果扁球形，果皮膜质。种子横生，周边钝，红褐色或黑色，有光泽，具细网纹；胚半环形，围绕胚乳。花期 7—9 月，果期 9—10 月。

主要利用形式：杂草，对夏秋作物危害较重，也作劣质饲草。精油对玉米象等昆虫有一定的抑制作用。其茎叶口感独特，类似香椿，有开发价值。全草入药，味微甘性平，能平喘解痉、止痛。提取物具有抑菌作用。

146 菊芋

拉丁学名：*Helianthus tuberosus* L.；菊科向日葵属。别名：五星草、洋羌、番羌、鬼子姜、洋姜。

形态特征：多年生草本。有块状的地下茎及纤维状根。茎直立，有分枝，被白色短糙毛或刚毛。叶通常对生，有叶柄，但上部叶互生；下部叶卵圆形或卵状椭圆形，有长柄，基部宽楔形或圆形，有时微心形，顶端渐细尖，边缘有粗锯齿，有离基 3 出脉，上面被白色短粗毛，下面被柔毛，叶脉上有短硬毛，上部叶长椭圆形至阔披针形，基部渐狭，下延成短翅状，顶端渐尖，短尾状。头状花序较大，少数或多数，单生于枝端，有 1~2 个线状披针形的苞叶，直立，总苞片多层，披针形，顶端长渐尖，背面被短伏毛，边缘被开展的缘毛；托片长圆形，长 8 毫米，背面有肋，上端不等 3 浅裂。舌状花通常 12~20 个，舌片黄色，开展，长椭圆形；管状花花冠黄色。瘦果小，楔形，上端有 2~4 个有毛的锥状扁芒。花期 8—9 月。

主要利用形式：观赏草本，被联合国粮农组织称为“21 世纪人畜共用作物”。块茎含有丰富的淀粉、菊糖，是优良的多汁食材。块茎可加工制成酱菜，还可制菊糖及酒精。菊糖可用于治疗糖尿病，也是一种有价值的工业原料。块根、茎、叶入药，味甘微苦性凉，能清热凉血、接骨，主治热病、肠热泻血、跌打骨伤。

147 榉树

拉丁学名：*Zelkova serrata*（Thunb.）Makino；榆科榉属。别名：光叶榉、鸡油树、光光榆、马柳光树 。

形态特征：落叶乔木，高达 30 米，胸径达 1 米。树皮灰白色或褐灰色，呈不规则的片状剥落；当年生枝紫褐色或棕褐色，疏被短柔毛，后渐脱落；叶薄纸质至厚纸质，大小形状变异很大，卵形、椭圆形或卵状披针形，长 2~9 厘米，宽 1~4 厘米，先端渐尖或尾状渐尖，基部有的稍偏斜，稀圆形或浅心形，边缘有圆齿状锯齿，具短尖头，侧脉 8~14 对；上面中脉凹下被毛，下面无毛。叶柄长 4~9 毫米，被短柔毛。雄花具极短的梗，径约 3 毫米，花被裂至中部，花被裂片 6~7，不等大，外面被细毛，退化子房缺；雌花近无梗，径约 1.5 毫米，花被片 4~5，外面被细毛，子房被细毛。核果，上面偏斜，凹陷，直径约 4 毫米，具背腹脊，网肋明显，无毛，具宿存的花被。花期 4 月，果期 10 月。

主要利用形式：阳性树种，耐烟尘及有害气体，对土壤的适应性强，为优良的防护林、水土保持和混交林树种。木材纹理细，质坚，能耐水，供桥梁、家具用材；茎皮纤维可制人造棉和绳索。树皮味苦性寒，入肺、大肠经，能清热解毒、止血、利水、安胎，主治感冒发热、血痢、便血、水肿、妊娠腹痛、目赤肿痛、烫伤及疮疡肿痛；树叶味苦性寒，入心经，能清热解毒、凉血，主治疮疡肿痛、崩中带下。

148 卷茎蓼

拉丁学名：*Fallopia convolvulus*（L.）Love；蓼科何首乌属。别名：蔓首乌、烙铁头、荞麦葛、荞麦蔓、乔麦曼、荞麦蓼、卷叶蓼、野茎蓼、卷茎蔓、卷旋蓼。

形态特征：一年生草本。茎缠绕，长 1~1.5 米，具纵棱，自基部分枝，具小突起。叶卵形或心形，长 2~6 厘米，宽 1.5~4 厘米，顶端渐尖，基部心形，两面无毛，下面沿叶脉具小突起，边缘全缘，具小突起；叶柄长 1.5~5 厘米，沿棱具小突起；托叶鞘膜质，长 3~4 毫米，偏斜，无缘毛。花序总状，腋生或顶生，花稀疏，下部间断，有时成花簇，生于叶腋；苞片长卵形，顶端尖，每苞具 2~4 花；花梗细弱，比苞片长，中上部具关节；花被 5 深裂，淡绿色，边缘白色，花被片长椭圆形，外面 3 片背部具龙骨状突起或狭翅，被小突起；果时稍增大，雄蕊 8，比花被短；花柱 3，极短，柱头头状。瘦果椭圆形，具 3 棱，长 3~3.5 毫米，黑色，密被小颗粒，无光泽，包于宿存花被内。花期 5—8 月，果期 6—

9 月。

主要利用形式：野生杂草，对麦类、大豆、玉米危害较重。全草味辛性温，能健脾消食，主治消化不良和腹泻。

149 决明

拉丁学名：*Cassia tora* Linn.；豆科决明属。别名：草决明、假花生、羊明、羊角、还瞳子、假绿豆、马蹄子、羊角豆、马蹄决明。

形态特征：直立、粗壮一年生亚灌木状草本，高 1~2 米。叶长 4~8 厘米；叶柄上无腺体；叶轴上每对小叶间有棒状的腺体 1 枚；小叶 3 对，膜质，倒卵形或倒卵状长椭圆形，长 2~6 厘米，宽 1.5~2.5 厘米，顶端圆钝而有小尖头，基部渐狭，偏斜，上面被稀疏柔毛，下面被柔毛；小叶柄长 1.5~2 毫米；托叶线状，被柔毛，早落。花腋生，通常 2 朵聚生；总花梗长 6~10 毫米；花梗长 1~1.5 厘米，丝状；萼片稍不等大，卵形或卵状长圆形，膜质，外面被柔毛，长约 8 毫米；花瓣黄色，下面二片略长，长 12~15 毫米，宽 5~7 毫米；能育雄蕊 7 枚，花药四方形，顶孔开裂，长约 4 毫米，花丝短于花药；子房无柄，被白色柔毛。荚果纤细，近四棱形，两端渐尖，长达 15 厘米，宽 3~4 毫米，膜质；种子约 25 颗，菱形，光亮。花果期 8—11 月。

主要利用形式：药用植物。决明子有清肝明目、利水通便的功效，主治高血压、头痛、眩晕、急性结膜炎、角膜溃疡、青光眼、痈疖疮疡等。苗叶和嫩果可食。其叶泡茶，中老年人长期饮用，可保持血压正常、大便通畅。

150 君迁子

拉丁学名：*Diospyros lotus* L.；柿科柿属。别名：黑枣、圆枣子、软枣、牛奶枣、野柿子、丁香枣、楔枣、小柿。

形态特征：落叶大乔木，高达 30 米，胸径达 1 米。幼树树

皮平滑，浅灰色，老时则深纵裂；小枝灰色至暗褐色，具灰黄色皮孔；芽具柄，密被锈褐色盾状着生的腺体。叶多为偶数或稀奇数羽状复叶，长 8~16 厘米（稀达 25 厘米），叶柄长 2~5 厘米，叶轴具翅至翅不甚发达；小叶 10~16 枚（稀 6~25 枚），无小叶柄，对生或稀近对生，长椭圆形至长椭圆状披针形，长 8~12 厘米，宽 2~3 厘米，顶端常钝圆或稀急尖，基部歪斜，上方一侧楔形至阔楔形，下方一侧圆形，边缘有向内弯的细锯齿，上面被有细小的浅色疣状突起，沿中脉及侧脉被有极短的星芒状毛，下面幼时被有散生的短柔毛，成长后脱落而仅留有极稀疏的腺体，侧脉腋内留有 1 丛星芒状毛。雄性葇荑花序长 6~10 厘米，单独生于去年生枝条上叶痕腋内，花序轴常有稀疏的星芒状毛。花期 4—5 月，果熟期 8—9 月。

主要利用形式：常用作柿树的砧木，其木质优良，可作一般用材。果实可去涩生食，或用以酿酒、制醋；入药多作为调理药物，可用于补血，对贫血、血小板减少、肝炎、乏力和失眠有一定疗效。

151 莙达菜

拉丁学名：*Beta vulgaris* Linn. var. *rapa* Dumort.；藜科甜菜属。别名：根达菜、牛皮菜、厚皮菜、忝菜、甜菜、冬葵、葵菜、达菜、厚合菜、恭菜。

形态特征：二年生草本。根圆锥状至纺锤状，多汁。茎直立，多少有分枝，具条棱及色条。基生叶矩圆形，长 20~30 厘米，宽 10~15 厘米，具长叶柄，上面皱缩不平，略有光泽，下面有粗壮凸出的叶脉，全缘或略呈波状，先端钝，基部楔形、截形或略呈心形；叶柄粗壮，下面凸，上面平或具槽；茎生叶互生，较小，卵形或披针状矩圆形，先端渐尖，基部渐狭入短柄。花 2~3 朵团集，果时花被基底部彼此合生；花被裂片条形或狭矩圆形，果时变为革质并向内拱曲。胞果下部陷在硬化的花被内，上部稍肉质。种子双凸镜形，直径 2~3 毫米，红褐色，有光泽；胚环形，苍白色；

胚乳粉状，白色。花期 5—6 月，果期 7 月。我国南方栽培较多。叶供蔬菜用。

主要利用形式：一般用作青饲料，也是我国北方常见的食用叶菜，鲜嫩多汁，适口性好，甘寒无毒，归肺、脾经，具有清热解毒、行瘀止血的功效。

152 空心莲子草

拉丁学名：*Alternanthera Philoxeroides*（Mart.）Griseb.；苋科莲子草属。别名：水花生、空心苋、水蕹菜、东洋草、喜旱莲子草、革命草。

形态特征：多年生宿根性草本。茎基部匍匐，上部上升，管状，不明显 4 棱，长 55~120 厘米，具分枝，幼茎及叶腋有白色或锈色柔毛，茎老时无毛，仅在两侧纵沟内保留。叶片矩圆形、矩圆状倒卵形或倒卵状披针形，长 2.5~5 厘米，宽 7~20 毫米，顶端急尖或圆钝，具短尖，基部渐狭，全缘，两面无毛或上面有贴生毛及缘毛，下面有颗粒状突起；叶柄长 3~10 毫米，无毛或微有柔毛。花密生，成具总花梗的头状花序，单生在叶腋，球形，直径 8~15 毫米；苞片及小苞片白色，顶端渐尖，具 1 脉；苞片卵形，长 2~2.5 毫米，小苞片披针形，长 2 毫米；花被片矩圆形，长 5~6 毫米，白色，光亮，无毛，顶端急尖，背部侧扁；雄蕊花丝长 2.5~3 毫米，基部连合成杯状；退化雄蕊矩圆状条形，和雄蕊约等长，顶端裂成窄条；子房倒卵形，具短柄，背面侧扁，顶端圆形。果实未见。花期 5—10 月。

主要利用形式：水生或者湿生草本，可净化水质。其嫩茎叶可作蔬菜，也可作牛、兔和猪饲料。全草入药，性寒味苦，有清热利水、凉血解毒的功效，可用于治疗流行性乙型脑炎早期、流行性出血热初期、麻疹。

153 苦豆子

拉丁学名：*Sophora alopecuroides* L.；豆科槐属。别名：布亚（维吾尔名）、苦豆根、苦甘草。

形态特征：草本，或基部木质化成亚灌木状。枝被白色或淡灰白色长柔毛或贴伏柔毛。羽状复叶；叶柄长1~2厘米；托叶着生于小叶柄的侧面，钻状，常早落；小叶7~13对，对生或近互生，纸质，披针状长圆形或椭圆状长圆形，先端钝圆或急尖，常具小尖头，基部宽楔形或圆形。总状花序顶生；花多数，密生；花梗长3~5毫米；苞片似托叶，脱落；花萼斜钟状，萼齿明显，不等大，三角状卵形；花冠白色或淡黄色，旗瓣形状多变，通常为长圆状倒披针形，先端圆或微缺，或明显呈倒心形，基部渐狭或骤狭成柄，翼瓣常单侧生，稀近双侧生，卵状长圆形，具三角形耳，皱褶明显，龙骨瓣与翼瓣相似，柄纤细，长约为瓣片的一半，具三角形耳，下垂；雄蕊10，花丝不同程度连合，有时近两体雄蕊，连合部分疏被极短毛，子房密被白色近贴伏柔毛，柱头圆点状，被稀少柔毛。荚果串珠状，具多数种子；种子卵球形，稍扁，褐色或黄褐色。花期5—6月，果期8—10月。

主要利用形式：重要的药用和饲用植物。花及蜜粉比较丰富，是重要蜜源植物。本种耐旱、耐碱性强，生长快，黄河两岸常栽培以固定土砂。宁夏回族自治区已将苦豆子列入重点保护的六大地道药材之一，根（苦甘草）亦供药用。种子味苦性寒，归心、肺经，能清热燥湿、止痛杀虫，主治痢疾、胃痛、白带过多、湿疹、疮疖、顽癣。

154 苦瓜

拉丁学名：*Momordica charantia* L.；葫芦科苦瓜属。别名：癞葡萄、凉瓜。

形态特征：一年生攀缘状柔弱草本。多分枝。茎、枝被柔毛。卷须纤细，具微柔毛，不分歧。叶柄细，初时被白色柔毛，后变近无毛；叶片轮廓卵状肾形或近圆形，膜质，上面绿色，背面淡绿色，脉上密被明显的微柔毛，其余毛较稀疏，裂片卵状长圆形，边缘具粗齿或有不规则小裂片，先端多半钝圆形，稀急尖，基部弯缺半圆形，叶脉掌状。雌雄同株。雄花：单生叶腋，花梗纤细，被微柔毛，中部或下部具 1 苞片；苞片绿色，肾形或圆形，全缘，稍有缘毛，两面被疏柔毛；花萼裂片卵状披针形，被白色柔毛，急尖；花冠黄色，裂片倒卵形，先端钝，急尖或微凹，被柔毛；雄蕊 3，离生，药室 2 回折曲。雌花：单生，花梗被微柔毛，基部常具 1 苞片；子房纺锤形，密生瘤状突起，柱头 3，膨大，2 裂。果实纺锤形或圆柱形，多瘤皱，成熟后橙黄色，由顶端 3 瓣裂。种子多数，长圆形，具红色假种皮，两端各具 3 小齿，两面有刻纹。花果期 5—10 月。

主要利用形式：常见蔬菜。本种果味甘苦，主作蔬菜，也可糖渍；成熟果肉和假种皮也可食用。根、藤及果实入药，有清热解毒的功效。

155 苦苣菜

拉丁学名：*Sonchus oleraceus* L.；菊科苦苣菜属。别名：滇苦荬菜、滇苦菜、拒马菜、苦苦菜、野芥子、苦菜、小鹅菜。

形态特征：一年生或二年生草本。根圆锥状，垂直直伸，有多数纤维状的须根。茎直立，单生，高 40~150 厘米，有纵条棱或条纹，全部茎枝光滑无毛。基生叶羽状深裂，全形长椭圆形或倒披针形，或大头羽状深裂，全形倒披针形，或基生叶不裂，椭圆形、椭圆状戟形、三角形，或三角状戟形，或圆形，全部基生叶基部渐狭成长或短翼柄；中下部茎叶羽状深裂或大头状羽状深裂，全形椭圆形或倒披针形，长 3~12 厘米，宽 2~7 厘米，全部裂片顶端急尖或渐尖；全部叶或裂片边缘及抱茎小耳边缘有大小不等的急尖锯齿或大锯齿，上部及接花序分枝处的叶边缘大部全缘或上半部边缘全缘，顶端急尖或渐尖，两面光滑无毛，质地薄。头状花序，少数在茎枝顶端排成紧密的伞房花序或总状花序，或单生茎枝顶端。总苞宽钟状，长 1.5 厘米，宽 1 厘米；总苞片 3~4 层，覆瓦状排列，向内层渐长；外层长披针形或长三角形，长 3~7 毫米，宽 1~3 毫米，中、内层长披针形至线状披针形，长 8~11 毫米，宽 1~2 毫米；全部总苞片顶端长急尖，外面无毛，或外层或中内层上部沿中脉有少数头状具柄的腺毛。舌状小花多数，黄色。瘦果褐色，长椭圆形或长椭圆状倒披针形，长 3 毫米，宽不足 1 毫米，压扁，每面各有 3 条细脉，肋间有横皱纹，顶端狭，无喙，冠毛白色，长 7 毫米，单毛状，彼此纠缠。花果期 5—12 月。

主要利用形式：本种为良好饲料，除青饲外，还可晒制青干草，制成草粉。其嫩茎叶可作野菜。苦苣菜全草入药，能清热解毒、凉血止血、祛湿降压，主治肠炎、痢疾、黄疸、淋证、咽喉肿痛、痈疮肿毒、乳腺炎、痔瘘、吐血、衄血、咯血、尿血、崩漏。

156 蜡梅

拉丁学名：*Chimonanthus praecox*（Linn.）Link；蜡梅科蜡梅属。别名：蜡木、素心蜡梅、荷花蜡梅、麻木柴、瓦乌柴、梅花、石凉茶、黄金茶、黄梅花、磬口蜡梅、蜡梅、狗蝇梅、金梅、蜡花、蜡梅花、狗矢蜡梅、唐梅、黄蜡梅、腊木、铁筷子、大叶蜡梅、冬梅。

形态特征：落叶灌木，高达 4 米。幼枝四方形，老枝近圆柱形，灰褐色，无毛或被疏微毛，有皮孔；鳞芽通常着生于第二年生的枝条叶腋内，芽鳞片近圆形，覆瓦状排列，外面被短柔毛。叶纸质至近革质，卵圆形、椭圆形、宽椭圆形至卵状椭圆形，有时长圆状披针形，顶端急尖至渐尖，有时具尾尖，基部急尖至圆形，除叶背脉上被疏微毛外无毛。花着生于第二年生枝条叶腋内，先花后叶，芳香；花被片圆形、长圆形、倒卵形、椭圆形或匙形，无毛，内部花被片比外部花被片短，基部有爪；雄蕊长 4 毫米，花丝比花药长或等长，花药向内弯，无毛，药隔顶端短尖，退化雄蕊长 3 毫米；心皮基部被疏硬毛，花柱长达子房的 3 倍，基部被毛。果托近木质化，坛状或倒卵状椭圆形，口部收缩，并具有钻状披针形的被毛附生物。花期 11 月至第二年 3 月，果期 4—11 月。

主要利用形式：冬季观赏的名贵花木。花蕾能解暑生津、开胃散郁、止咳，可治暑热头晕、呕吐、气郁胃闷、麻疹、百日咳；外用治烫火伤、中耳炎。根能祛风、解毒、止血，可治风寒感冒、腰肌劳损、风湿关节炎。根皮外用可治刀伤出血。花蕾可治油烫伤。花蕾也是制高级花茶和点心的香花原料。

157 辣椒

拉丁学名：*Capsicum annuum* L.；茄科辣椒属。别名：辣子、辣角、牛角椒、红海椒、朝天椒、牛角椒、长辣椒、菜椒、灯笼椒、番椒、辣茄、辣虎、腊茄、海椒。

形态特征：一年生或有限多年生植物，高 40~80 厘米。茎近无毛或微生柔毛，分枝稍呈“之”字形折曲。叶互生，枝顶端节不伸长而成双生或簇生状，矩圆状卵形、卵形或卵状披针形，长 4~13 厘米，宽 1.5~4 厘米，全缘，顶端短渐尖或急尖，基部狭楔形；叶柄长 4~7 厘米。花单生，俯垂；花萼杯状，不显著 5 齿；花冠白色，裂片卵形；花药灰紫色。果实长指状，顶端渐尖且常弯曲，未成熟时绿色，成熟后成红色、橙色或紫红色，味辣。种子扁肾形，淡黄色。花果期 5—11 月。

主要利用形式：果为重要的蔬菜和调味品，栽培品种很多。种子油可食用。果实具有温中散寒、下气消食、驱虫、发汗的功效，主治胃寒气滞、脘腹胀痛、呕吐泻痢、风湿痛、冻疮。皮肤病患者、阴虚火旺及诸出血者禁用。

158 狼把草

拉丁学名：*Bidens tripartita* L.；菊科鬼针草属。别名：鬼叉、鬼针、鬼刺等。

形态特征：一年生草本。叶对生，无毛，叶柄有狭翅，中部叶通常羽状，3~5裂，顶端裂片较大，椭圆形或长椭圆状披针形，边缘有锯齿；上部叶3深裂或不裂。头状花序顶生或腋生，直径1~3厘米；总苞片多数，外层倒披针形，叶状，长1~4厘米，有睫毛；花黄色，全为两性管状花。瘦果扁平，倒卵状楔形，边缘有倒刺毛，顶端有芒刺2枚，少有3~4枚，两侧有倒刺毛。

主要利用形式：杂草。药用有镇静、降压及轻度增大心跳振幅的作用，内服可利尿、发汗，主治气管炎、肺结核、咽喉炎、扁桃体炎、痢疾、丹毒、癣疮。青干草或霜打后的枯草，可作牲畜饲料。

159 离蕊芥

拉丁学名：*Malcolmia africana*（L.）R. Br.；十字花科涩芥属。别名：辣辣菜、涩芥、水萝卜棵、马康草、千果草、麦拉拉。

形态特征：二年生草本，高8~35厘米。密生单毛或叉状硬毛；茎直立或近直立，多分枝，有棱角。叶长圆形、倒披针形或近椭圆形，顶端圆形，有小短尖，基部楔形，边缘有波状齿或全缘；叶柄长5~10毫米或近无柄。总状花序有10~30朵花，疏松排列，果期长达20厘米；萼片长圆形；花瓣紫色或粉红色，长8~10毫米。长角果（线细状）圆柱形或近圆柱形，近4棱，倾斜、直立或稍弯曲，密生短或长分叉毛，或二者间生，或具刚毛，少数几无毛或完全无毛；柱头圆锥状；果梗加粗。种子长圆形，浅棕色。花果期6—8月。

主要利用形式：麦田常见中等饲用牧草，初春嫩苗可作野菜。开花前山羊、绵羊、猪、牛、兔都爱吃，也可切碎后配合适当的精料饲喂鸡和鸭。结实后因其固有的辛辣味加重，茎秆变得粗硬，适口性显著降低。

160 犁头草

拉丁学名：*Viola japonica* var. *stenopetala* Franch. ex H. Boissieu.；堇菜科堇菜属。别名：紫金锁、小甜水茄、瘩背草、三角草、犁头尖、烙铁草、地丁草、心叶堇菜、玉如意、紫花地丁、小鸡花。

形态特征：多年生草本。无地上茎和匍匐枝。根状茎粗短，节密生，粗 4~5 毫米；支根多条，较粗壮而伸长，褐色。叶多数，基生；叶片卵形、宽卵形或三角状卵形，稀肾状，长 3~8 厘米，宽 3~8 厘米，先端尖或稍钝，基部深心形或宽心形，边缘具多数圆钝齿，两面无毛或疏生短毛；叶柄在花期通常与叶片近等长，在果期远较叶片长，最上部具极狭的翅，通常无毛；托叶短，下部与叶柄合生，长约 1 厘米，离生部分开展。花淡紫色；花梗不高出于叶片，被短毛或无毛，近中部有 2 枚线状披针形小苞片；萼片宽披针形，长 5~7 毫米，宽约 2 毫米，先端渐尖，基部附属物长约 2 毫米，末端钝或平截；上方花瓣与侧方花瓣倒卵形，长 1.2~1.4 厘米，宽 5~6 毫米，侧方花瓣里面无毛，下方花瓣长倒心形，顶端微缺，连距长约 1.5 厘米，距圆筒状，长 4~5 毫米，粗约 2 毫米；下方雄蕊的距细长，长约 3 毫米；子房圆锥状，无毛，花柱棍棒状，基部稍膝曲，上部变粗。蒴果椭圆形，长约 1 厘米。

主要利用形式：杂草。全草味苦微辛性寒，能清热解毒、凉血消肿，用于急性结膜炎、咽喉炎、急性黄疸型肝炎、乳腺炎、痈疖肿毒、化脓性骨髓炎、毒蛇咬伤；外用可消炎拔毒。

161 藜

拉丁学名：*Chenopodium album* L.；藜科藜属。别名：灰藋、落藜、胭脂菜、灰藜、灰蓼头草、灰菜、灰条。

形态特征：一年生草本，高 30~150 厘米。茎直立，粗壮，具条棱及绿色或紫红色色条，多分枝；枝条斜升或开展。叶片菱

状卵形至宽披针形，长3~6厘米，宽2.5~5厘米，先端急尖或微钝，基部楔形至宽楔形，上面通常无粉，有时嫩叶的上面有紫红色粉，下面多少有粉，边缘具不整齐锯齿；叶柄与叶片近等长，或为叶片长度的一半。花两性，花簇于枝上部排列成或大或小的穗状圆锥状或圆锥状花序；花被裂片5，宽卵形至椭圆形，背面具纵隆脊，有粉，先端或微凹，边缘膜质；雄蕊5，花药伸出花被，柱头2。果皮与种子贴生。种子横生，双凸镜状，直径1.2~1.5毫米，边缘钝，黑色，有光泽，表面具浅沟纹；胚环形。花果期5—10月。

主要利用形式：常见杂草。幼苗可作蔬菜用，茎叶可喂家畜。全草又可入药，能止泻痢、止痒，可治痢疾腹泻；配合野菊花煎汤外洗，可治皮肤湿毒及周身发痒。果实（称灰藋子）有些地区代“地肤子”药用。

162 李子

拉丁学名：*Prunus salicina* Lindl.；蔷薇科李属。别名：嘉庆子、布霖、玉皇李、山李子、麦李、脆李、金沙李、李实、樱桃李。

形态特征：落叶乔木，高9~12米。树冠广圆形，树皮灰褐色，起伏不平；老枝紫褐色或红褐色，无毛；小枝黄红色，无毛；冬芽卵圆形，红紫色，有数枚覆瓦状排列鳞片，通常无毛，稀鳞片边缘有极稀疏毛。叶片长圆倒卵形、长椭圆形，稀长圆卵形，长6~8（~12）厘米，宽3~5厘米，先端渐尖、急尖或短尾尖，基部楔形，边缘有圆钝重锯齿，常混有单锯齿，幼时齿尖带腺，上面深绿色，有光泽，侧脉6~10对，不达到叶片边缘，两面均无毛，有时下面沿主脉有稀疏柔毛或脉腋有髯毛；托叶膜质，线形，先端渐尖，边缘有腺，早落；叶柄长1~2厘米，通常无毛，顶端有2个腺体或无，有时在叶片基部边缘有腺体。花通常3朵并生；花梗长1~2厘米，通常无毛；花直径1.5~2.2厘米；萼筒钟状；萼片长圆卵形，长约5毫米，先端急尖或圆钝，边有疏齿，与萼筒近等长，萼筒和萼片外面均无毛，内面在萼筒基部被疏柔毛；花瓣白色，长圆倒卵形，先端啮蚀状，基部楔形，有明显带紫色脉纹，具短爪，着生在萼筒边缘，比萼筒长 2~3 倍；雄蕊多数，花丝长短不等，排成不规则 2 轮，比花瓣短；雌蕊 1，柱头盘状，花柱比雄蕊稍长。核果球形、卵球形或近圆锥形，直径 3.5~5 厘米，栽培品种可达 7 厘米，黄色或红色，有时为绿色或紫色，梗凹陷入，顶端微尖，基部有纵沟，外被蜡粉；核卵圆形或长圆形，有皱纹。花期 4 月，果期 7—8 月。

主要利用形式：各地广泛栽培的传统水果，品种很多。李子抗氧化能力很强，是抗衰老、防疾病、美容的“超级水果”。李子味酸，能补中益气、养阴生津、润肠通便，能促进胃酸和胃消化酶的分泌，并能促进胃肠蠕动，对胃酸缺乏、食后饱胀、大便秘结者有效。新鲜李肉中的丝氨酸、甘氨酸、脯氨酸、谷酰胺等氨基酸，有利尿消肿的作用，对肝硬化有辅助治疗效果。未熟透的李子不要吃。切忌过量多食，否则易引起虚热脑涨，损伤脾胃。李子同蜜及雀肉、鸡肉、鸡蛋、鸭肉、鸭蛋食，损五脏。李子含有机酸较多，多食生痰，损坏牙齿，体质虚弱者宜少食。

163 鳢肠

拉丁学名：*Eclipta prostrata* L.；菊科鳢肠属。别名：乌田草、旱莲草、墨旱莲、墨水草、乌心草、黑墨草。

形态特征：一年生草本。茎直立，斜升或平卧，高达 60 厘米，通常自基部分枝，被贴生糙毛。叶长圆状披针形或披针形，无柄或有极短的柄，长 3~10 厘米，宽 0.5~2.5 厘米，顶端尖或渐尖，边缘有细锯齿，或有时仅波状，两面被密硬糙毛。头状花序径 6~8 毫米，有长 2~4 厘米的细花序梗；总苞球状钟形，总苞片绿色，草质，5~6 个排成 2 层，长圆形或长圆状披针形，外层较内层稍短，背面及边缘被白色短伏毛；外围的雌花 2 层，舌状，长 2~3 毫米，舌片短，顶端 2 浅裂或全缘，中央的两性花多数，花冠管状，白色，长约 1.5 毫米，顶端 4 齿裂；花柱分枝钝，有乳头状突起；花托凸，有披针形或线形的托片。托片中部以上有微毛；瘦果暗褐色，长 2.8 毫米，雌花的瘦果三棱形，两性花的瘦果扁四棱形，顶端截形，具1~3个细齿，基部稍缩小，边缘具白色的肋，表面有小瘤状突起，无毛。花期6—9月。

主要利用形式：湿生杂草。鳢肠茎叶柔嫩，各类家畜喜食，民间常用作猪饲料。全草味甘酸性凉，入肝、肾二经，能凉血止血、消肿强壮、补益肝肾，用于鼻出血、咳血、肠出血、尿血、痔疮出血、血崩等。捣汁涂眉发，能促进毛发生长，内服有乌发、黑发的功效。

164 荔枝草

拉丁学名：*Salvia plebeia* R. Br.；唇形科鼠尾草属。别名：蟾蜍草、癞蛤蟆草、蛤蟆皮、地胆头、白贯草、猪耳草、饭匙草、七星草、五根草、蟾酥草等。

形态特征：直立草本，高15~19厘米。多分枝。茎方形，疏生短柔毛。根生叶丛生，贴伏地面，叶片长椭圆形至披针形，叶面有明显的深皱褶。茎生叶对生，叶柄长0.5~1.5厘米，密被短柔毛，叶片长椭圆形或披针形，先端钝圆，基部圆形或楔形，边缘有圆锯齿，上面有皱褶，下面有金黄色腺点，两面均被短毛。轮伞花序具2~6花，聚集成顶生及腋生的假总状或圆锥花序。苞片细小，披针形；花萼钟状，长约3毫米，背面有金黄色腺点和短毛，分二唇，上唇有3条较粗的脉，顶端有3个不明显的齿，下唇有2齿；花冠唇形，淡紫色至蓝紫色。小坚果倒卵圆形，褐色，平滑，有腺点。

主要利用形式：杂草。全草入药，性凉味苦辛，具有清热解毒、祛风湿、凉血、利尿的功效，民间广泛用于治疗跌打损伤；临床中用于治疗咽喉肿痛、支气管炎、肾炎水肿、痈肿、乳腺炎、痔疮肿痛、痢疾、风湿筋骨疼痛、出血等。

165 连翘

拉丁学名：*Forsythia suspensa*（Thunb.）Vahl；木樨科连翘属。

别名：黄花条、连壳、青翘、落翘、黄奇丹、一串金。

形态特征：落叶灌木，株高约 3 米。枝干丛生，小枝黄色，拱形下垂，中空。叶对生，单叶或三小叶，卵形或卵状椭圆形，缘具齿。花冠黄色，1~3 朵生于叶腋；果卵球形、卵状椭圆形或长椭圆形，先端喙状渐尖，表面疏生皮孔；果梗长 0.7~1.5 厘米。花期 3—4 月，果期 7—9 月。

主要利用形式：野生油料植物，连翘籽含油率达 25%~33%，籽实油含胶质，挥发性能好，是绝缘油漆工业和化妆品的良好原料。连翘也是早春优良观花灌木。果实入药，有青翘（未熟果实）和老翘（成熟果实），性味苦凉，入心、肝、胆经，能清热、解毒、散结、消肿，用于治疗丹毒、斑疹、痈疡肿毒、瘰疬、小便淋闭，脾胃虚弱，气虚发热，痈疽已溃、脓稀色淡者忌服。根入药，味苦性寒，归肺、肾经，能清热、解毒、退黄，主治黄疸、发热、丹毒、斑疹、痈疡肿毒、瘰疬、小便淋闭。连翘提取物可作为天然防腐剂用于食品保鲜。连翘根系发达，其主根、侧根、须根可在土层中密集成网状，吸收和保水能力强，具有良好的水土保持作用，是国家推荐的退耕还林优良生态树种和黄土高原防治水土流失的最佳经济作物，也是观光农业和现代园林难得的优良树种。

166 楝

拉丁学名：*Melia azedarach* L.；楝科楝属。别名：苦楝、楝树、紫花树（江苏）、森树（广东）、哑巴树。

形态特征：落叶乔木，高达 10 余米。树皮灰褐色，纵裂。分枝广展，小枝有叶痕。叶为 2~3 回奇数羽状复叶，小叶对生，卵形、椭圆形至披针形，顶生一片通常略大，先端短渐尖，基部楔形或宽楔形，多少偏斜，边缘有钝锯齿，幼时被星状毛，后两面均无毛，侧脉每边 12~16 条，广展，向上斜举。圆锥花序约与叶等长，无毛或幼时被鳞片状短柔毛；花芳香；花萼 5 深裂，裂片卵形或长圆状卵形，先端急尖，外面被微柔毛；花瓣淡紫色，倒卵状匙形，两面均被微柔毛，通常外面较密；雄蕊管紫色，无毛或近无毛，有纵细脉，管口有钻形、2~3齿裂的狭裂片10枚，花药10枚，着生于裂片内侧，且与裂片互生，长椭圆形，顶端微凸尖；子房近球形，无毛，每室有胚珠2颗，花柱细长，柱头头状，顶端具5齿，不伸出雄蕊管。核果球形至椭圆形，内果皮木质，每室有种子1颗；种子椭圆形。花期4—5月，果期10—12月。

主要利用形式：乡土木材树种，抗二氧化硫能力强，耐烟尘，挥发物能杀菌。苦楝与其他树种混栽，可防治树木虫害。其鲜叶可灭钉螺和作农药；根皮有毒，可驱蛔虫和钩虫。根皮粉调醋可治疥癣。苦楝子做成油膏可治头癣。果核仁油可供制油漆、润滑油和肥皂。

167 裂叶牵牛

拉丁学名：*Pharbitis nil*（L.）Choisy.；旋花科牵牛属。别名：大花牵牛、日本牵牛、朝颜、喇叭花、牵牛、筋角拉子、勤娘子、叭花子。

形态特征：一年生攀缘性草本。我国除西北和东北的一些省外，大部分地区都有分布。花美，可栽培供观赏。叶心形，叶互生；叶柄长2~15厘米；叶片宽卵形或近圆形，深或浅3裂，偶有5裂，长4~15厘米，宽4.5~14厘米，基部心形，中裂片长圆形或卵圆形，渐尖或骤尖，侧裂片较短，三角形，裂口锐或圆，叶面被微硬的柔毛。花腋生，单一或2~3朵着生于花序梗顶端，花序梗长短不一，被毛；苞片2，线形或叶状；萼片5，近等长，狭披针形，外面有毛；花冠漏斗状，长5~10厘米，蓝紫色或紫红色，花冠管色淡；雄蕊5，不伸出花冠外，花丝不等长，基部稍阔，有毛；雌蕊1，子房无毛，3室，柱头头状。蒴果近球形，直径0.8~1.3厘米，3瓣裂。种子5~6颗，卵状三棱形，黑褐色或米黄色。花期7—9月，果期8—10月。

主要利用形式：草本绿篱花卉。种子可以入药，中药名为牵牛子，可用于治疗水肿胀满、二便不通、痰饮积聚、气逆喘咳、虫积腹痛、消化不良、肾炎水肿、小儿咽喉炎。

168 凌霄

拉丁学名：*Campsis grandiflora*（Thunb.）Schum.；紫葳科凌霄属。别名：紫葳、苕华、堕胎花、白狗肠、搜骨风、藤五加、接骨丹、九龙下海、五爪龙、凌霄花、中国凌霄、凌苕、红花倒水莲、倒挂金钟、吊墙花、芰华、藤罗花、女藏花、上树龙等。

形态特征：攀缘藤本。茎木质，表皮脱落，枯褐色，以气生根攀附于它物之上。叶对生，为奇数羽状复叶；小叶 7~9 枚，卵形至卵状披针形，顶端尾状渐尖，基部阔楔形，两侧不等大，侧脉 6~7 对，边缘有粗锯齿。顶生疏散的短圆锥花序。花萼钟状，分裂至中部，裂片披针形。花冠内面鲜红色，外面橙黄色，裂片半圆形。雄蕊着生于花冠筒近基部，花丝线形，细长，花药黄色，个字形着生。花柱线形，柱头扁平，2 裂。蒴果顶端钝。花期 5—8 月。

主要利用形式：常见绿化植物，可供观赏及药用。花性味甘酸寒，能行血祛瘀、凉血祛风，可治经闭症瘕、产后乳肿、风疹发红、皮肤瘙痒、痤疮。根性味苦凉，能活血散淤、解毒消肿，可治风湿痹痛、跌打损伤、骨折、脱臼、吐泻。茎、叶性味苦平，能凉血、散淤，可治血热生风、皮肤瘙痒、瘾疹、手脚麻木、咽喉肿痛。孕妇慎用。

169 留兰香

拉丁学名：*Mentha spicata* Linn.；唇形科薄荷属。别名：绿薄荷、香花菜、香薄荷、青薄荷、血香菜、土薄荷、鱼香菜等。

形态特征：多年生草本。茎直立，无毛或近于无毛，绿色，钝四棱形，具槽及条纹，不育枝仅贴地生。叶无柄或近于无柄，

卵状长圆形或长圆状披针形，先端锐尖，基部宽楔形至近圆形，边缘具尖锐而不规则的锯齿，草质，上面绿色，下面灰绿色，侧脉6~7对，与中脉在上面多少凹陷，下面明显隆起且带白色。轮伞花序生于茎及分枝顶端，组成间断但向上密集的圆柱形穗状花序；小苞片线形，长过于花萼，无毛；花梗无毛。花萼钟形，花时外面无毛，具腺点，内面无毛，不显著，萼三角状披针形。花冠淡紫色，两面无毛，冠檐具4裂片，裂片近等大，上裂片微凹。雄蕊4，伸出，近等长，花丝丝状，无毛，花药卵圆形。花柱伸出花冠很多，先端相等2浅裂，裂片钻形。花盘平顶。子房褐色，无毛。花期7—9月。

主要利用形式：嫩枝、叶常作调味香料食用。精油常用于牙膏、香皂和口香糖中。叶、嫩枝或全草入药，味辛甘性微温，可祛风散寒、消肿解毒，主治感冒发热、咳嗽、虚劳咳嗽、伤风感冒、头痛、咽痛、神经性头痛、胃肠胀气、跌打瘀痛、目赤辣痛、鼻衄、全身麻木及小儿疮疖。

170 龙葵

拉丁学名：*Solanum nigrum* L.；茄科茄属。别名：龙葵草、天茄子、黑天天、苦葵、野辣椒、黑茄子、黑星星、野海椒、石海椒、野伞子、黑天豆棵、野葡萄。

形态特征：一年生草本，高约60厘米。茎有棱，沿棱稀被细毛。叶互生；卵形，基部宽楔形或近截形，渐狭小至叶柄，先端尖或长尖；叶大小差异很大，每边3~4齿，齿宽5毫米，长3~4毫米。伞状聚伞花序侧生，花柄下垂，每花序有4~10朵花，花白色；花萼筒形，外疏被细毛，裂片5，卵状三角形；花冠无毛，裂片轮状伸展，5片。浆果球状，有光泽，成熟时红色或黑色。

主要利用形式：杂草，有小毒。浆果和叶子均可食用，但叶子含有大量生物碱，须经煮熟后方可解毒。全株入药，可散瘀消肿、清热解毒，主治痈肿疔疮、牙痛、咽喉肿痛、癌肿、疮疖肿痛、尿路感染、小便不利。果治咳嗽、喉痛、失声。根可驱蛔虫。

171 龙芽草

拉丁学名：*Agrimonia pilosa* Ldb.；蔷薇科龙牙草属。别名：仙鹤草、脱力草、狼牙草、瓜香草、老鹤嘴、毛脚茵、施州龙芽草、石打穿、金顶龙芽、路边黄、地仙草。

形态特征：多年生草本。根多呈块茎状，周围长出若干侧根，根茎短，基部常有 1 至数个地下芽。茎高 30~120 厘米，被疏柔毛及短柔毛，稀下部被稀疏长硬毛。叶为间断奇数羽状复叶，通常有小叶 3~4 对，稀 2 对，向上减少至 3 小叶，叶柄被稀疏柔毛或短柔毛；小叶片无柄或有短柄，倒卵形、倒卵椭圆形或倒卵披针形，长 1.5~5 厘米，宽 1~2.5 厘米，顶端急尖至圆钝，稀渐尖，基部楔形至宽楔形，边缘有急尖到圆钝锯齿，上面被疏柔毛，稀脱落几无毛，下面通常脉上伏生疏柔毛，稀脱落几无毛，有显著腺点；托叶草质，绿色，镰形，稀卵形，顶端急尖或渐尖，边缘有尖锐锯齿或裂片，稀全缘，茎下部密被粗硬毛，叶上面脉上被长硬毛或微硬毛，脉间密被柔毛或茸毛状柔毛。花序穗状总状顶生，分枝或不分枝，花序轴被柔毛，花梗长 1~5 毫米，被柔毛；苞片通常深 3 裂，裂片带形，小苞片对生，卵形，全缘或边缘分裂；花直径 6~9 毫米；萼片 5，三角卵形；花瓣黄色，长圆形；雄蕊 5~8（~15）枚；花柱 2，丝状，柱头头状。果实倒卵圆锥形，外面有 10 条肋，被疏柔毛，顶端有数层钩刺，幼时直立，成熟时靠合，连钩刺长 7~8 毫米，最宽处直径 3~4 毫米。花果期 5—12 月。

主要利用形式：嫩茎叶可食，营养丰富，有很强的抗癌功效。全草、根及冬芽入药，其性味苦涩干，入肺、肝、脾经，有收敛止血、消炎、止痢、解毒、杀虫、益气强心的功能，主治吐血、咯血、衄血、尿血、功能性子宫出血、痢疾、胃肠炎、阴道滴虫、劳伤无力、闪挫腰痛；外用治疗痈疮。

172 漏芦

拉丁学名：*Rhaponticum uniflorum*（L.）DC.；菊科漏芦属。别名：祁州漏芦、大脑袋花、土烟叶、打锣锤、老虎爪、郎头花、狼头花、牛馒土、大口袋花、和尚头、野兰、鬼油麻。

形态特征：多年生草本。茎直立，被褐色残存的叶柄。基生叶及下部茎叶全形椭圆形、长椭圆形、倒披针形，羽状深裂或几全裂，有长叶柄，侧裂片5~12对，边缘有锯齿或锯齿稍大而使叶呈现二回羽状分裂状态，或边缘少锯齿或无锯齿，中部侧裂片稍大，向上或向下的侧裂片渐小，最下部的侧裂片小耳状，顶裂片长椭圆形或几匙形，边缘有锯齿。中上部茎叶渐小，与基生叶及下部茎叶同形并等样分裂。全部叶质地柔软，两面灰白色，被稠密或稀疏的蛛丝毛及多细胞糙毛和黄色小腺点。叶柄灰白色，被稠密的蛛丝状绵毛。头状花序重生茎顶，花序梗粗壮，裸露或有少数钻形小叶。总苞半球形，大，全部苞片顶端有膜质附属物，浅褐色。全部小花两性，管状，花冠紫红色。瘦果。花果期4—9月。

主要利用形式：常用中药，治痈疮肿毒、乳痈、乳房胀痛、乳汁不下、湿痹拘挛、骨节疼痛。蒙药治流感、瘟疫、猩红热、麻疹、结喉、痢疾、心热、搏热、实热、久热、伤热、血热、肠刺痛。根及根状茎味苦性寒，归胃经，能清热解毒、消痈、下乳、舒筋通脉，主治乳痈肿痛、痈疽发背、瘰疬疮毒、乳汁不通、湿痹拘挛。

173 陆地棉

拉丁学名：*Gossypium hirsutum* Linn.；锦葵科棉属。别名：大陆棉、美洲棉、墨西哥棉、高地棉、美棉。

形态特征：一年生草本植物，高0.6~1.5米。小枝疏被长毛。叶阔卵形，基部心形或心状截头形，裂片宽三角状卵形，上面近无毛，下面疏被长柔毛；叶柄疏被柔毛；托叶卵状镰形，早落。

花单生于叶腋，花梗通常较叶柄略短。蒴果卵圆形，具喙，3~4 室；种子分离，卵圆形，具白色长绵毛和灰白色不易剥离的短绵毛。花期夏秋季。已广泛栽培于中国各产棉区，且已取代树棉和草棉。栽培种植物种子上被覆的纤维是一种用途很广的天然纺织纤维。

主要利用形式：重要经济作物。棉纤维能制成多种规格的织物，适于制作各类布料。本种还是重要的蜜源植物。种子藏药名“锐摘”，可治鼻病、虫病等。种子可提取棉籽油供食用，但是含有棉酚，对雄性生物不利，需要注意精制。

174 栾树

拉丁学名：*Koelreuteria paniculata* Laxm.；无患子科栾树属。别名：木栾、栾华、五乌拉叶、乌拉、乌拉胶、黑色叶树、石栾树、黑叶树、木栏牙。

形态特征：落叶乔木或灌木。树皮厚，灰褐色至灰黑色，老时纵裂；皮孔小，灰至暗褐色；小枝具疣点，与叶轴、叶柄均被皱曲的短柔毛或无毛。叶丛生于当年生枝上，平展，一回、不完全二回或偶有二回羽状复叶，长可达 50 厘米；小叶（7~）11~18 片（顶生小叶有时与最上部的一对小叶在中部以下合生），对生或互生，纸质，卵形、阔卵形至卵状披针形，长（3~）5~10 厘米，宽 3~6 厘米，边缘有不规则的钝锯齿，齿端具小尖头。聚伞圆锥花序长 25~40 厘米，密被微柔毛，分枝长而广展，在末次分枝上的聚伞花序具花 3~6 朵，密集呈头状；苞片狭披针形，被小粗毛；花淡黄色，稍芬芳；花梗长 2.5~5 毫米；萼裂片卵形，边缘具腺状缘毛，呈啮蚀状；花瓣 4，开花时向外反折，线状长圆形，长 5~9 毫米，瓣爪长 1~2.5 毫米，被长柔毛；雄蕊 8 枚，在雄花中的长 7~9 毫米，雌花中的长 4~5 毫米；花盘偏斜，有圆钝小裂片；子房三棱形，除棱上具缘毛外无毛，退化子房密被小粗毛。蒴果圆锥形，具 3 棱，长 4~6 厘米，顶端渐尖，果瓣卵形，外面有网纹，内面平滑且略有光泽；种子近球形，直径 6~8 毫米。

花期 6—8 月，果期 9—10 月。

主要利用形式：耐寒、耐旱、速生，常栽培作庭园观赏树。木材黄白色，易加工，可制家具；叶可作蓝色染料；花供药用，亦可作黄色染料。

175 罗布麻

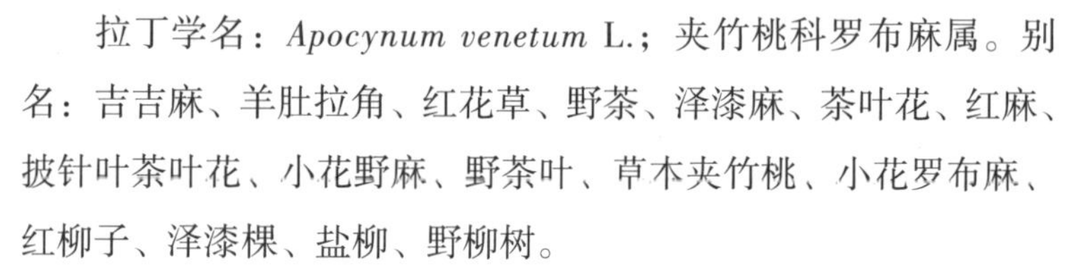

拉丁学名：*Apocynum venetum* L.；夹竹桃科罗布麻属。别名：吉吉麻、羊肚拉角、红花草、野茶、泽漆麻、茶叶花、红麻、披针叶茶叶花、小花野麻、野茶叶、草木夹竹桃、小花罗布麻、红柳子、泽漆棵、盐柳、野柳树。

形态特征：直立半灌木，高 1.5~3 米，一般高约 2 米，最高可达 4 米，具乳汁。枝条对生或互生，圆筒形，光滑无毛，紫红色或淡红色。圆锥状聚伞花序一至多歧，通常顶生，有时腋生，花梗长约 4 毫米，被短柔毛；苞片膜质，披针形，长约 4 毫米，宽约 1 毫米；小苞片长 1~5 毫米，宽 0.5 毫米；花萼 5 深裂，裂片披针形或卵圆状披针形，两面被短柔毛，边缘膜质，长约 1.5 毫米，宽约 0.6 毫米；花冠圆筒状钟形，紫红色或粉红色，两面密被颗粒状突起，花冠筒长 6~8 毫米，直径 2~3 毫米；外果皮棕色，无毛，有纸纵纹；种子多数，卵圆状长圆形，黄褐色，长 2~3 毫米，直径 0.5~0.7 毫米，顶端有一簇白色绢质的种毛；种毛长 1.5~2.5 厘米；子叶长卵圆形，与胚根近等长，长约 1.3 毫米；胚根在上。花期 4—9 月（盛开期 6—7 月），果期 7—12 月（成熟期 9—10 月）。

主要利用形式：嫩叶蒸炒揉制后可当茶叶饮用，有清凉去火、防止头晕和强心的功效。种毛白色绢质，可作填充物。麻秆剥皮后可作保暖建筑材料。罗布麻纤维属于优质纤维，有多种用途。根部含有生物碱，可供药用。该种花多，美丽、芳香，花期较长，具有发达的蜜腺，是一种良好的蜜源植物。叶味甘微苦性凉，能清热平肝、利水消肿，可治高血压、眩晕、头痛、心悸、失眠、水肿尿少。全草味甘苦性凉，有小毒，能清火、降压、强心、利尿，可治心脏病、高血压、肾虚、肝炎腹胀、水肿。乳汁可用于愈合伤口。

176 萝卜

拉丁学名：*Raphanus sativus* L.；十字花科萝卜属。别名：芦菔、辣萝卜、莱菔、罗服、荠根、萝欠、萝白、紫菘、秦菘、萝臼。

形态特征：一、二年生草本。根肉质，长圆形、球形或圆锥形，根皮绿色、白色、粉红色或紫色。茎直立，粗壮，圆柱形，中空，自基部分枝。基生叶及茎下部叶有长柄，通常大头羽状分裂，被粗毛，侧裂片 1~3 对，边缘有锯齿或缺刻；茎中、上部叶长圆形至披针形，向上渐变小，不裂或稍分裂，不抱茎。总状花序，顶生及腋生。花淡粉红色或白色。长角果，不开裂，近圆锥形，直或稍弯，种子间缢缩成串珠状，先端具长喙，喙长 2.5~5 厘米，果壁海绵质。种子 1~6 粒，红褐色，圆形，有细网纹。

主要利用形式：常见蔬菜和药材，品种很多。萝卜根作蔬菜食用，可辅助增强肌体免疫力、降低血脂、软化血管、稳定血压、预防冠心病、促进消化、增强食欲、止咳化痰、缓解动脉硬化。种子、鲜根、枯根（地骷髅）、叶皆入药。种子能消食化痰；鲜根能止渴、助消化；枯根利二便；叶治初痢，并预防痢疾。种子油可供工业用及食用。

177 落花生

拉丁学名：*Arachis hypogaea* Linn.；豆科落花生属。别名：地豆、长生果、土豆、唐人豆或南京豆（日本）。

形态特征：一年生草本。根部有丰富的根瘤；茎直立或匍匐，长 30~80 厘米，茎和分枝均有棱，被黄色长柔毛，后变无毛。叶通常具小叶 2 对；托叶长 2~4 厘米，具纵脉纹，被毛；叶柄基部抱茎，长 5~10 厘米，被毛；小叶纸质，卵状长圆形至倒卵形，

长2~4厘米，宽0.5~2厘米，先端钝圆形，有时微凹，具小刺尖头，基部近圆形，全缘，两面被毛，边缘具睫毛；侧脉每边约10条；叶脉边缘互相联结成网状；小叶柄长2~5毫米，被黄棕色长毛。花长约8毫米；苞片2，披针形；小苞片披针形，长约5毫米，具纵脉纹，被柔毛；萼管细，长4~6厘米；花冠黄色或金黄色，旗瓣直径1.7厘米，开展，先端凹入；翼瓣与龙骨瓣分离，翼瓣长圆形或斜卵形，细长；龙骨瓣长卵圆形，内弯，先端渐狭成喙状，较翼瓣短；花柱延伸于萼管咽部之外，柱头顶生，小，疏被柔毛。荚果长2~5厘米，宽1~1.3厘米，膨胀，荚厚，种子横径0.5~1厘米。荚果果壳坚硬，成熟后不开裂，室间无横隔而有缢缩（果腰）。每个荚果有2~6粒种子，以2粒居多，多呈普通形、斧头形、葫芦形或茧形。每荚3粒以上种子的荚果多呈曲棍形或串珠形。花果期6—8月。

主要利用形式：著名干果。其油脂在纺织工业上用作润滑剂，在机械制造工业上用作淬火剂。种子性味甘平，入药归脾、肺经，可润肺和胃，治燥咳、反胃、脚气、乳妇奶少。花生衣（花生种子外表面的那层红色或黑色种皮）含有丰富的营养成分，并有止血、散瘀、消肿的功效，临床上有广泛的应用。

178 绿豆

拉丁学名：*Vigna radiata*（Linn.）Wilczek；豆科豇豆属。别名：角豆、姜豆、带豆、青小豆、菉豆、植豆、交豆。

形态特征：一年生直立草本，高20~60厘米。茎被褐色长硬毛。羽状复叶具3小叶；托叶盾状着生，卵形，具缘毛；小托叶显著，披针形；小叶卵形，侧生的多少偏斜，全缘，先端渐尖，基部阔楔形或浑圆，两面多少被疏长毛，基部三脉明显；叶柄长5~21厘米；叶轴长1.5~4厘米；小叶柄长3~6毫米。总状花序腋生，有花4至数朵，最多可达25朵；总花梗长2.5~9.5厘米；花梗长2~3毫米；小苞片线状披针形或长圆形，有线条，近宿存；萼管无毛，裂片狭三角形，具缘毛，上方的一对合生成一先端2

裂的裂片；旗瓣近方形，外面黄绿色，里面有时粉红，顶端微凹，内弯，无毛；翼瓣卵形，黄色；龙骨瓣镰刀状，绿色而染粉红，右侧有显著的囊。荚果线状圆柱形，平展，被淡褐色、散生的长硬毛，种子间多少收缩；种子 8~14 颗，淡绿色或黄褐色，短圆柱形，种脐白色而不凹陷。花期初夏，果期 6—8 月。

主要利用形式：杂粮、蔬菜作物。种子供食用，亦可提取淀粉，制作豆沙、粉丝等。洗净置流水中，遮光发芽，可制成芽菜，供蔬食。种子入药，有清凉解毒、利尿明目的功效。全株也是很好的夏季绿肥。

179 葎草

拉丁学名：*Humulus scandens*（Lour.）Merr.；桑科葎草属。别名：勒草、蛇割藤、割人藤、拉拉秧、拉拉藤、五爪龙、葛葎蔓。

形态特征：多年生或一年生蔓性缠绕草本。茎、枝、叶柄均具倒钩刺。叶纸质，肾状五角形，掌状 5~7 深裂，稀为 3 裂，长、宽 7~10 厘米，基部心脏形，表面粗糙，疏生糙伏毛，背面有柔毛和黄色腺体，裂片卵状三角形，边缘具锯齿；叶柄长 5~10 厘米。雄花小，黄绿色，圆锥花序，长 15~25 厘米；雌花序球果状，径约 5 毫米，苞片纸质，三角形，顶端渐尖，具白色茸毛；子房为苞片包围，柱头 2，伸出苞片外。瘦果成熟时露出苞片外。花期春夏，果期秋季。

主要利用形式：广布型恶性杂草，抗逆性强，可用作水土保持植物。茎皮纤维可作造纸原料，种子油可制肥皂，果穗可代啤酒花用。地上部分能清热解毒、利尿消肿，可治肺结核潮热、肺热咳嗽、肺痈、虚热烦渴、热淋、水肿、湿热泻痢、热毒疮疡、皮肤瘙痒、肠胃炎、痢疾、感冒发热、小便不利、肾盂肾炎、急性肾炎、膀胱炎、泌尿系统结石。

180 马齿苋

拉丁学名：*Portulaca oleracea* L.；马齿苋科马齿苋属。别名：马苋、五方草、马齿草、马齿龙芽、瓜子菜、五行草、长命菜、麻绳菜、马齿菜、蚂蚱菜。

形态特征：一年生草本。全株无毛。茎平卧或斜倚，铺散，多分枝，圆柱形，长 10~15 厘米，淡绿或带暗红色。叶互生或近对生，扁平肥厚，倒卵形，长 1~3 厘米，先端钝圆或平截，有时微凹，基部楔形，全缘，上面暗绿色，下面淡绿或带暗红色，中脉微隆起；叶柄粗短。花无梗，径 4~5 毫米，常 3~5 簇生枝顶，午时盛开；叶状膜质苞片 2~6，近轮生。萼片 2，对生，绿色，盔形，长约 4 毫米，背部龙骨状凸起，基部连合；花瓣（4）5，黄色，长 3~5 毫米，基部连合；雄蕊 8 或更多，长约 1.2 厘米，花药黄色，子房无毛，花柱较雄蕊稍长。蒴果长约 5 毫米。种子黑褐色，径不及 1 毫米，具小疣。花期 5—8 月，果期 6—9 月。

主要利用形式：杂草。嫩茎叶可食。全草性味酸寒，归肝、大肠经，能清热解毒、凉血止血、止痢，主治热毒血痢、痈肿疔疮、湿疹、丹毒、蛇虫咬伤、便血、痔血、崩漏下血。凡脾胃虚寒、肠滑作泄者及孕妇勿用。

181 马兰

拉丁学名：*Kalimeris indica*（Linn.）Sch. –Bip.；菊科马兰属。别名：马兰头、马莱、红梗菜、鸡儿肠、紫菊、螃蜞头草、路边菊、田边菊、泥鳅菜、泥鳅串、鱼鳅串、蓑衣莲。

形态特征：多年生草本。根状茎有匍枝，有时具直根。茎直立，高 30~70 厘米，上部有短毛，上部或从下部起有分枝。基部叶在花期枯萎；茎部叶倒披针形或倒卵状矩圆形，长 3~6 厘米，稀达 10 厘米，宽 0.8~2 厘米，稀达 5 厘米，顶端钝或尖，基部渐狭成具翅的长柄。头状花序单生于枝端并排列成疏伞房状。总苞半球形，径 6~9 毫米，长 4~5 毫米；总苞片 2~3 层，覆瓦状排列。花托圆锥形。舌状花 1 层，15~20 个，管部长 1.5~1.7 毫米；舌片浅紫色，长达 10 毫米，宽 1.5~2 毫米；管状花长 3.5 毫米，管部长 1.5 毫米，被短密毛。瘦果倒卵状矩圆形，极扁，长 1.5~2 毫米，宽 1 毫米，褐色，边缘浅色而有厚肋，上部被腺及短柔毛。冠毛长 0.1~0.8 毫米，弱而易脱落，不等长。花期 5—9 月，果期 8—10 月。

主要利用形式：杂草，可作野菜，也可入药。幼叶通常作蔬菜食用。全草味辛性凉，归肝、胃、肺经，具有凉血止血、清热利湿、解毒消肿的功效，主治吐血、衄血、崩漏、紫癜、创伤出血、黄疸、泻痢、水肿、淋浊、感冒、咳嗽、咽痛喉痹、痈肿痔疮、丹毒、小儿疳积。马兰根露辛凉无毒，能散结清热、破宿血，可治痔疮。

182 马铃薯

拉丁学名：*Solanum tuberosum* L.； 茄科茄属。别名：洋芋、阳芋、荷兰薯、地蛋、薯仔、土豆、番仔薯、洋山芋等。

形态特征：草本。果实为茎块状，扁圆形或高 15~80 厘米，球形，无毛或被疏柔毛。地上茎呈菱形，有毛。初生叶为单叶，全缘。随植株的生长，逐渐形成奇数不相等的羽状复叶。伞房花序顶生，后侧生，花白色或蓝紫色；萼钟形，外面被疏柔毛，5 裂，裂片披针形，先端长渐尖；花冠辐状。

主要利用形式：与小麦、稻谷、玉米、高粱并称为世界五大作物。块茎中含有丰富的淀粉、蛋白质、维生素和膳食纤维，是胃病和心脏病患者的优质保健食品。块茎可以用来治胃痛、痄肋、痈肿、湿疹、烫伤，也可健胃、解毒消肿。

183 马蹄金

拉丁学名：*Dichondra repens* Forst.；旋花科马蹄金属。别名：

小金钱草、荷苞草、肉馄饨草、金锁匙、铜钱草、小马蹄金或黄疸草。

形态特征：多年生匍匐小草本。茎细长，被灰色短柔毛，节上生根。叶肾形至圆形，先端宽圆形或微缺，基部阔心形，叶面微被毛，背面被贴生短柔毛，全缘；具长的叶柄。花单生叶腋，花柄短于叶柄，丝状；萼片倒卵状长圆形至匙形，钝，背面及边缘被毛；花冠钟状，较短至稍长于萼，黄色，深 5 裂，裂片长圆状披针形，无毛；雄蕊 5，着生于花冠二裂片间弯缺处，花丝短，等长；子房被疏柔毛，2 室，具 4 枚胚珠，花柱 2，柱头头状。蒴果近球形，短于花萼，膜质。种子 1~2，黄色至褐色，无毛。

主要利用形式：全草入药，有清热利尿、祛风止痛、止血生肌、消炎解毒、杀虫的功效，可治急慢性肝炎、黄疸型肝炎、胆囊炎、肾炎、泌尿系统感染、扁桃体炎、口腔炎、毒蛇咬伤、乳痈、痢疾、疟疾、肺出血等。植株低矮，叶色翠绿，叶片密集、美观，耐轻度践踏，生命力旺盛，适用于公园、机关、庭院绿地等栽培观赏。本种抗逆性强，适应性广，适合于沟坡、堤坡、路边等的绿化。

184 麦瓶草

拉丁学名：*Silene conoidea* L.；石竹科蝇子草属。别名：面条菜、米瓦罐、净瓶、香炉草、梅花瓶、广皮菜、瓢咀、甜甜菜、麦石榴、油瓶菜、羊蹄棵、红不英菜、胡炳菜、麦黄菜、灯笼草、灯笼泡、瓶罐花。

形态特征：一年生草本。全株被短腺毛。根为主根系，稍木质。茎单生，直立，不分枝。基生叶叶片匙形，茎生叶叶片长圆形或披针形，基部楔形，顶端渐尖，两面被短柔毛，边缘具缘毛，中脉明显。二歧聚伞花序具数花；花直立；花萼圆锥形，绿色，基部脐形，果期膨大，下部宽卵状，纵脉 30 条，沿脉被短腺毛，萼齿狭披针形，长为花萼的三分之一或更长，边缘下部狭膜质，具缘毛；雌雄蕊柄几无；花瓣淡红色，爪不露出花萼，狭披针形，无毛，耳三角形，瓣片倒卵形，全缘或微凹缺，有时微啮蚀状；副花冠片狭披针形，白色，顶端具数浅齿；雄蕊微外露或不外露，花丝具稀疏短毛；花柱微外露。蒴果梨状；种子肾形，暗褐色。花期 5—6 月，果期 6—7 月。

主要利用形式：杂草，嫩苗可作野菜。全草味甘微苦性凉，归肺、肝二经，能养阴、清热、止血、调经，主治吐血、衄血、虚痨咳嗽、咯血、肺脓疡、尿血、月经不调。

185 曼陀罗

拉丁学名：*Datura stramonium* Linn.；茄科曼陀罗属。别名：枫茄花、狗核桃、万桃花、洋金花、野麻子、醉心花、闹羊花、曼荼罗、满达、曼扎、曼达。

形态特征：草本或半灌木状，高 0.5~1.5 米。全体近于平滑或在幼嫩部分被短柔毛。茎粗壮，圆柱状，淡绿色或带紫色，下部木质化。叶广卵形，顶端渐尖，基部不对称楔形，边缘有不规则波状浅裂，裂片顶端急尖，有时亦有波状牙齿，侧脉每边 3~5 条，直达裂片顶端，长 8~17 厘米，宽 4~12 厘米；叶柄长 3~5 厘米。花单生于枝杈间或叶腋，直立，有短梗；花萼筒状，长 4~5 厘米，筒部有 5 棱角，两棱间稍向内陷，基部稍膨大，顶端紧围花冠筒，5 浅裂，裂片三角形，花后自近基部断裂，宿存部分随果实而增大并向外反折；花冠漏斗状，下半部带绿色，上部白色或淡紫色，檐部 5 浅裂，裂片有短尖头，长 6~10 厘米，檐部直径 3~5 厘米；雄蕊不伸出花冠，花丝长约 3 厘米，花药长约 4 毫米；子房密生柔针毛，花柱长约 6 厘米。蒴果直立生，卵状，长 3~4.5 厘米，直径 2~4 厘米，表面生有坚硬针刺或有时无刺而近平滑，成熟后淡黄色，规则 4 瓣裂。种子卵圆形，稍扁，长约 4 毫米，黑色。花期 6—10 月，果期 7—11 月。

主要利用形式：其花朵大而美丽，具有观赏价值。全株药用，有镇痉、镇静、镇痛和麻醉的功效。花能祛风湿、止喘定痛，可治惊痫和寒哮，煎汤洗治诸风顽痹及寒湿脚气。花瓣的镇痛作用尤佳，可治神经痛等。叶和籽可用于镇咳镇痛。种子油可制肥皂和掺合油漆用。全草可用作杀虫、杀菌剂。全草有毒，以果实特别是种子毒性最大，嫩叶次之，干叶的毒性比鲜叶小。

186 毛曼陀罗

拉丁学名：*Datura innoxia* Mill.；茄科曼陀罗属。别名：洋金花、枫茄花、山大麻子花、北洋金花、风茄花、串筋花。

形态特征：一年生直立草本或半灌木状，高 1~2 米。全体密被细腺毛和短柔毛。茎粗壮，下部灰白色，分枝灰绿色或微带紫色。叶片广卵形，长 10~18 厘米，宽 4~15 厘米，顶端急尖，基部不对称近圆形，全缘而微波状，或有不规则的疏齿，侧脉每边 7~10 条。花单生于枝叉间或叶腋，直立或斜升；花梗长 1~2 厘米，初直立，花萎谢后渐转向下弓曲。花萼圆筒状而不具棱角，长 8~10 厘米，直径 2~3 厘米，向下渐稍膨大，5 裂，裂片狭三角形，有时不等大，长 1~2 厘米，花后宿存部分随果实增大而渐大，呈五角形，果时向外反折；花冠长漏斗状，长 15~20 厘米，檐部直径 7~10 厘米，下半部带淡绿色，上部白色，花开放后呈喇叭状，边缘有 10 尖头；花丝长约 5.5 厘米，花药长 1~1.5 厘米；子房密生白色柔针毛，花柱长 13~17 厘米。蒴果俯垂，近球状或卵球状，直径 3~4 厘米，密生细针刺，针刺有韧曲性，全果亦密生白色柔毛，成熟后淡褐色，由近顶端不规则开裂。种子扁肾形，褐色，长约 5 毫米，宽 3 毫米。花果期 6—9 月。

主要利用形式：毒草。叶和花含莨菪碱和东莨菪碱，有镇痉、镇静、镇痛、麻醉的功效。种子油可制肥皂和掺和油漆用。

187 毛樱桃

拉丁学名：*Cerasus tomentosa*（Thunb.）Wall.；蔷薇科樱属。别名：山樱桃、梅桃、山豆子、樱桃。

形态特征：灌木，通常高 0.3~1 米，稀呈小乔木状，高可达

2~3 米。小枝紫褐色或灰褐色，嫩枝密被茸毛至无毛。冬芽卵形，疏被短柔毛或无毛。叶片卵状椭圆形或倒卵状椭圆形，长 2~7 厘米，宽 1~3.5 厘米，先端急尖或渐尖，基部楔形，边有急尖或粗锐锯齿，上面暗绿色或深绿色，被疏柔毛，下面灰绿色，密被灰色茸毛或以后变为稀疏，侧脉 4~7 对；叶柄长 2~8 毫米，被茸毛或脱落稀疏；托叶线形，长 3~6 毫米，被长柔毛。花单生或 2 朵簇生，花叶同开，近先叶开放或先叶开放；花梗长达 2.5 毫米或近无梗；萼筒管状或杯状，长 4~5 毫米，外被短柔毛或无毛，萼片三角卵形，先端圆钝或急尖，长 2~3 毫米，内外两面内被短柔毛或无毛；花瓣白色或粉红色，倒卵形，先端圆钝；雄蕊 20~25 枚，短于花瓣；花柱伸出，与雄蕊近等长或稍长；子房全部被毛，或仅顶端或基部被毛。核果近球形，红色，直径 0.5~1.2 厘米；核表面除棱脊两侧有纵沟外，无棱纹。花期 4—5 月，果期 6—9 月。

主要利用形式：本种是集观花、观果、观形为一体的园林观赏植物。果实微酸甜，可食及酿酒；种仁含油率达 43% 左右，可制肥皂及润滑油。其果型大，风味优美，可生食或制罐头。樱桃汁可制糖浆、糖胶及果酒；核仁可榨油，似杏仁油。种子（郁李仁）味辛性平，能润燥滑肠、下气利水，可治津枯肠燥、食积气滞、腹胀便秘、水肿、脚气、小便淋痛不利。毛樱桃味甘性温，入脾经，有补中益气、健脾祛湿的功效，可治病后体虚、倦怠少食、风湿腰痛、四肢不灵、贫血等；外用可治冻疮、汗斑。

188 眉豆

拉丁学名：*Lablab purpureus*（Linn.）Sweet；豆科扁豆属。别名：扁豆、火镰扁豆、膨皮豆、藤豆、沿篱豆、鹊豆、皮扁豆、豆角、白扁豆。

形态特征：一年生缠绕草本，高 20~40 厘米。3 出复叶，顶生小叶卵状菱形，两侧小叶斜卵形，先端短尖，边全缘或近全缘。总状花序腋生；花 2~4 朵丛生于花序轴的节上；上部 2 齿几完全合生，其余 3 齿近相等；花冠白色或紫红色，旗瓣基部两侧有 2

附属体；子房有绢毛，基部有腺体，花柱近顶端有白色髯毛。荚果扁，镰刀形或半椭圆形，长5~7厘米；种子3~5颗，扁，长圆形，白色或紫黑色。种子表面淡黄白色或淡黄色，平滑，略有光泽，一侧边缘有隆起的白色眉状种阜。质坚硬。种皮薄而脆，子叶2，肥厚，黄白色。气微，味淡，嚼之有豆腥气。

主要利用形式：常见蔬菜和垂直绿化植物。种子味甘性微温，能健脾除湿，可治体倦乏力、少食便溏、水肿、妇女脾虚带下、暑湿为患、脾胃不和、呕吐腹泻。李时珍称“此豆可菜、可果、可谷，备用最好，乃豆中之上品”。寒热病患者、疟疾患者、气滞便结者应慎食眉豆。

189 美洲商陆

拉丁学名：*Phytolacca ameyicana* L.；商陆科商陆属。别名：美商陆、洋商陆、垂序商陆、十蕊商陆、美国商陆、山萝卜、水萝卜等。

形态特征：多年生草本，高1~2米。根粗壮，肥大，倒圆锥形。茎直立，圆柱形，有时带紫红色。叶片椭圆状卵形或卵状披针形，长9~18厘米，宽5~10厘米，顶端急尖，基部楔形；叶柄长1~4厘米。总状花序顶生或侧生，长5~20厘米；花梗长6~8毫米；花白色，微带红晕，直径约6毫米；花被片5，雄蕊、心皮及花柱通常均为10，心皮合生。果序下垂；浆果扁球形，熟时紫黑色；种子肾圆形，直径约3毫米。花期6—8月，果期8—10月。

主要利用形式：入侵杂草。根、叶及种子可药用。庭园多见栽培，用于观赏；全草可作农药。本种全株有毒，根及果实毒性最强，需要引起警惕。由于其根茎酷似人参，常被人误当作人参服用。

190 牡丹

拉丁学名：*Paeonia suffruticosa* Andr.；芍药科芍药属。别名：

鼠姑、鹿韭、白茸、木芍药、百雨金、洛阳花、富贵花。

形态特征：多年生落叶灌木。茎高达 2 米；分枝短而粗。叶通常为二回三出复叶，偶尔近枝顶的叶为 3 小叶；顶生小叶宽卵形，表面绿色，无毛，背面淡绿色，有时具白粉，侧生小叶狭卵形或长圆状卵形，叶柄长 5~11 厘米，和叶轴均无毛。花单生枝顶，苞片 5，长椭圆形；萼片 5，绿色，宽卵形，花瓣 5 或为重瓣，玫瑰色、红紫色、粉红色至白色，通常变异很大，倒卵形，顶端呈不规则的波状；花药长圆形，长 4 毫米；花盘革质，杯状，紫红色；心皮 5，稀更多，密生柔毛。蓇葖长圆形，密生黄褐色硬毛。花期 5 月，果期 6 月。

主要利用形式：木本名贵花卉，具有很高的药用、观赏和食用价值，品种很多。牡丹鲜花瓣可做牡丹羹，或用以配菜添色制作名菜；牡丹花瓣还可蒸酒，制成的牡丹露酒口味香醇。根皮入药称丹皮，性微寒味苦辛，归心、肝、肾经，能清热凉血、活血化瘀，可治温毒发斑、夜热早凉、无汗骨蒸、经闭痛经、痈肿疮毒、跌扑伤痛等。近年来，油用品种的牡丹（主要是凤丹和紫斑两大类型）发展迅速。

191 牡蒿

拉丁学名：*Artemisia eriopoda* Bge.；菊科蒿属。别名：土柴胡、油蒿、花等草、布菜、铁菜子、日本牡蒿、假柴胡、菊叶柴胡、流水蒿、香蒿、鸡肉菜、脚板蒿、青蒿、香青蒿、油艾、花艾草、六月雪、熊掌草、白花蒿、细艾、匙叶艾。

形态特征：多年生草本，植株有香气。主根稍明显，侧根多，常有块根；根状茎稍粗短，直立或斜向上，常有若干条营养枝。茎单生或少数，有纵棱，紫褐色或褐色，上半部分枝通常贴向茎或斜向上长；茎、枝初时被微柔毛，后渐稀疏或无毛。叶纸质，两面无毛或初时微有短柔毛，后无毛；基生叶与茎下部叶倒卵形或宽匙形，自叶上端斜向基部羽状深裂或半裂，裂片上端常有缺齿或无缺齿，具短柄，花期凋谢；中部叶匙形，上端有 3~5 枚斜向基部的浅裂片或深裂片，每裂片的上端有 2~3 枚小锯齿或无锯齿，叶基部楔形，渐狭窄，常有小型、线形的假托叶；上部叶小，上端具 3 浅裂或不分裂；苞片叶长椭圆形、椭圆形、披针形或线状披针形，先端不分裂或偶有浅裂。头状花序多数，卵球形或近球形，无梗或有短梗，基部具线形的小苞叶，在分枝上通常排成穗状花序或穗状花序状的总状花序，并在茎上组成狭窄或中等开展的圆锥花序；总苞片 3~4 层，外层总苞片略小，外、中层总苞片卵形或长卵形，背面无毛，中肋绿色，边膜质，内层总苞片长卵形或宽卵形，半膜质；雌花 3~8 朵，花冠狭圆锥状，檐部具 2~3 裂齿，花柱伸出花冠外，先端 2 叉，叉端尖；两性花 5~10 朵，不孕育，花冠管状，花药线形，先端附属物尖，长三角形，基部钝，花柱短，先端稍膨大，2 裂，不叉开，退化子房不明显。瘦果小，倒卵形。花果期 7—10 月。

主要利用形式：全草入药，有清热、解毒、消暑、去湿、止血、消炎、散瘀的功效；又代“青蒿”（黄花蒿）用，或作农药等。嫩叶可作菜蔬，又可作家畜饲料。

192 牡荆

拉丁学名：*Vitex negundo* L.；马鞭草科牡荆属。别名：荆条棵、荆条、五指柑、黄荆柴、黄金子、黄荆、秧青。

形态特征：灌木或小乔木。小枝四棱形，密生灰白色茸毛。掌状复叶，小叶 5，少有 3；小叶片长圆状披针形至披针形，顶端渐尖，基部楔形，小叶片边缘有缺刻状锯齿，浅裂以至深裂，背面密被灰白色茸毛；中间小叶长 4~13 厘米，宽 1~4 厘米，两侧小叶依次递小，若具 5 小叶时，中间 3 片小叶有柄，最外侧的 2 片小叶无柄或近于无柄。聚伞花序排成圆锥花序式，顶生，长 10~27 厘米，花序梗密生灰白色茸毛；花萼钟状，顶端有 5 裂齿，外有灰白色茸毛；花冠淡紫色，外有微柔毛，顶端 5 裂，二唇形；雄蕊伸出花冠管外；子房近无毛。核果近球形，径约 2 毫米；宿萼接近果实的长度。花期 4—6 月，果期 7—10 月。

主要利用形式：本种有较高的观赏价值。果实牡荆子具有调节激素水平、解热镇痛、抗炎、抗肿瘤、保肝利胆、降血压、降血脂、平喘、抗菌、抗氧化等多种作用。叶捣汁调酒可治七窍流血、小便尿血。茎用火烤灼而流出的液汁称“牡荆沥”，具有除风热、化痰涎、通经络、行气血的功效，可治中风口噤、痰热惊痫、头晕目眩、喉痹、热痢、火眼。

193 木耳菜

拉丁学名：*Basella alba* L.；落葵科落葵属。别名：落葵、西洋菜、胭脂菜、滑腹菜、御菜、蘩露、藤菜、潺菜、豆腐菜、紫葵、染绛子。

形态特征：一年生缠绕草本。茎长可达数米，无毛，肉质，绿色或略带紫红色。叶片卵形或近圆形，长 3~9 厘米，宽 2~8 厘米，顶端渐尖，基部微心形或圆形，下延成柄，全缘，背面叶脉微凸起；叶柄长 1~3 厘米，上有凹槽。穗状花序腋生，长 3~15（~20）厘米；苞片极小，早落；小苞片 2，萼状，长圆形，宿存；花被片淡红色或淡紫色，卵状长圆形，全缘，顶端钝圆，下部白色，连合成筒；雄蕊着生花被筒口，花丝短，基部扁宽，白色，花药淡黄色；柱头椭圆形。果实球形，直径 5~6 毫米，红色至深红色或黑色，多汁液，外包宿存小苞片及花被。花期 5—9 月，果期 7—10 月。

主要利用形式：攀缘绿化植物，可观赏，也可栽培作蔬菜。嫩叶可食。叶含有多种维生素和钙、铁。全草供药用，为缓泻剂，有滑肠、散热、利大小便的功效；花汁有清血解毒的作用，能解痘毒，外敷治痈毒及乳头破裂。果汁可作天然食品着色剂。

194 木槿

拉丁学名：*Hibiscus syriacus* Linn.；锦葵科木槿属。别名：木棉、荆条、朝开暮落花、喇叭花。

形态特征：落叶灌木，高 3~4 米，小枝密被黄色星状茸毛。

叶菱形至三角状卵形，长 3~10 厘米，宽 2~4 厘米，具深浅不同的 3 裂或不裂，先端钝，基部楔形，边缘具不整齐齿缺，下面沿叶脉微被毛或近无毛；叶柄长 5~25 毫米，上面被星状柔毛；托叶线形，长约 6 毫米，疏被柔毛。花单生于枝端叶腋间，花梗长 4~14 毫米，被星状短茸毛；小苞片 6~8，线形，长 6~15 毫米，宽 1~2 毫米，密被星状疏茸毛；花萼钟形，长 14~20 毫米，密被星状短茸毛，裂片 5，三角形；花钟形，淡紫色，直径 5~6 厘米，花瓣倒卵形，长 3.5~4.5 厘米，外面疏被纤毛和星状长柔毛；雄蕊柱长约 3 厘米；花柱枝无毛。蒴果卵圆形，直径约 12 毫米，密被黄色星状茸毛；种子肾形，背部被黄白色长柔毛。花期 7—10 月。

主要利用形式：韩国和马来西亚的国花。木槿对二氧化硫与氯化物等有害气体具有抗性，也可滞尘，是厂矿绿化的主要树种。茎皮富含纤维，可作造纸原料；入药治疗皮肤癣疮。花汁制成的饮料，具有止渴醒脑的作用。素木槿花汤菜对高血压患者有良好的食疗作用。木槿花内服治反胃、痢疾、脱肛、吐血、下血、痄腮、白带过多、肠风泻血等，外敷可治疗疮疖肿。果实入药，称“朝天子”，性味甘平，能清肺化痰、解毒止痛，可治痰喘咳嗽、神经性头痛；外用治黄水疮。

195 南瓜

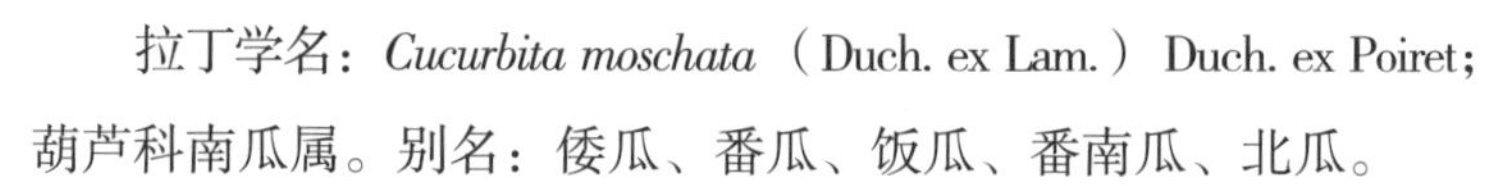

拉丁学名：*Cucurbita moschata*（Duch. ex Lam.）Duch. ex Poiret；葫芦科南瓜属。别名：倭瓜、番瓜、饭瓜、番南瓜、北瓜。

形态特征：一年生蔓生草本。茎常节部生根，伸长达 2~5 米，密被白色短刚毛。叶柄粗壮，长 8~19 厘米，被短刚毛；叶片宽卵形或卵圆形，质稍柔软，有 5 角或 5 浅裂，稀钝，长 12~25 厘米，宽 20~30 厘米，侧裂片较小，中间裂片较大，三角形，上面密被黄白色刚毛和茸毛，常有白斑，叶脉隆起，各裂片之中脉常延伸至顶端，成一小尖头，背面色较淡，毛更明显，边缘有小而密的细齿，顶端稍钝。卷须稍粗壮，与叶柄一样被短刚毛和茸毛，3~5 歧。雌雄同株。雄花单生；花萼筒钟形，长 5~6 毫米，裂片条形，长 1~1.5 厘米，被柔毛，上部扩大成叶状；花冠黄色，钟状，长 8 厘米，5 中裂，裂片边缘反卷，具皱褶，先端急尖；雄蕊 3，花丝腺体状，长 5~8 毫米，花药靠合，长 15 毫米，药室折曲。雌花单生；子房 1 室，花柱短，柱头 3，膨大，顶端 2 裂。果梗粗壮，有棱和槽，长 5~7 厘米，瓜蒂扩大成喇叭状；瓠果形状多样，因品种而异，外面常有数条纵沟或无。种子多数，长卵形或长圆形，灰白色，边缘薄，长 10~15 毫米，宽 7~10 毫米。

主要利用形式：常见蔬菜和观赏植物，品种很多。果实可做菜，亦可代粮食。种子含南瓜子氨基酸，有清热除湿、驱虫的功效，对血吸虫有控制和杀灭的作用。藤有清热的作用。瓜蒂有安胎的功效。根治牙痛。果柄治咽喉肿痛、吞咽困难、毒蛇咬伤、疟疾。果实治咽喉肿痛、吞咽困难、溃疡。南瓜瓤治疮痈肿。南瓜叶治刀伤。

196 南天竹

拉丁学名：*Nandina domestica* Thunb.；小檗科南天竹属。别名：南天竺、红杷子、天烛子、红枸子、钻石黄、天竹、兰竹。

形态特征：常绿小灌木。茎常丛生而少分枝，高 1~3 米，光滑无毛，幼枝常为红色，老后呈灰色。叶互生，三回羽状复叶；小叶薄革质，椭圆形或椭圆状披针形，顶端渐尖，基部楔形，全缘，上面深绿色，冬季变红色，背面叶脉隆起，两面无毛；近无柄。圆锥花序直立；花小，白色，具芳香；萼片多轮，外轮萼片卵状三角形，向内各轮渐大，最内轮萼片卵状长圆形；花瓣长圆形，先端圆钝；浆果球形，熟时鲜红色，稀橙红色。

主要利用形式：园林观叶、赏果植物。根、茎能清热除湿、通经活络，可治感冒发热、眼结膜炎、肺热咳嗽、湿热黄疸、急性胃肠炎、尿路感染及跌打损伤。果性味苦平，有小毒，能止咳平喘，可治咳嗽、哮喘及百日咳。全株有毒，中毒症状为兴奋、脉搏先快后慢且不规则、血压下降、肌肉痉挛、呼吸麻痹甚至昏迷等。

197 泥胡菜

拉丁学名：*Hemistepta lyrata* Bunge；菊科泥胡菜属。别名：猪兜菜、苦马菜、剪刀草、石灰菜、绒球、花苦荬菜、苦郎头。

形态特征：一年生草本。茎单生，很少簇生，通常纤细，被稀疏蛛丝毛，基生叶长椭圆形或倒披针形，花期通常枯萎；中下部茎叶与基生叶同形，全部叶大头羽状深裂或几全裂，向基部的侧裂片渐小，顶裂片大，长菱形、三角形或卵形，全部裂片边缘三角形锯齿或重锯齿，侧裂片边缘通常稀锯齿，最下部侧裂片通常无锯齿；有时全部茎叶不裂或下部茎叶不裂，边缘有锯齿或无锯齿。全部茎叶质地薄，两面异色，上面绿色，无毛，下面灰白色，被厚或薄茸毛，基生叶及下部茎叶有长叶柄，柄基扩大抱茎，上部茎叶的叶柄渐短，最上部茎叶无柄。头状花序在茎枝顶端排成疏松伞房花序，少有植株仅含一个头状花序而单生茎顶的。总苞宽钟状或半球形，多层，覆瓦状排列，质地薄，草质。小花紫色，冠毛异型。花果期3—8月。

主要利用形式：野生杂草。全草入药，性味辛平，能消肿散结、清热解毒，可治乳腺炎、乳痈、痈肿疔疮、风疹瘙痒、牙痛、牙龈炎、外伤出血、骨折和白内障等。

198 牛蒡

拉丁学名：*Arctium lappa* L.；菊科牛蒡属。别名：恶实、大力子、东洋参、牛蒡子、东洋牛鞭菜。

形态特征：二年生草本植物。具粗大的肉质直根，长达15厘米，径可达2厘米，有分枝支根。全部茎枝被稀疏的乳突状短毛及长蛛丝毛，并混杂以棕黄色的小腺点。基生叶宽卵形，长达30厘米，宽达21厘米，接花序下部的叶小，基部平截或浅心形。头状花序多数或少数在茎枝顶端排成伞房花序或圆锥状伞房花序，花序梗粗壮。总苞卵形或卵球形，直径1.5~2厘米。总苞片多层，多数，外层三角状或披针状钻形，宽约 1 毫米，中内层披针状或线状钻形，宽 1.5~3 毫米；全部苞近等长，长约 1.5 厘米，顶端有软骨质钩刺。小花紫红色，花冠长 1.4 厘米，细管部长 8 毫米，檐部长 6 毫米，外面无腺点，花冠裂片长约 2 毫米。瘦果倒长卵形或偏斜倒长卵形，两侧压扁，浅褐色。花果期 6—9 月。

主要利用形式：药食兼用植物。食用牛蒡主要产地分布于苏北和鲁西南。根茎炒食、煮食、生食或加工成饮料，具有辅助治疗糖尿病、高血压、高血脂以及抗癌等作用。根性味苦辛凉，能清热解毒，疏风利咽，消肿，可治风热感冒、咳嗽、咽喉痛、疮疖肿毒、脚癣、湿疹。茎叶味甘，可治头风痛、烦闷、金疮、乳痈。果实名“大力子”，性味辛苦凉，能疏风散热、宣肺透疹、解毒利咽、消肿散结，可治风热感冒、头痛、咽喉痛、痄腮、疹出不透、痈疖疮疡。

199 牛膝菊

拉丁学名：*Galinsoga parviflora* Cav.；菊科牛膝菊属。别名：辣子草、向阳花、珍珠草、铜锤草。

形态特征：一年生草本，高 10~80 厘米。茎纤细，基部径不足 1 毫米，或粗壮，基部径约 4 毫米，不分枝或自基部分枝，分枝斜升，全部茎枝被疏散或上部稠密的贴伏短柔毛和少量腺毛，茎基部和中部花期脱毛或稀毛。须根发达，根系分布于 20~30 厘米的表土层，近地的茎及茎节均可长出不定根。主茎节间短，茎基部粗 0.4 厘米，侧枝发生于叶腋间，生长旺盛，节间较长，每片叶的叶腋间可发生 1 条以上的侧枝。叶对生，卵形或长椭圆状卵形，长（1.5）2.5~5.5 厘米，宽（0.6）1.2~3.5 厘米，基部圆形、宽或狭楔形，顶端渐尖或钝，三出脉或不明显五出脉；向上及花序下部的叶渐小，通常披针形；全部茎叶两面粗涩，被白色稀疏贴伏的短柔毛，沿脉和叶柄上的毛较密，边缘浅或钝锯齿或波状浅锯齿，在花序下部的叶有时全缘或近全缘。叶及茎的表面覆盖稀疏的短茸毛。头状花序半球形，有长花梗，多数在茎枝顶端排成疏松的伞房花序，花序径约 3 厘米。总苞半球形或宽钟状，宽 3~6 毫米；总苞片 1~2 层，约 5 个，外层短，内层卵形或卵圆形，长 3 毫米，顶端圆钝，白色，膜质。舌状花 4~5 个，舌片白色，顶端 3 齿裂，筒部细管状，外面被稠密白色短柔毛；管状花花冠长约 1 毫米，黄色，下部被稠密的白色短柔毛。瘦果长 1~1.5 毫米，3 棱或中央的瘦果 4~5 棱，黑色或黑褐色，常压扁，被白色微毛。舌状花冠毛毛状，脱落；管状花冠毛膜片状，白色，披针形，边缘流苏状，固结于冠毛环上，整体脱落。花果期 7—10 月。

主要价值：杂草，也是花坛、花径的重要材料。嫩茎叶可食，有特殊香味，风味独特，可炒食、做汤、作火锅用料。全草药用，能止血消炎，对外伤出血、扁桃体炎、咽喉炎、急性黄疸型肝炎有疗效。

200 爬墙虎

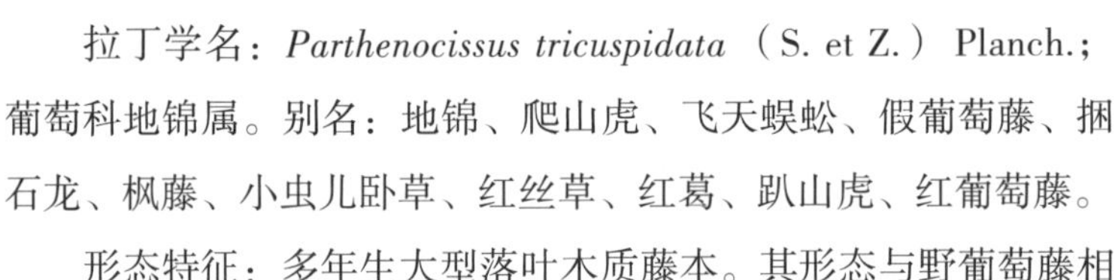

拉丁学名：*Parthenocissus tricuspidata*（S. et Z.）Planch.；葡萄科地锦属。别名：地锦、爬山虎、飞天蜈蚣、假葡萄藤、捆石龙、枫藤、小虫儿卧草、红丝草、红葛、趴山虎、红葡萄藤。

形态特征：多年生大型落叶木质藤本。其形态与野葡萄藤相似。藤茎长可达 18 米。夏季开花，花小，成簇不显，黄绿色或浆果紫黑色，与叶对生。花多为两性，雌雄同株，聚伞花序常着生于两叶间的短枝上，长 4~8 厘米，较叶柄短；花 5 数；萼全缘；花瓣顶端反折，子房 2 室，每室有 2 胚珠。表皮有皮孔，髓白色。枝条粗壮，老枝灰褐色，幼枝紫红色。枝上有卷须，卷须短，多分枝，卷须顶端及尖端有黏性吸盘，遇到物体便吸附在上面，无论是岩石、墙壁或是树木，均能吸附。叶互生，小叶肥厚，基部楔形，变异很大，边缘有粗锯齿，叶片及叶脉对称。花枝上的叶宽卵形，长 8~18 厘米，宽 6~16 厘米，常 3 裂，或下部枝上的叶分裂成 3 小叶，基部心形。叶绿色，无毛，背面具有白粉，叶背叶脉处有柔毛，秋季变为鲜红色。幼枝上的叶较小，常不分裂。浆果小球形，熟时蓝黑色，被白粉，鸟喜食。花期 6 月，果期大概在 9—10 月。

主要利用形式：典型的垂直绿化植物。根、茎可入药，性温味甘涩，有活筋止血、消肿毒、祛风通络、活血解毒的功效，外用治跌打损伤、痈疖肿毒和风湿关节痛。果实可酿酒。

201 枇杷

拉丁学名：*Eriobotrya japonica*（Thunb.）Lindl.；蔷薇科枇杷属。别名：金丸、芦枝、芦橘。

形态特征：常绿小乔木，高可达 10 米。小枝粗壮，黄褐色，密生锈色或灰棕色茸毛。叶片革质，披针形、倒披针形、倒卵形或椭圆长圆形，长 12~30 厘米，宽 3~9 厘米，先端急尖或渐尖，基部楔形或渐狭成叶柄，上部边缘有疏锯齿，基部全缘，上面光亮，多皱，下面密生灰棕色茸毛，侧脉 11~21 对；叶柄短或几无柄，长 6~10 毫米，有灰棕色茸毛；托叶钻形，长 1~1.5 厘米，先端急尖，有毛。圆锥花序顶生，长 10~19 厘米，具多花；总花梗和花梗密生锈色茸毛；花梗长 2~8 毫米；苞片钻形，长 2~5 毫米，密生锈色茸毛；花直径 12~20 毫米；萼筒浅杯状，长 4~5 毫米，萼片三角卵形，长 2~3 毫米，先端急尖，萼筒及萼片外面有锈色茸毛；花瓣白色，长圆形或卵形，长 5~9 毫米，宽 4~6 毫米，基部具爪，有锈色茸毛；雄蕊 20，远短于花瓣，花丝基部扩展；花柱 5，离生，柱头头状，无毛，子房顶端有锈色柔毛，5 室，每室有 2 胚珠。果实球形或长圆形，直径 2~5 厘米，黄色或橘黄色，外有锈色柔毛，不久脱落；种子 1~5，球形或扁球形，直径 1~1.5 厘米，褐色，光亮，种皮纸质。花期 10—12 月，果期 5—6 月。

主要利用形式：果树及园林树，也是蜜源植物。果味甘酸，供生食、制蜜饯和酿酒用；叶晒干去毛，可供药用，有化痰止咳、和胃降气的功效。木材红棕色，可制木梳、手杖以及农具柄。

202 啤酒花

拉丁学名：*Humulus lupulus* L.；大麻科葎草属。别名：蛇麻、蛇麻花、忽布、啤瓦古丽、香蛇麻、酵母花。

形态特征：多年生草本。蔓长6米以上，通体密生细毛，并有倒刺。叶对生，纸质，卵形或掌形，3~5裂，边缘具粗锯齿。茎枝、叶柄密生细毛，并有倒锯齿，上面密生小刺毛，下面疏生毛和黄色小油点；叶柄长。雌雄异株；雄花细小，排成圆锥花序，花被片和雄蕊各5；雌花每2朵生于一苞片腋部，苞片覆瓦状排列成近圆形的穗状花序。果穗呈球果状，长3~4厘米，宿存苞片增大，有黄色腺体，气芳香。瘦果扁圆形，褐色。花期7—8月，果期9—10月。

主要利用形式：本种为攀缘花架或篱棚的良好材料。果穗供酿制啤酒用，雌花序也可制干花。未成熟带花果穗味苦性微凉，归肝、胃经，能健胃消食、利尿安神、抗痨消炎，主治消化不良、腹胀、浮肿、膀胱炎、肺结核、咳嗽、失眠和麻风病。

203 苤蓝

拉丁学名：*Brassica caulorapa* Pasq.；十字花科芸薹属。别名：球茎甘蓝、擘蓝、玉蔓菁、擜列、不留客、人头疙瘩。

形态特征：二年生草本，高30~60厘米。全体无毛，带粉霜；茎短，在离地面2~4厘米处膨大成一个实心长圆球体或扁球体，绿色，其上生叶。叶略厚，宽卵形至长圆形，长13.5~20厘米，基部在两侧各有1裂片，或仅在一侧有1裂片，边缘有不规则裂齿；叶柄长6.5~20厘米，常有少数小裂片；茎生叶长圆形至线状长圆形，边缘具浅波状齿。总状花序顶生；花直径1.5~2.5厘米。花及长角果和甘蓝的相似，但喙常很短，且基部膨大；种子直径1~2毫米，有棱角。花期4月，果期6月。

主要利用形式：球茎及嫩叶作新鲜蔬菜食用，球茎可用以制作咸菜；种子油供食用；叶及种子药用，能消食积，可治十二指肠溃疡。

204 平车前

拉丁学名：*Plantago depressa* Willd.；车前科车前属。别名：车前草、车茶草、蛤蟆叶。

形态特征：一年生或二年生草本。直根长，具多数侧根，多少肉质。根茎短。叶基生呈莲座状，平卧、斜展或直立；叶片纸质，椭圆形、椭圆状披针形或卵状披针形，长 3~12 厘米，宽 1~3.5 厘米，先端急尖或微钝，边缘具浅波状钝齿、不规则锯齿或牙齿，基部宽楔形至狭楔形，下延至叶柄，脉 5~7 条，上面略凹陷，于背面明显隆起，两面疏生白色短柔毛；叶柄长 2~6 厘米，基部扩大成鞘状。花序 3~10 个；花序梗长 5~18 厘米，有纵条纹，疏生白色短柔毛；穗状花序细圆柱状，上部密集，基部常间断，长 6~12 厘米；苞片三角状卵形，长 2~3.5 毫米，内凹，无毛，龙骨突宽厚，宽于两侧片，不延至或延至顶端。花萼长 2~2.5 毫米，龙骨突不延至顶端，前对萼片狭倒卵状椭圆形至宽椭圆形，后对萼片倒卵状椭圆形至宽椭圆形。花冠白色，无毛，冠筒等长或略长于萼片，裂片极小，椭圆形或卵形，长 0.5~1 毫米，于花后反折。雄蕊着生于冠筒内面近顶端，同花柱明显外伸，花药卵状椭圆形或宽椭圆形，长 0.6~1.1 毫米，先端具宽三角状小突起，新鲜时白色或绿白色，干后变淡褐色。胚珠 5。蒴果卵状椭圆形至圆锥状卵形，长 4~5 毫米，于基部上方周裂。种子 4~5，椭圆形，腹面平坦，长 1.2~1.8 毫米，黄褐色至黑色；子叶背腹向排列。花期 5—7 月，果期 7—9 月。

主要利用形式：杂草，4—5 月间幼嫩苗可作野菜。全草味甘性寒，具有利尿、清热、明目、祛痰的功效，主治小便不通、淋浊、带下、尿血、黄疸、水肿、热痢、泄泻、鼻衄、目赤肿痛、喉痹、咳嗽及皮肤溃疡等。

205 苹果

拉丁学名：*Malus pumila* Mill.；蔷薇科苹果属。别名：水果之王、平安果、智慧果、平波、超凡子、天然子、苹婆、滔婆。

形态特征：落叶乔木，高达 15 米。树干灰褐色，老皮有不规则的纵裂或片状剥落，小枝幼时密生茸毛，后变光滑，紫褐色。叶序为单叶互生，椭圆形至卵形，长 4.9~10 厘米，先端尖，缘有圆钝锯齿，幼时两面有毛，后表面光滑，暗绿色。花白色带红晕，径 3~5 厘米，花梗与花萼均具有灰白色茸毛，萼叶长尖，宿存，雄蕊 20，花柱 5，大多数品种自花不育，需种植授粉树。果为略扁的球形，径 5 厘米以上，两端均凹陷，端部常有棱脊。花期 4—6 月，果期 7—11 月。

主要利用形式：世界第二位的著名水果，温带水果之王，也可园林观赏，品种很多。果实营养丰富，味道甜美，能生津止渴、清热除烦、健胃消食、降低胆固醇、防癌抗癌、改善呼吸系统和肺部功能（保护肺部免受污染和烟尘的影响）、维持体内酸碱平衡、减肥。苹果籽蕴含大量植物性荷尔蒙，能有效调节人体内分泌、促进细胞微循环、提高细胞活性等。

206 葡萄

拉丁学名：*Vitis vinifera* L.；葡萄科葡萄属。别名：蒲陶、草龙珠、赐紫樱桃、菩提子、山葫芦。

形态特征：木质藤本。小枝圆柱形，有纵棱纹，无毛或被稀疏柔毛。卷须 2 叉分枝，每隔 2 节间断与叶对生。叶卵圆形，显著 3~5 浅裂或中裂，长 7~18 厘米，宽 6~16 厘米，中裂片顶端急尖，裂片常靠合，基部常缢缩，裂缺狭窄，间或宽阔，基部深心形，基缺凹成圆形，两侧常靠合，边缘有 22~27 个锯齿，齿深而粗大，不整齐，齿端急尖，上面绿色，下面浅绿色，无毛或被疏柔毛；基生脉 5 出，中脉有侧脉 4~5 对，网脉不明显凸出；叶柄长 4~9

厘米，几无毛；托叶早落。圆锥花序密集或疏散，多花，与叶对生，基部分枝发达，长 10~20 厘米，花序梗长 2~4 厘米，几无毛或疏生蛛丝状茸毛；花梗长 1.5~2.5 毫米，无毛；花蕾倒卵圆形，高 2~3 毫米，顶端近圆形；花瓣 5，呈帽状黏合脱落；雄蕊 5，花丝丝状，长 0.6~1 毫米，花药黄色，卵圆形，长 0.4~0.8 毫米，在雌花内显著短而败育或完全退化；花盘发达，5 浅裂；雌蕊 1，在雄花中完全退化，子房卵圆形，花柱短，柱头扩大。果实球形或椭圆形，直径 1.5~2 厘米；种子倒卵椭圆形，顶端近圆形，基部有短喙，种脐在种子背面中部呈椭圆形，种脊微凸出，腹面中棱脊凸起，两侧洼穴宽沟状，向上达种子的四分之一处。花期 4—5 月，果期 8—9 月。

主要价值：主要作为水果，也可用于园林绿化。葡萄性平味甘酸，入肺、脾、肾经，有补气血、益肝肾、生津液、强筋骨、止咳除烦、补益气血、通利小便的功效。葡萄皮中的白藜芦醇、葡萄籽中的原花青素含量都较高，已经成为世界性的重要营养兼药用的商品。

207 蒲公英

拉丁学名：*Taraxacum mongolicum* Hand.-Mazz.；菊科蒲公英属。别名：蒙古蒲公英、华花郎、蒲公草、食用蒲公英、尿床草、西洋蒲公英、黄花地丁、婆婆丁、灯笼草、姑姑英、地丁。

形态特征：多年生草本。根圆柱状，黑褐色，粗壮。叶倒卵状披针形、倒披针形或长圆状披针形，先端钝或急尖，边缘有时具波状齿或羽状深裂，有时倒向羽状深裂或大头羽状深裂，顶端裂片较大，三角形或三角状戟形，全缘或具齿，每侧裂片 3~5 片，裂片三角形或三角状披针形，通常具齿，平展或倒向，裂片间常夹生小齿，基部渐狭成叶柄，叶柄及主脉常带红紫色，疏被蛛丝状白色柔毛或几无毛。花葶 1 至数个，与叶等长或稍长，上部紫红色，密被蛛丝状白色长柔毛；头状花序；总苞钟状，淡绿色；总苞片 2~3 层，外层总苞片卵状披针形或披针形，边缘宽膜质，基部淡绿色，上部紫红色，先端增厚或具小到中等的角状突起；内层总苞片线状披针形，先端紫红色，具小角状突起；舌状花黄色，边缘花舌片背面具紫红色条纹，花药和柱头暗绿色。瘦果倒卵状披针形，暗褐色，上部具小刺，下部具成行排列的小瘤，顶端逐渐收缩为长约 1 毫米的圆锥至圆柱形喙基，纤细；冠毛白色。花期 4—9 月，果期 5—10 月。

主要利用形式：常见杂草，可生吃、炒食、做汤，是药食兼用的植物。干燥全草味苦甘性寒，归肝、胃经，能清热解毒、消肿散结、利尿通淋，主治疔疮肿毒、乳痈、瘰疬、目赤、咽痛、肺痈、肠痈、湿热黄疸以及热淋涩痛。

208 七叶树

拉丁学名：*Aesculus chinensis* Bunge；七叶树科七叶树属。别名：梭椤树、梭椤子、天师栗、开心果、猴板栗。

形态特征：落叶乔木。树皮深褐色或灰褐色，小枝圆柱形，黄褐色或灰褐色，有圆形或椭圆形淡黄色的皮孔。冬芽大形，有树脂。掌状复叶散生，叶柄有灰色微柔毛；小叶纸质，长圆披针形至长圆倒披针形，基部楔形或阔楔形，边缘有钝尖形的细锯齿，上面深绿色，无毛，下面除中肋及侧脉的基部嫩时有疏柔毛外，其余部分无毛；中肋在上面显著，在下面凸起，侧脉 13~17 对，在上面微显著，在下面显著。花序圆筒形，花序总轴有微柔毛，小花序常由 5~10 朵花组成，平斜向伸展，有微柔毛，花梗长 2~4 毫米。花杂性，雄花与两性花同株，花萼管状钟形，外面有微柔毛，不等地 5 裂，裂片钝形，边缘有短纤毛；花瓣 4，白色，长圆倒卵形至长圆倒披针形，边缘有纤毛，基部爪状；雄蕊 6，花丝线状，无毛，花药长圆形，淡黄色；子房在雄花中不发育，在两性花中发育良好，卵圆形，花柱无毛。果实球形或倒卵圆形，顶部短尖或钝圆而中部略凹下，黄褐色，具很密的斑点，种子近于球形，栗褐色；种脐白色，约占种子体积的一半。花期 4—5 月，果期 10 月。

主要利用形式：名贵园林树，也可用作食品、药品、木材等。木材质地轻，可用来造纸、雕刻、制作家具及工艺品等。叶芽可代茶饮；皮、根可制肥皂；叶、花可做染料；种子可提取淀粉、榨油，也可食用，并可入药，有安神、理气、杀虫等功效。

209 漆树

拉丁学名：*Toxicodendron vernicifluum*（Stokes） F. A. Barkl.；漆树科漆属。别名：干漆、大木漆、小木漆、山漆、植苜、瞎妮子。

形态特征：落叶乔木。树皮灰白色，粗糙，呈不规则纵裂，小枝粗壮，被棕黄色柔毛，后变无毛，具圆形或心形的大叶痕和凸起的皮孔。奇数羽状复叶互生，常螺旋状排列，有小叶 4~6 对，叶轴圆柱形，被微柔毛；叶柄长被微柔毛，近基部膨大，半圆形，上面平；小叶膜质至薄纸质，卵形或卵状椭圆形或长圆形，叶面通常无毛或仅沿中脉疏被微柔毛，叶背沿脉上被平展黄色柔毛，稀近无毛，侧脉 10~15 对，两面略凸；小叶柄上面具槽，被柔毛。圆锥花序与叶近等长，被灰黄色微柔毛，序轴及分枝纤细，疏花；花黄绿色，雄花花梗纤细，雌花花梗短粗；花萼无毛，裂片卵形，先端钝；花瓣长圆形，具细密的褐色羽状脉纹，先端钝，开花时外卷；雄蕊长约 2.5 毫米，花丝线形，与花药等长或近等长，在雌花中较短，花药长圆形，花盘 5 浅裂，无毛；子房球形，花柱 3。果序多少下垂，核果肾形或椭圆形，不偏斜，略压扁，先端锐尖，基部截形，外果皮黄色，无毛，具光泽，成熟后不裂，中果皮蜡质，具树脂道条纹，果核棕色，与果同形，坚硬。花期 5—6 月，果期 7—10 月。

主要利用形式：古老经济作物。树干韧皮部割取生漆，可用于涂漆建筑物、家具、电线等。种子油可制油墨、肥皂。果皮可取蜡，做蜡烛、蜡纸。叶可提栲胶。叶、根可作土农药。木材供建筑用。干漆在中药上有通经、驱虫、镇咳的功效。

210 杞柳

拉丁学名：*Salix integra* Thunb.；杨柳科柳属。别名：簸箕柳、白柳、柳条、绵柳、笆斗柳、红皮柳。

形态特征：灌木，高 1~3 米。树皮灰绿色。小枝淡黄色或淡红色，无毛，有光泽。芽卵形，尖，黄褐色，无毛。叶近对生或对生，萌枝叶有时 3 叶轮生，椭圆状长圆形，长 2~5 厘米，宽 1~2 厘米，先端短渐尖，基部圆形或微凹，全缘或上部有尖齿，幼叶红褐色，成叶上面暗绿色，下面苍白色，中脉褐色，两面无毛；叶柄短或近无柄而抱茎。花先叶开放，花序长 1~2（2.5）厘米，基部有小叶；苞片倒卵形，褐色至近黑色，被柔毛，稀无毛；腺体 1，腹生；雄蕊 2，花丝合生，无毛；子房长卵圆形，有柔毛，几无柄，花柱短，柱头小，2~4 裂。蒴果长 2~3 毫米，有毛。花期 5 月，果期 6 月。

主要利用形式：杞柳主根少而深，发达的主根可深达 1.2 米，侧根比较发达，多集中在 0.3 米以上的土层中。对防风固沙，保持水土，保护河岸、沟坡、路坡具有一定的作用，是固堤护岸的好树种。枝条强韧，剥去皮后，色白光滑，做成的柳编制品款式新颖，种类繁多。

211 千里光

拉丁学名 ：*Senecio scandens* Buch.-Ham. ex D. Don；菊科千里光属。别名：九里明、蔓黄菀、箭草、青龙梗、木莲草、野菊花、天青红。

形态特征：多年生攀缘草本。根状茎木质，径粗达 1.5 厘米，高 1~5 米。茎伸长，弯曲，长 2~5 米，多分枝，被柔毛或无毛，老时变木质，皮淡色。头状花序有舌状花，多数，在茎枝端排列成顶生复聚伞圆锥花序；分枝和花序梗被密至疏短柔毛；花序梗长 1~2 厘米，具苞片，小苞片通常 1~10，线状钻形。舌状花

8~10，管部长 4.5 毫米；舌片黄色，长圆形，长 9~10 毫米，宽 2 毫米，钝，具 3 细齿，具 4 脉；管状花多数；花冠黄色，长 7.5 毫米，管部长 3.5 毫米，檐部漏斗状；裂片卵状长圆形，尖，上端有乳头状毛。花药长 2.3 毫米，基部有钝耳；耳长约为花药颈部的七分之一，附片卵状披针形；花药颈部伸长，向基部略膨大；花柱分枝长 1.8 毫米，顶端截形，有乳头状毛。瘦果圆柱形，长 3 毫米，被柔毛；冠毛白色，长 7.5 毫米。

主要利用形式：杂草，可入药。俗话说“识得千里光，全家不长疮”。全草能清热解毒、明目退翳、杀虫止痒，主治流感、上呼吸道感染、肺炎、急性扁桃体炎、腮腺炎、急性肠炎、菌痢、黄疸型肝炎、急性尿路感染、目赤肿痛翳障、痈肿疖毒、丹毒、湿疹、干湿癣疮、滴虫性阴道炎、烧烫伤。

212 茜草

拉丁学名：*Rubia cordifolia* L.；茜草科茜草属。别名：血茜草、血见愁、蒨草、地苏木、活血丹、土丹参、红内消、四轮草、拉拉蔓、小活血、过山藤。

特征形态：草质攀缘藤木，通常长 1.5~3.5 米。根状茎和其节上的须根均红色；茎数至多条，从根状茎的节上发出，细长，方柱形，有 4 棱，棱上生倒生皮刺，中部以上多分枝。叶通常 4 片轮生，纸质，披针形或长圆状披针形，长 0.7~3.5 厘米，顶端渐尖，有时钝尖，基部心形，边缘有齿状皮刺，两面粗糙，脉上有微小皮刺；基出脉 3 条，极少外侧有 1 对很小的基出脉。叶柄通常长 1~2.5 厘米，有倒生皮刺。聚伞花序腋生和顶生，多回分枝，有花十余朵至数十朵，花序和分枝均细瘦，有微小皮刺；花冠淡黄色，干时淡褐色，盛开时花冠檐部直径 3~3.5 毫米，花冠裂片近卵形，微伸展，长约 1.5 毫米，外面无毛。果球形，直径通常 4~5 毫米，成熟时橘黄色。花期 8—9 月，果期 10—11 月。

主要利用形式：恶性杂草。茜草是一种历史悠久的植物染料。根和茎味苦性寒，归肝经，能凉血活血、祛瘀通经，可治吐血、衄血、崩漏下血、外伤出血、经闭瘀阻、关节痹痛、跌扑肿痛。

213 茄

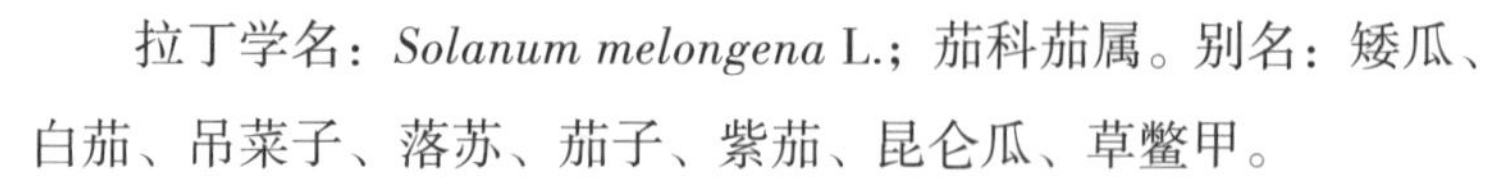

拉丁学名：*Solanum melongena* L.；茄科茄属。别名：矮瓜、白茄、吊菜子、落苏、茄子、紫茄、昆仑瓜、草鳖甲。

形态特征：一年生草本。茎直立，粗壮，高60~100厘米。基部木质化，上部分枝，绿色或紫色，无刺或有疏刺，全体被星状柔毛。单叶互生；叶片卵状椭圆形，先端钝尖，基部常歪斜，叶缘常波状浅裂，表面暗绿色，两面具星状柔毛。聚伞花序侧生，仅含花数朵；花萼钟形，顶端5裂，裂片披针形，具星状柔毛；花冠紫蓝色，裂片长卵形，开展，外具细毛；雄蕊5，花丝短，着生花冠喉部，花药黄色，围绕花柱四周，顶端孔裂；雌蕊1，子房2室，花柱圆形，柱头小。花期6—8月。浆果长椭圆形、球形或长柱形，深紫色、淡绿色或白色，光滑；基部有宿存萼。

主要利用形式：常见蔬菜，品种很多。果可供蔬食。根、茎、叶入药，性寒凉，能收敛利尿。叶也可以作麻醉剂。种子为消肿药和刺激剂，但容易引起胃弱及便秘。果生食可解食菌中毒。其果实能降低高血脂、高血压，防治胃癌，抗衰老，清热活血，消肿止痛，保护心血管，治疗冻疮，清热解毒，降低胆固醇。

214 窃衣

拉丁学名：*Torilis scabra*（Thunb.）DC.；伞形科窃衣属。别名：蚁菜、水防风、紫花窃衣、鹤虱、破子草、窍衣、臭花娘。

形态特征：一年生或多年生草本，高10~70厘米。全株有贴生短硬毛。茎单生，有分枝，有细直纹和刺毛。叶卵形，一至二回羽状分裂，小叶片披针状卵形，羽状深裂，末回裂片披针形至长圆形，长2~10毫米，宽2~5毫米，边缘有条裂状粗齿至缺刻或分裂。复伞形花序顶生和腋生，花序梗长2~8厘米；总苞片通常无，很少 1，钻形或线形；伞辐 2~4，长 1~5 厘米，粗壮，有纵棱及向上紧贴的硬毛；小总苞片 5~8，钻形或线形；小伞形花序有花 4~12；萼齿细小，三角状披针形，花瓣白色，倒圆卵形，先端内折；花柱基圆锥状，花柱向外反曲。果实长圆形，长 4~7 毫米，宽 2~3 毫米，有内弯或呈钩状的皮刺，粗糙，每棱槽下方有油管 1。花果期 4—10 月。

主要利用形式：根、果或全草药用，味苦辛性平，归脾、大肠经，能杀虫止泻、收湿止痒，可治虫积腹痛、泻痢、疮疡溃烂、阴痒带下、风湿疹。

215 青菜

拉丁学名：*Brassica chinensis* L.；十字花科芸薹属。别名：小白菜、油菜、小油菜。

形态特征：一年生或二年生草本，高 25~70 厘米。无毛，带粉霜；根粗，坚硬，常成纺锤形块根，顶端常有短根颈；基直立，有分枝。基生叶倒卵形或宽倒卵形，坚实，深绿色，有光泽，基部渐狭成宽柄；全缘或有不显明圆齿或波状齿；中脉白色，宽达 1.5 厘米，有多条纵脉；叶柄长 3~5 厘米，有或无窄边；下部茎生叶和基生叶相似，基部渐狭成叶柄；上部茎生叶倒卵形或椭圆形，基部抱茎，宽展，两侧有垂耳，全缘，微带粉霜。总状花序顶生，呈圆锥状；花浅黄色， 授粉后长达 1.5 厘米；花梗细，和花等长或较短；萼片长圆形，直立开展，白色或黄色；花瓣长圆形，顶端圆钝，有脉纹，具宽爪。长角果线形，坚硬，无毛，果瓣有明显中脉及网结侧脉；喙顶端细，基部宽；果梗长 8~30 毫米。种子球形，紫褐色，有蜂窝纹。花期 4 月，果期 5 月。

主要利用形式：嫩叶供蔬菜用，为我国最普遍的蔬菜之一。含有人体不可缺少的各种元素，能促进血液循环、辅助缓减产后瘀血、消肿散血、缓解腹痛、增强人体免疫力、提高视力和辅助抗癌。

216 青杞

拉丁学名：*Solanum septemlobum* Bunge var. *septemlobum*（Solanaceae）；茄科茄属。别名：蜀羊泉、野狗杞、野茄子、野辣子、野茄、野枸杞、药人豆、羊饴、羊泉、红葵、漆姑、小孩拳。

形态特征：多年生直立草本或灌木状。茎具棱角，无刺，被白色弯曲的短柔毛至近无毛。叶卵形，先端尖或钝，裂片宽披针形或披针形，两面疏被短柔毛，叶脉及边缘毛较密。二歧聚伞花序，顶生或腋外生，花冠蓝紫色，柱头鲜黄色。浆果近球形，青绿色，成熟时红色。种子扁圆形。花期 7—8 月，果期 8—10 月。

主要利用形式：杂草。全草或者果实可药用，性味苦寒，有小毒，能清热解毒，主治咽喉肿痛、乳腺炎、疥癣等。

217 苘麻

拉丁学名：*Abutilon theophrastii* Medic.；锦葵科苘麻属。别名：椿麻、塘麻、青麻、白麻、车轮草。

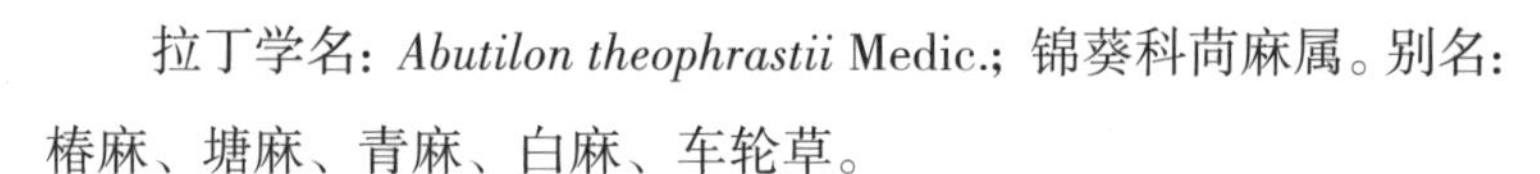

形态特征：一年生亚灌木状草本，高达 1~2 米。茎枝被柔毛。叶互生，圆心形，长 5~10 厘米，先端长渐尖，基部心形，边缘具细圆锯齿，两面均密被星状柔毛；叶柄长 3~12 厘米，被星状细柔毛；托叶早落。花单生于叶腋，花梗长 1~13 厘米，被柔毛，近顶端具节；花萼杯状，密被短茸毛，裂片 5，卵形，长约 6 毫米；花黄色，花瓣倒卵形，长约 1 厘米；雄蕊柱平滑无毛，心皮 15~20，长 1~1.5 厘米，顶端平截，具扩展、被毛的长芒 2，排列成轮状，密被软毛。蒴果半球形，直径约 2 厘米，长约 1.2 厘米，分果爿 15~20，被粗毛，顶端具长芒 2；种子肾形，褐色，被星状柔毛。花期 7—8 月。

主要利用形式：杂草和纤维植物。嫩叶、嫩种子可作野菜。本种茎皮纤维色白，具光泽，可作纺织材料。种子含油量

15%~16%，供制皂、油漆和工业用润滑油；苘麻子性味苦平，能清热利湿、解毒退翳，可治角膜云翳、痢疾、痈肿。苘麻根可治小便淋痛、痢疾。全草或叶性味苦平，能解毒祛风，可治痈疽疮毒、痢疾、中耳炎、耳鸣、耳聋、关节酸痛。

218 秋葵

拉丁学名：*Abelmoschus esculentus*（Linn.）Moench；锦葵科秋葵属。别名：咖啡黄葵、越南芝麻、羊角豆、糊麻、补肾菜、棉花葵、假阳桃、野芙蓉、黄芙蓉、黄花莲、鸡爪莲、疽疮药、追风药、豹子眼睛花、荞面花。

形态特征：一年生草本，高 1~2 米。茎圆柱形，疏生散刺。叶掌状 3~7 裂，直径 10~30 厘米，裂片阔至狭，边缘具粗齿及凹缺，两面均被疏硬毛；叶柄长 7~15 厘米，被长硬毛；托叶线形，长 7~10 毫米，被疏硬毛。花单生于叶腋间，花梗长 1~2 厘米，疏被糙硬毛；小苞片 8~10，线形，长约 1.5 厘米，疏被硬毛；花萼钟形，较长于小苞片，密被星状短茸毛；花黄色，内面基部紫色，直径 5~7 厘米，花瓣倒卵形，长 4~5 厘米。蒴果筒状尖塔形，长 10~25 厘米，直径 1.5~2 厘米，顶端具长喙，疏被糙硬毛；种子球形，多数，直径 4~5 毫米，具毛脉纹。花期 5—9 月。

主要利用形式：嫩果可作蔬食用，有“蔬菜王”之称，有极高的经济用途和食用等价值。叶、芽、花富含蛋白质、维生素及矿物盐。种子能提取油脂和蛋白质，具有特殊的香味，可作为咖啡的添加剂或代用品。本种果期长，花大而艳丽，花有黄色、白色、紫色，可栽培观赏。根能止咳。树皮能通经，可治月经不调。种子能催乳。全株能清热解毒、润燥滑肠。

219 忍冬

拉丁学名：*Lonicera japonica* Thunb.；忍冬科忍冬属。别名：金银藤、银藤、二色花藤、二宝藤、右转藤、子风藤、鸳鸯藤、

二花、金银花。

形态特征：多年生半常绿缠绕及匍匐茎的灌木。小枝细长，中空，藤为褐色至赤褐色。卵形叶子对生，枝叶均密生柔毛和腺毛。花蕾呈棒状，上粗下细。外面黄白色或淡绿色，密生短柔毛。花萼细小，黄绿色，先端5裂，裂片边缘有毛。开放花朵筒状，先端二唇形，雄蕊5，附于筒壁，黄色，雌蕊1，子房无毛。气清香，味淡，微苦。以花蕾未开放、色黄白或绿白、无枝叶杂质者为佳。浆果球形，直径6~7毫米，熟时蓝黑色，有光泽；种子卵圆形或椭圆形，褐色，长约3毫米，中部有一凸起的脊，两侧有浅的横沟纹。花期4—6月（秋季亦常开花），果熟期10—11月。

主要利用形式：良好的垂直绿化及观赏植物。具花性寒味甘，入肺、心、胃经，具有清热解毒、抗炎、补虚疗风的功效，主治胀满下疾、温病发热、热毒痈疡等。

220 日本菟丝子

拉丁学名：*Cuscuta japonica* Choisy；旋花科菟丝子属。别名：金灯藤、大菟丝子、菟丝子、无娘藤、金灯笼、无根藤、飞来藤、无根草、山老虎、金丝藤、无头藤、红无根藤、雾水藤、红雾水藤、大粒菟丝子、金丝草、黄丝藤、飞来花、天蓬草、无量藤。

形态特征：一年生寄生缠绕草本。茎较粗壮，肉质，直径1~2毫米，黄色，常带紫红色瘤状斑点，无毛，多分枝，无叶。花无柄或几无柄，形成穗状花序，长达3厘米，基部常多分枝；苞片及小苞片鳞片状，卵圆形，长约2毫米，顶端尖，全缘，沿背部增厚；花萼碗状，肉质，长约2毫米，5裂几达基部，裂片卵圆形或近圆形，相等或不相等，顶端尖，背面常有紫红色瘤状突起；花冠钟状，淡红色或绿白色，长3~5毫米，顶端5浅裂，裂片卵状三角形，钝，直立或稍反折，短于花冠筒；雄蕊5，着生于花冠喉部裂片之间，花药卵圆形，黄色，花丝无或几无；鳞片5，长圆形，边缘流苏状，着生于花冠筒基部，伸长至冠筒中部或中部以上；子房球状，平滑，无毛，2室，花柱细长，合生为一，与子房等长或稍长，柱头 2 裂。蒴果卵圆形，长约 5 毫米，近基部周裂。种子 1~2 个，光滑，长 2~2.5 毫米，褐色。花期 8 月，果期 9 月。

主要利用形式：种子药用，能补肝肾、益精壮阳、止泻，可治各种疮毒、肿毒、黄疸。

221 柔弱斑种草

拉丁学名：*Bothriospermum tenellum*（Hornem.）Fisch. et Mey.；紫草科斑种草属。别名：细茎斑种草、柔弱斑种、细叠子草、鬼点灯。

形态特征：一年生草本，高 15~30 厘米。茎细弱，丛生，直立或平卧，多分枝，被向上贴伏的糙伏毛。叶椭圆形或狭椭圆形，先端钝，具小尖，基部宽楔形，上下两面被向上贴伏的糙伏毛或短硬毛。花序柔弱，细长；苞片椭圆形或狭卵形，被伏毛或硬毛；花梗短，果期不增长或稍增长；花萼长 1~1.5 毫米，果期增大，外面密生向上的伏毛，内面无毛或中部以上散生伏毛，裂片披针形或卵状披针形，裂至近基部；花冠蓝色或淡蓝色，基部直径 1 毫米，檐部直径 2.5~3 毫米，裂片圆形，喉部有 5 个梯形的附属物，附属物高约 0.2 毫米；花柱圆柱形，极短，约为花萼的三分之一或不及。小坚果肾形，腹面具纵椭圆形的环状凹陷。花果期 2—10 月。

主要利用形式：全草有小毒，能利水消肿、活血散瘀、祛风活络，用于止咳；炒焦可治吐血。

222 蕤核

拉丁学名：*Prinsepia uniflora* Batal.；蔷薇科扁核木属。别名：蕤李子、扁核木、单花扁核木、山桃、马茹、青刺尖、马茹子。

形态特征：灌木。老枝紫褐色，树皮光滑；小枝灰绿色或灰褐色；枝刺钻形，刺上不生叶；冬芽卵圆形，有多数鳞片。叶互

生或丛生，近无柄；叶片长圆披针形或狭长圆形，先端圆钝或急尖，基部楔形或宽楔形，全缘，有时呈浅波状或有不明显锯齿，上面深绿色，下面淡绿色，中脉凸起；托叶小，早落。花单生或2~3朵，簇生于叶丛内；萼筒陀螺状；萼片短三角卵形或半圆形，先端圆钝，全缘；花瓣白色，有紫色脉纹，倒卵形，先端啮蚀状，基部宽楔形，有短爪，着生在萼筒口花盘边缘处；雄蕊10，花药黄色，圆卵形，花丝扁而短，比花药稍长，着生在花盘上；心皮1，花柱侧生，柱头头状。核果球形，红褐色或黑褐色，有光泽；萼片宿存，反折；核左右压扁的卵球形，有沟纹。花期4—5月，果期8—9月。

主要利用形式：我国西北干旱、半干旱区优良的水土保持造林树种和经济林兼油料树种。蕤核的果核坚硬，扁圆形，是制作细木工艺品的最佳材料。果实可酿酒、制醋或食用，种子可入药。蕤仁是名贵的眼科良药，能清肝明目、退翳、止衄、健脑安神等，也可制作成蕤仁冲剂、油茶、糕点等。

223 桑

拉丁学名：*Morus alba* L.；桑科桑属。别名：桑树、家桑、荆桑。

形态特征：乔木或灌木，高3~10米或更高，胸径可达50厘米。树皮厚，灰色，具不规则浅纵裂；冬芽红褐色，卵形，芽鳞覆瓦状排列，灰褐色，有细毛；小枝有细毛。叶卵形或广卵形，长5~15厘米，宽5~12厘米，先端急尖、渐尖或圆钝，基部圆形至浅心形，边缘锯齿粗钝，表面鲜绿色，无毛，背面沿脉有疏毛，脉腋有簇毛；叶柄长1.5~5.5厘米。花单性，雄花序下垂，长2~3.5厘米，密被白色柔毛，雄花花被片宽椭圆形，淡绿色。花丝在芽时内折，花药2室，球形至肾形，纵裂。雌花序长1~2厘米，被毛，总花梗长5~10毫米，被柔毛，雌花无梗，花被片倒卵形，顶端圆钝，外面和边缘被毛，两侧紧抱子房，无花柱，柱头2裂，内面有乳头状突起。聚花果卵状椭圆形，长1~2.5厘米，成熟时红色或暗紫色。花期 4—5 月，果期 5—8 月。

主要利用形式：乡土经济树。叶为桑蚕饲料。木材可制器具，枝条可编箩筐，桑皮可作造纸原料，桑椹可供食用、酿酒，叶、果和根皮可入药。桑叶性味苦甘而寒，入肺、肝经，有疏风清热、凉血止血、清肝明目、润肺止咳的功效，可用于治疗风热感冒、肺热咳嗽、目赤昏花、血热出血及盗汗等。桑枝性味苦平，偏入肝经，有祛风湿、通经络、利关节、行水气的功效，可用于治疗风湿痹痛、四肢拘挛、水肿、身痒等，尤擅疗上肢痹痛。桑根性味甘寒，入肺、脾经，有泻肺平喘、行水消肿的功效，常用于治疗肺热咳喘、痰多、水肿、脚气、小便不利等。桑葚性味甘寒，归心、肝、肾经，有补肝益肾、滋阴补血、生津润肠、熄风的功效，常用于治疗阴亏血虚之眩晕、目暗、耳鸣、失眠、须发早白及津伤口渴、肠燥便秘等。桑木可治疗水肿、金疮出血、目赤肿痛等。

224 山桃

拉丁学名：*Amygdalus davidiana*（Carrière）de Vos ex L. Henry；蔷薇科桃属。别名：花桃、毛桃、看桃、野桃等。

形态特征：乔木，高可达 10 米。树冠开展，树皮暗紫色，光滑；小枝细长，直立，幼时无毛，老时褐色。叶片卵状披针形，长 5~13 厘米，宽 1.5~4 厘米，先端渐尖，基部楔形，两面无毛，叶边具细锐锯齿；叶柄长 1~2 厘米，无毛，常具腺体。花单生，先于叶开放，直径 2~3 厘米；花梗极短或几无梗；花萼无毛；萼筒钟形；萼片卵形至卵状长圆形，紫色，先端圆钝；花瓣倒卵形或近圆形，长 10~15 毫米，宽 8~12 毫米，粉红色，先端圆钝，稀微凹；雄蕊多数，几与花瓣等长或稍短；子房被柔毛，花柱长于雄蕊或近等长。果实近球形，直径 2.5~3.5 厘米，淡黄色，外面密被短柔毛，果梗短而深入果洼；果肉薄而干，不可食，成熟时不开裂；核球形或近球形，两侧不压扁，顶端圆钝，基部截形，表面具纵、横沟纹和孔穴，与果肉分离。花期 3—4 月，果期 7—8 月。

主要利用形式：主要作桃、梅、李等果树的砧木，也可供观赏。木材质硬而重，可用来做各种细工及手杖。果核花纹美丽，可做玩具或念珠。种仁可榨油供食用，入药称“桃仁”，具有活血祛瘀、润肠通便、止咳平喘的功效，可治经闭痛经、癥瘕痞块、肺痈、肠痈、跌扑损伤、肠燥便秘、咳嗽气喘。

225 山莴苣

拉丁学名：*Lagedium sibiricum*（L.）Sojak；菊科山莴苣属。别名：北山莴苣、山苦菜。

形态特征：多年生草本，高 50~130 厘米。根垂直直伸。茎直立，通常单生，常淡红紫色，上部伞房状或伞房圆锥状花序分枝，全部茎枝光滑无毛。中下部茎叶披针形、长披针形或长椭圆状披针形，长 10~26 厘米，宽 2~3 厘米，顶端渐尖、长渐尖或急尖，基部收窄，无柄，心形、心状耳形或箭头状半抱茎，边缘全缘、几全缘、小尖头状微锯齿或小尖头，极少边缘缺刻状或羽状浅裂，向上的叶渐小，与中下部茎叶同形。全部叶两面光滑无毛。头状花序含舌状小花约 20 枚，多数在茎枝顶端排成伞房花序或伞房圆锥花序，果期长 1.1 厘米，不为卵形；总苞片 3~4 层，不成明显的覆瓦状排列，通常淡紫红色，中外层三角形、三角状卵形，长 1~4 毫米，宽约 1 毫米，顶端急尖，内层长披针形，长 1.1 厘米，宽 1.5~2 毫米，顶端长渐尖，全部苞片外面无毛。舌状小花蓝色或蓝紫色。瘦果长椭圆形或椭圆形，褐色或橄榄色，压扁，长约 4 毫米，宽约 1 毫米，中部有 4~7 条线形或线状椭圆形的不等粗的小肋，顶端短收窄，果颈长约 1 毫米，边缘加宽加厚成厚翅。冠毛白色，2 层，冠毛刚毛纤细，锯齿状，不脱落。花果期 7—9 月。

主要利用形式：山莴苣的花和叶颜色多变，品种变化较大，可以作为一种观赏蔬菜在园林绿化中广泛应用。全草或根味苦性寒，入肺经，能清热解毒、活血止血，主治咽喉肿痛、肠痈、疮疖肿毒、产后瘀血腹痛、疣瘤、崩漏、痔疮出血。由于其粗纤维含量少，畜禽的采食率和消化率都很高。

226 山楂

拉丁学名：*Crataegus pinnatifida* Bge.；蔷薇科山楂属。别名：山里果、酸里红、山里红果、酸枣、红果、红果子、山林果。

形态特征：落叶乔木，高达 6 米。树皮粗糙，暗灰色或灰褐色；刺长 1~2 厘米，有时无刺；小枝圆柱形，当年生枝紫褐色，无毛或近于无毛，疏生皮孔，老枝灰褐色；冬芽三角卵形，先端圆钝，无毛，紫色。叶片宽卵形或三角状卵形，稀菱状卵形，长 5~10 厘米，宽 4~7.5 厘米，先端短渐尖，基部截形至宽楔形，通常两侧各有 3~5 羽状深裂片，裂片卵状披针形或带形，先端短渐尖，边缘有尖锐稀疏不规则重锯齿，上面暗绿色有光泽，下面沿叶脉有疏生短柔毛或在脉腋有髯毛，侧脉 6~10 对，有的达到裂片先端，有的达到裂片分裂处；叶柄长 2~6 厘米，无毛；托叶草质，镰形，边缘有锯齿。伞房花序具多花，直径 4~6 厘米，总花梗和花梗均被柔毛，花后脱落，减少，花梗长 4~7 毫米；苞片膜质，线状披针形，长 6~8 毫米，先端渐尖，边缘具腺齿，早落；花直径约 1.5 厘米；萼筒钟状，长 4~5 毫米，外面密被灰白色柔毛；萼片三角卵形至披针形，先端渐尖，全缘，约与萼筒等长，内外两面均无毛，或在内面顶端有髯毛；花瓣倒卵形或近圆形，长 7~8 毫米，宽 5~6 毫米，白色；雄蕊 20，短于花瓣，花药粉红色；花柱 3~5，基部被柔毛，柱头头状。果实近球形或梨形，直径 1~1.5 厘米，深红色，有浅色斑点；小核 3~5，外面稍具棱，内面两侧平滑；萼片脱落很迟，先端留一圆形深洼。花期 5—6 月，果期 9—10 月。

主要利用形式：可栽培为绿篱和观赏树。幼苗可作嫁接山里红或苹果等的砧木。果可生吃或用以做果酱、果糕；干制后入药，有健胃、消积化滞、舒气散瘀的功效。

227 山茱萸

拉丁学名：*Cornus officinalis* Sieb. et Zucc.；山茱萸科山茱萸属。别名：药枣、红枣皮、山茱肉、萸肉、芋肉、山萸、肉萸、鸡足、魃实、肉枣、天木籽、实枣儿、石枣、蜀酸枣。

形态特征：落叶乔木或灌木，高4~10米。树皮灰褐色；小枝细圆柱形，无毛或稀被贴生短柔毛，冬芽顶生及腋生，被黄褐色短柔毛。叶对生，纸质，卵状披针形或卵状椭圆形，长5.5~10厘米，宽2.5~4.5厘米，先端渐尖，全缘，稀被白色贴生短柔毛；叶柄细圆柱形，长0.6~1.2厘米，稍被贴生疏柔毛。伞形花序生于枝侧，有总苞片4，卵形，厚纸质至革质，长约8毫米，两侧略被短柔毛；总花梗粗壮，长约2毫米，微被灰色短柔毛；花小，两性，先叶开放；花萼裂片4，阔三角形，与花盘等长或稍长，长约0.6毫米，无毛；花瓣4，舌状披针形，长3.3毫米，黄色，向外反卷；雄蕊4，与花瓣互生，长1.8毫米，花丝钻形，花药椭圆形，2室；花盘垫状，无毛；子房下位，花托倒卵形，长约1毫米，密被贴生疏柔毛，花柱圆柱形，长1.5毫米，柱头截形；花梗纤细，长0.5~1厘米，密被疏柔毛。核果长椭圆形，长1.2~1.7厘米，直径5~7毫米，红色至紫红色；核骨质，狭椭圆形，长约12毫米，有几条不整齐的肋纹。花期3—4月，果期9—10月。

主要利用形式：山茱萸先开花后萌叶，秋季红果累累，绯红欲滴，艳丽悦目，为秋冬季观果佳品。果实称“萸肉”，味酸涩性微温，为收敛性强壮药，有补肝肾、止汗的功效。果实也可加工成饮料、果酱、蜜饯及罐头等多种食品。

228 陕西卫矛

拉丁学名：*Euonymus schensianus* Maxim.；卫矛科卫矛属。别名：金丝吊蝴蝶、金线系蝴蝶、金丝吊燕。

形态特征：藤本灌木，高达数米。枝条稍带灰红色。叶花时薄纸质，果时纸质或稍厚，披针形或窄长卵形，长 4~7 厘米，宽 1.5~2 厘米，先端急尖或短渐尖，边缘有纤毛状细齿，基部阔楔形；叶柄细，长 3~6 毫米。花序长大细柔，多数集生于小枝顶部，形成多花状，每个聚伞花序具一细柔长梗，长 4~6 厘米，在花梗顶端有 5 分枝，中央分枝 1 花，长约 2 厘米，两侧一对分枝最长，顶端各有一三出小聚伞；小花梗长 1.5~2 厘米，最外一对分枝一般长仅达内侧分枝之半，聚伞的小花梗也稍短；花黄绿色；花瓣常稍带红色，直径约 7 毫米。蒴果方形或扁圆形，直径约 1 厘米，4 翅长大，长方形，基部与先端近等高，或稍变窄，稀翅较短；每室只 1 个种子成熟，种子黑色或褐色，全部被橘黄色假种皮包围。

主要利用形式：优良的秋季观果植物。其木质致密，可作细木工、雕刻等的材料；种子可榨油，供制肥皂、润滑油用。

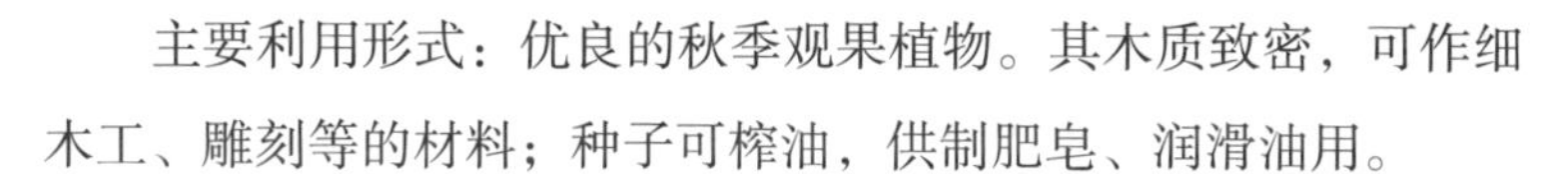

229 芍药

拉丁学名：*Paeonia lactiflora* Pall.；芍药科芍药属。别名：别离草、花中宰相、将离、离草、婪尾春、余容、犁食、没骨花、黑牵夷、红药。

形态特征：多年生草本。块根由根颈下方生出，肉质，粗壮，呈纺锤形或长柱形，粗 0.6~3.5 厘米。芍药花瓣呈倒卵形，花盘为浅杯状，花期 5—6 月。花一般着生于茎的顶端或近顶端叶腋处，原种花白色，花瓣 5~13 枚。园艺品种花色丰富，有白、粉、红、紫、黄、绿、黑和复色等，花径 10~30 厘米，花瓣可达上百枚。果实呈纺锤形、椭圆形、瓶形等；光滑，或有细茸毛，有小凸尖。2~8 枚离生，由单心皮构成，子房 1 室，内含种子 5~7 粒。种子黑色或黑褐色，呈圆形、长圆形或尖圆形。

主要利用形式：著名花卉，栽培品种很多。食用方面，可制作芍药花粥、芍药花饼、芍药花茶。根具有镇痉、镇痛、通经的功效，对妇女的腹痛、胃痉挛、眩晕、痛风等有效。种子可榨油，

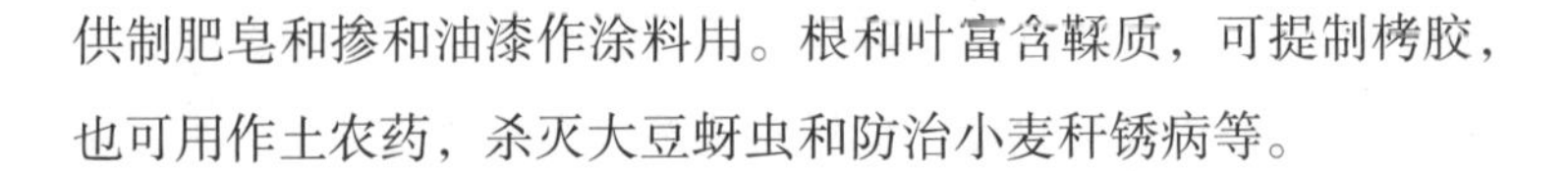
供制肥皂和掺和油漆作涂料用。根和叶富含鞣质，可提制栲胶，也可用作土农药，杀灭大豆蚜虫和防治小麦秆锈病等。

230 蛇莓

拉丁学名：*Duchesnea indica*（Andr.）Focke；蔷薇科蛇莓属。别名：蛇泡草、龙吐珠、三爪风、鼻血果果、珠爪、蛇果、鸡冠果、野草莓、蛇藨、地莓、蚕莓、三点红、狮子尾、疗疮药、蛇蛋果、地锦、三匹风、三皮风、三爪龙、老蛇泡、蛇蓉草、三脚虎、蛇皮藤、蛇八瓣、龙衔珠、小草莓、地杨梅、蛇不见、金蝉草、三叶藨、老蛇刺占、老蛇蔂、龙球草、蛇葡萄、蛇果藤、蛇枕头、蛇含草、蛇盘草、哈哈果、麻蛇果、九龙草、三匹草、蛇婆、蛇龟草、落地杨梅、红顶果、血疔草。

形态特征：多年生草本。根茎短，粗壮；匍匐茎多数，长30~100厘米，有柔毛。小叶片倒卵形至菱状长圆形，长2~3.5（~5）厘米，宽1~3厘米，先端圆钝，边缘有钝锯齿，两面皆有柔毛，或上面无毛，具小叶柄；叶柄长1~5厘米，有柔毛；托叶窄卵形至宽披针形，长5~8毫米。花单生于叶腋，直径1.5~2.5厘米；花梗长3~6厘米，有柔毛；萼片卵形，长4~6毫米，先端锐尖，外面有散生柔毛；副萼片倒卵形，长5~8毫米，比萼片长，先端常具3~5锯齿；花瓣倒卵形，长5~10毫米，黄色，先端圆钝；雄蕊20~30；心皮多数，离生；花托在果期膨大，海绵质，鲜红色，有光泽，直径10~20毫米，外面有长柔毛。瘦果卵形，长约1.5毫米，光滑或具不显明突起，鲜时有光泽。花期6—8月，果期8—10月。

主要利用形式：杂草。全草药用，能散瘀消肿、收敛止血、清热解毒。茎叶捣敷治疗疮有特效，亦可敷治蛇咬伤、烧烫伤。果实煎服能治支气管炎。全草水浸液可防治农业害虫，杀蛆、孑孓等。

231 石榴

拉丁学名：*Punica granatum* L. ；石榴科石榴属。别名：安石榴、山力叶、丹若、若榴木、金罂、金庞、涂林、天浆。

形态特征：落叶灌木或小乔木。树干呈灰褐色，上有瘤状突起，干多向左方扭转。树冠内分枝多，嫩枝有棱，多呈方形。叶对生或簇生，呈长披针形至长圆形，或椭圆状披针形，顶端尖，表面有光泽，背面中脉凸起；有短叶柄。花两性，依子房发达与否，有钟状花和筒状花之别；萼片硬，肉质，管状，5~7 裂，与子房连生，宿存；花瓣倒卵形，与萼片同数而互生，覆瓦状排列。花有单瓣、重瓣之分，花多红色。雄蕊多数，花丝无毛。雌蕊具花柱 1 个，心皮 4~8，子房下位。成熟后变成大型而多室、多子的浆果，每室内有多数籽粒；外种皮肉质，呈鲜红、淡红或白色，多汁，甜而带酸，即为可食用的部分；内种皮为角质，也有退化变软的，即软籽石榴。

主要利用形式：常见水果和园林植物，有许多品种。果实药用能生津止渴、收敛固涩、止泻止血，主治津亏口燥咽干、烦渴、久泻、久痢、便血以及崩漏等。石榴叶可收敛止泻、解毒杀虫，主治泄泻、痘风疮、癞疮、跌打损伤。石榴皮可涩肠止泻、止血、驱虫，主治痢疾、肠风下血、崩漏、带下、虫积腹痛。石榴花可治鼻衄、中耳炎和创伤出血。

232 柿

拉丁学名：*Diospyros kaki* Thunb.；柿树科柿属。别名：米果、猴枣、镇头迦、红柿、水柿、柿树。

形态特征：落叶大乔木。枝开展，无毛。叶纸质，卵状椭圆形至倒卵形或近圆形，先端渐尖或钝，基部楔形，钝，圆形或近截形，很少为心形。新叶疏生柔毛，深绿色，无毛，下面绿色，有柔毛或无毛。花雌雄异株，但间或有雄株中有少数雌花，雌株

中有少数雄花的。花序腋生，为聚伞花序；雄花序小，有花 3~5 朵，通常有花 3 朵；总花梗有微小苞片。雄花小，花萼钟状，两面有毛，深 4 裂，裂片卵形，有睫毛；花冠钟状，不长过花萼的两倍，黄白色，外面或两面有毛，4 裂，裂片卵形或心形，开展；雄蕊 16~24 枚，着生在花冠管的基部，连生成对，腹面 1 枚较短，花丝短，先端有柔毛；花药椭圆状长圆形，退化子房微小；花梗长约 3 毫米。雌花单生叶腋，长约 2 厘米，花萼绿色，有光泽，深 4 裂，萼管近球状钟形。肉质。果球形、扁球形、球形而略呈方形、卵形。花期 5—6 月，果期 9—10 月。

主要利用形式：常见果树及园林树。果实含碘很高，能够防治地方性甲状腺肿大。柿子富含果胶，能润肠通便。柿霜能润肺止咳、生津利咽、止血，常用于治疗肺热燥咳、咽干喉痛、口舌生疮、吐血、咯血、消渴。柿蒂归胃经，用于治疗百日咳及夜尿症。柿涩汁对高血压、痔疮出血等都有效。柿叶茶能增进新陈代谢、利小便、通大便和净化血液。

233 蜀葵

拉丁学名：*Althaea rosea*（Linn.）Cavan.；锦葵科蜀葵属。别名：一丈红、大蜀季、戎葵、吴葵、卫足葵、胡葵、斗蓬花、秫秸花。

形态特征：二年生直立草本，高达 2 米。茎枝密被刺毛。叶近圆心形，直径 6~16 厘米，掌状 5~7 浅裂或波状棱角，裂片三角形或圆形，中裂片长约 3 厘米，宽 4~6 厘米，上面疏被星状柔毛，下面被星状长硬毛或茸毛；叶柄长 5~15 厘米，被星状长硬毛；托叶卵形，长约 8 毫米，先端具 3 尖。花腋生、单生或近簇生，排列成总状花序式，具叶状苞片，花梗长约 5 毫米，果时延长至 1~2.5 厘米，被星状长硬毛；小苞片杯状，常 6~7 裂，裂片卵状披针形，长 10 毫米，密被星状粗硬毛，基部合生；萼钟状，直径 2~3 厘米，5 齿裂，裂片卵状三角形，长 1.2~1.5 厘米，密被星状粗硬毛；花大，直径 6~10 厘米，有红、紫、白、粉红、黄和黑紫等色，单瓣或重瓣；花瓣倒卵状三角形，长约 4 厘米，先端凹缺，基部狭，爪被长髯毛；雄蕊柱无毛，长约 2 厘米，花丝纤细，长约 2 毫米，花药黄色；花柱分枝多数，微被细毛。果盘状，直径约 2 厘米，被短柔毛，分果爿近圆形，多数，背部厚达 1 毫米，具纵槽。花期 2—8 月。

主要利用形式：常见草花。嫩叶及花可食。全草入药，有清热止血、消肿解毒的功效，可治吐血、血崩等。茎皮含纤维，可代麻用。根可作润滑药，用于治疗黏膜炎症，起保护、缓和刺激的作用。从花中提取的花青素，可为食品着色剂。

234 水飞蓟

拉丁学名：*Silybum marianum*（L.）Gaertn.；菊科水飞蓟属。别名：奶蓟草、水飞雉、奶蓟、老鼠筋。

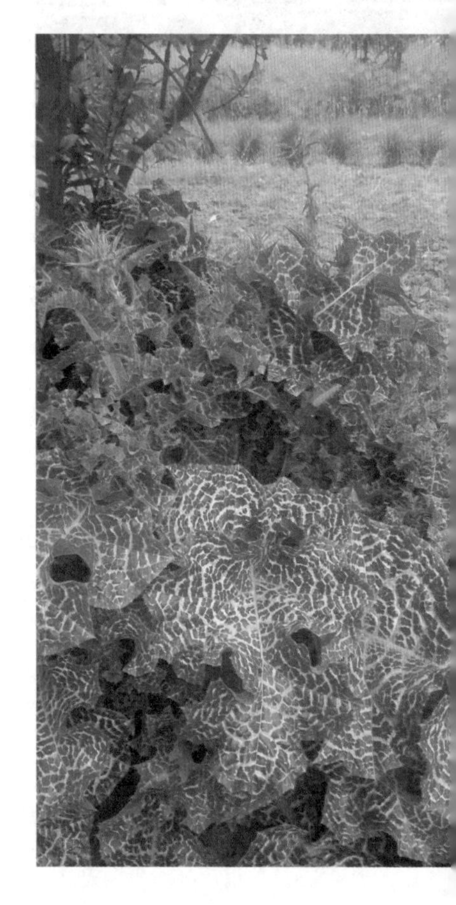

形态特征：一年生或二年生草本。茎直立，分枝，有条棱，极少不分枝。莲座状基生叶与下部茎叶有叶柄，全形椭圆形或倒披针形，羽状浅裂至全裂；中部与上部茎叶渐小，长卵形或披针形，羽状浅裂或边缘浅波状圆齿裂，最上部茎叶更小，不分裂，披针形。全部叶两面同色，绿色，具大型白色花斑，质地薄，边缘或裂片边缘及顶端有坚硬的黄色针刺。头状花序较大，生枝端，植株含多数头状花序。总苞球形或卵球形。总苞片 6 层，中外层宽匙形、椭圆形、长菱形至披针形，上部扩大成圆形、三角形、近菱形或长三角形的坚硬的叶质附属物；内层苞片线状披针形。中外层苞片质地坚硬，革质。小花红紫色，檐部 5 裂。花丝短而宽，上部分离。瘦果压扁，长椭圆形或长倒卵形，褐色，有线状长椭形的深褐色色斑。花果期 5—10 月。

主要利用形式：各地公园、植物园或庭园广见栽培。瘦果入药，性味苦凉，有清热解毒、保肝利胆、降血脂、抗动脉粥样斑块形成、抗血小板聚集等功效。

235 丝瓜

拉丁学名：*Luffa cylindrica*（L.）Roem.；葫芦科丝瓜属。别名：胜瓜、天丝瓜、天罗、蛮瓜、绵瓜、布瓜、天罗瓜、鱼鲛、天吊瓜、纯阳瓜、天络丝、天罗布瓜、虞刺、洗锅罗瓜、天罗絮、天骷髅、菜瓜、水瓜、缣瓜、絮瓜、砌瓜。

形态特征：一年生攀缘藤本。茎、枝粗糙，有棱沟，被微柔毛。卷须稍粗壮，被短柔毛，通常 2~4 歧。叶柄粗糙，近无毛；叶片三角形或近圆形，通常掌状 5~7 裂，裂片三角形，上面深绿色，粗糙，有疣点，下面浅绿色，有短柔毛，脉掌状，具白色的短柔毛。雌雄同株。雄花通常 15~20 朵，生于总状花序上部；雄蕊通常 5，花初开放时稍靠合，最后完全分离。雌花单生，花梗长 2~10 厘米；子房长圆柱状，有柔毛，柱头膨大。果实圆柱状，直或稍弯，表面平滑，通常有深色纵条纹，未熟时肉质，成熟后干燥，里面呈网状纤维。种子多数，黑色，卵形，平滑，边缘狭翼状。花果期夏、秋季。

主要利用形式：垂直绿化植物。嫩果为夏季蔬菜，丝瓜络可代替海绵用以洗刷灶具及家具。鲜嫩果实或霜后干枯的老熟果实（天骷髅）入药，味甘性凉，归肺、肝、胃、大肠经，能清热化痰、凉血解毒，主治热病、身热烦渴、痰喘咳嗽、肠风下血、痔疮出血、血淋、崩漏、痈疽疮疡、乳汁不通、无名肿毒和水肿。《滇南本草》："不宜多食，损命门相火，令人倒阳不举。"《本经逢原》："丝瓜嫩者寒滑，多食泻人。"

236 四叶葎

拉丁学名：*Galium bungei* Steud.；茜草科拉拉藤属。别名：细四叶葎、散血丹、小拉马藤、四叶草、四叶七、四角金。

形态特征：多年生丛生直立草本，高 5~50 厘米。有红色丝状根；茎有 4 棱，不分枝或稍分枝，常无毛或节上有微毛。叶纸

质，4 片轮生，叶形变化较大，常在同一株内上部与下部的叶形均不同，卵状长圆形、卵状披针形、披针状长圆形或线状披针形，长 0.6~3.4 厘米，宽 2~6 毫米，顶端尖或稍钝，基部楔形，中脉和边缘常有刺状硬毛，有时两面亦有糙伏毛，1 脉，近无柄或有短柄。聚伞花序顶生和腋生，稠密或稍疏散，总花梗纤细，常 3 歧分枝，再形成圆锥状花序；花小；花梗纤细，长 1~7 毫米；花冠黄绿色或白色，辐状，直径 1.4~2 毫米，无毛，花冠裂片卵形或长圆形，长 0.6~1 毫米。果爿近球状，直径 1~2 毫米，通常双生，有小疣点、小鳞片或短钩毛，稀无毛；果柄纤细，常比果长，长可达 9 毫米。花期 4—9 月，果期 5 月至第二年 1 月。

主要利用形式：全草药用，味甘性平，能清热解毒、利尿消肿、止血、消食，主治尿路感染、小儿疳积、赤白带下、咳血、痢疾、痈肿、跌打损伤；外用治蛇头疔。

237 四照花

拉丁学名：*Dendrobenthamia japonica*（DC.）Fang var. *chinensis*（Osborn.）Fang；山茱萸科四照花属。别名：石枣、羊梅、山荔枝。

形态特征：落叶小乔木或灌木，高 2~5 米。小枝灰褐色。叶对生，纸质，卵形、卵状椭圆形或椭圆形，先端急尖为尾状，基部圆形，表面绿色，背面粉绿色，叶脉羽状弧形上弯，侧脉 4~5 对。头状花序近顶生，具花 20~30 朵，总苞片 4 个，黄白色，卵形或卵状披针形；花萼筒状，4 裂；花瓣 4，黄色；雄蕊 4，子房下位 2 室。聚花果球形，红色，果径 2~2.5 厘米，总果梗纤细。花期 5—6 月，果期 9—10 月。

主要利用形式：庭院或者园林观花、观叶、观果植物。果可食，亦可酿酒。木材坚硬，可制作农具或工具柄。鲜叶敷伤口，可消肿；根及种子煎水服用可补血，治妇女月经不调和腹痛。

238 菘蓝

拉丁学名：*Isatis indigotica* Fortune；十字花科菘蓝属。别名：茶蓝、板蓝根 、大青叶。

形态特征：二年生草本，高 40~100 厘米。茎直立，绿色，顶部多分枝，植株光滑无毛，带白粉霜。基生叶莲座状，长圆形至宽倒披针形，长 5~15 厘米，宽 1.5~4 厘米，顶端钝或尖，基部渐狭，全缘或稍具波状齿，具柄；基生叶蓝绿色，长椭圆形或长圆状披针形，长 7~15 厘米，宽 1~4 厘米，基部叶耳不明显或为圆形。萼片宽卵形或宽披针形，长 2~2.5 毫米；花瓣黄白色，宽楔形，长 3~4 毫米，顶端近平截，具短爪。短角果近长圆形，扁平，无毛，边缘有翅；果梗细长，微下垂。种子长圆形，长 3~3.5 毫米，淡褐色。花期 4—5 月，果期 5—6 月。

主要利用形式：根入药称“板蓝根”，叶入药称“大青叶”，能清热解毒、凉血消斑，主治温病发热、发斑、风热感冒、咽喉肿痛、丹毒、流行性乙型脑炎、肝炎和腮腺炎等。叶还可提取蓝色染料；种子榨油，可供工业用。

239 酸浆

拉丁学名：*Physalis alkekengi* L.；茄科酸浆属。别名：挂金灯、天泡、锦灯笼、泡泡草、红姑娘、酸浆实、灯笼儿、王母珠、洛神珠、菇茑、金灯、草铃儿、金灯笼、天灯笼、灯笼果、天泡果、包铃子、端浆果、野胡椒、天泡灯、鬼灯笼、水辣子、浆水罐、勒马回、红灯笼。

形态特征：多年生草本。基部常匍匐生根。茎高 40~80 厘米，基部略带木质，分枝稀疏或不分枝，茎较粗壮，茎节膨大；叶长卵形至阔卵形，有时菱状卵形，顶端渐尖，基部不对称狭楔形，下延至叶柄，全缘而波状或者有粗牙齿，有时每边具少数不等大的三角形大牙齿，叶仅叶缘有短毛；叶柄长 1~3 厘米。花梗长 6~16 毫米，开花时直立，后来向下弯曲，花梗近无毛或仅有稀疏柔毛，果时无毛；花萼阔钟状，花萼除裂片密生毛外筒部毛被稀疏，果萼毛被脱落而光滑无毛；花冠辐状，白色，裂片开展，阔而短，顶端骤然狭窄成三角形尖头，外面有短柔毛，边缘有缘毛；雄蕊及花柱均较花冠为短。果梗长 2~3 厘米，多少被宿存柔毛；果萼卵状，薄革质，网脉显著，有 10 纵肋，橙色或火红色，被宿存的柔毛，顶端闭合，基部凹陷；浆果球状，橙红色，直径 10~15 毫米，柔软多汁。种子肾脏形，淡黄色，长约 2 毫米。花期 5—9 月，果期 6—10 月。

主要利用形式：杂草。全草可清热毒、利咽喉、通利二便，主治咽喉肿痛、肺热咳嗽、黄疸、痢疾、水肿、小便淋涩、大便不通、黄水疮、湿疹、丹毒。果可食和药用，可清热解毒、消肿。果实鲜汁可抑制金黄色葡萄球菌和绿脓杆菌生长。

240 酸模叶蓼

拉丁学名：*Polygonum lapathifolium* L.；蓼科蓼属。别名：大马蓼、旱苗蓼、斑蓼、柳叶蓼。

形态特征：一年生草本，高 40~90 厘米。茎直立，具分枝，无毛，节部膨大。叶披针形或宽披针形，长 5~15 厘米，宽 1~3 厘米，顶端渐尖或急尖，基部楔形，上面绿色，常有一个大的黑褐色新月形斑点，两面沿中脉被短硬伏毛，全缘，边缘具粗缘毛；叶柄短，具短硬伏毛；托叶鞘筒状，长 1.5~3 厘米，膜质，淡褐色，无毛，具多数脉，顶端截形，无缘毛，稀具短缘毛。总状花序呈穗状，顶生或腋生，近直立，花紧密，通常由数个花穗再组成圆锥状，花序梗被腺体；苞片漏斗状，边缘具稀疏短缘毛；花被淡红色或白色，4（5）深裂，花被片椭圆形，外面两面较大，脉粗壮，顶端叉分，外弯；雄蕊通常 6。瘦果宽卵形，双凹，长 2~3 毫米，黑褐色，有光泽，包于宿存花被内。花期 6—8 月，果期 7—9 月。

主要利用形式：杂草，可作饲草，嫩苗可作野菜。全草入中药，味辛性温，具有利湿解毒、散瘀消肿、止痒的功效。全草入蒙药，味酸苦，性凉轻钝，具有利尿、消肿、止痛、止呕的功效。果实为利尿药，主治水肿和疮毒。鲜茎叶混食盐后捣汁，可治霍乱和中暑；外用可敷治疮肿和蛇毒。叶片放在嘴里，咀嚼咽下可防止晕车呕吐。

241 酸枣

拉丁学名：*Ziziphus jujuba* Mill. var. *spinosa*（Bunge） Hu ex H. F. Chow；鼠李科枣属。别名：小酸枣、山枣、棘。

形态特征：落叶灌木或小乔木，高 1~4 米。小枝呈之字形弯曲，紫褐色。酸枣树上的托叶刺有两种，一种直伸，长达 3 厘米，另一种常弯曲。叶互生，叶片椭圆形至卵状披针形，长 1.5~3.5 厘米，宽 0.6~1.2 厘米，边缘有细锯齿，基部 3 出脉。花黄绿色，2~3 朵簇生于叶腋。核果小，近球形或短矩圆形，熟时红褐色，近球形或长圆形，长 0.7~1.2 厘米，味酸，核两端钝。花期 6—7 月，果期 8—9 月。

主要利用形式：其种仁具有养肝、宁心、安神、敛汗的功效，可治疗失眠，也具有防病抗衰老与养颜益寿的功效。酸枣叶茶具有镇定、养心安神、降低血压、补充维生素、提高免疫力、降血脂等多种功效。

242 碎米荠

拉丁学名：*Cardamine hirsuta* L.；十字花科碎米荠属。别名：白带草、宝岛碎米荠、见肿消、毛碎米荠、雀儿菜、碎米芥、野养菜、米花香荠菜。

形态特征：一年生小草本，高 15~35 厘米。茎直立或斜升，分枝或不分枝，下部有时淡紫色，被较密柔毛，上部毛渐少。基生叶具叶柄，有小叶 2~5 对，顶生小叶肾形或肾圆形，长 4~10 毫米，宽 5~13 毫米，边缘有 3~5 圆齿，小叶柄明显，侧生小叶卵形或圆形，较顶生的形小，基部楔形而两侧稍歪斜，边缘有2~3 圆齿，有或无小叶柄；茎生叶具短柄，有小叶 3~6 对，生于茎下部的与基生叶相似，生于茎上部的顶生小叶菱状长卵形，顶端 3 齿裂，侧生小叶长卵形至线形，多数全缘；全部小叶两面稍有毛。总状花序生于枝顶，花小，直径约 3 毫米，花梗纤细，长 2.5~4 毫米；萼片绿色或淡紫色，长椭圆形，长约 2 毫米，边缘膜质，外面有疏毛；花瓣白色，倒卵形，长 3~5 毫米，顶端钝，向基部渐狭；花丝稍扩大；雌蕊柱状，花柱极短，柱头扁球形。长角果线形，稍扁，无毛，长达 30 毫米；果梗纤细，直立开展，长 4~12 毫米。种子椭圆形，宽约 1 毫米，顶端有的具明显的翅。花期 2—4 月，果期 4—6 月。

主要利用形式：春季常见杂草和野菜。全草治各种热病、风湿病。根茎治小儿百日咳。全草味味甘淡，归大肠、膀胱、胃、心经，能清热利湿、安神止血，主治湿热泻痢、热淋、白带、心悸、失眠、虚火牙痛、小儿疳积、吐血、便血和疔疮。

243 笋瓜

拉丁学名：*Cucurbita maxima* Duch. ex Lam.；葫芦科南瓜属。别名：北瓜、玉瓜、大洋瓜、东南瓜、搅丝瓜。

形态特征：一年生粗壮蔓生藤本。茎粗壮，圆柱状，具白色的短刚毛。叶柄粗壮，圆柱形，长 15~20 厘米，密被短刚毛；叶片肾形或圆肾形，近全缘或仅具细锯齿，顶端钝圆，基部心形，弯缺开张，深、宽均约 2 厘米，叶面深绿色，叶背浅绿色，两面有短刚毛，叶脉在背面明显隆起。卷须粗壮，通常多歧，疏被短刚毛。雌雄同株。雄花单生，花梗长 10~20 厘米，有短柔毛；花萼筒钟形，裂片线状披针形，长 1.8~2 厘米，密被白色短刚毛；花冠筒状，5 中裂，裂片卵圆形，先端钝，长、宽均为 2~3 厘米，边缘皱褶状，向外反折，有 3~5 条隆起的脉，中间一条延伸至顶端成尖头，脉上有明显的短毛，雄蕊 3，花丝靠合，长 5~7 毫米，近无毛或仅在基部疏被短毛，花药靠合，药室折曲。雌花单生；

子房卵圆形，花柱短，柱头3，2裂。果梗短，圆柱状，不具棱和槽，瓜蒂不扩大或稍膨大；瓠果的形状和颜色因品种而异；种子丰满，扁压，边缘钝或多少拱起。

主要利用形式：常见蔬菜。嫩瓜适于炒食、作馅或作饲料，干种子可炒食。食用笋瓜最好不要去皮，只需切去头尾，再切片就能生吃，蒸、烤也可。

244 桃

拉丁学名：*Amygdalus persica* L.；蔷薇科桃属。别名：寿桃、桃实、桃子、佛桃、阳春花、玄都果。

形态特征：乔木，高3~8米。树皮暗红褐色，老时粗糙呈鳞片状；小枝细长，无毛，有光泽，绿色，向阳处转变成红色，具大量小皮孔；冬芽圆锥形，顶端钝，外被短柔毛，中间为叶芽，两侧为花芽。果实形状和大小均有变异，卵形、宽椭圆形或扁圆形，长几与宽相等，色泽变化由淡绿、白色至橙黄色，常在向阳面具红晕，外面密被短柔毛，稀无毛；种仁味苦，稀味甜。

主要利用形式：著名水果和园林树，品种很多。叶、木材、花、种仁、种子油、根、根皮、树皮、桃胶均被多个民族入药，用于许多医疗方面。种子治血瘀经闭、症瘕蓄血、跌打损伤、肠燥便秘、痞块。花、幼果、种子治疮痈、黄水疮、赤巴病。桃仁油治秃发。叶治湿疹、痔疮和头虱。桃胶可用作黏合剂等，为一种聚糖类物质，水解能生成阿拉伯糖、半乳糖、木糖、鼠李糖、葡糖醛酸等，可食用，也供药用，有破血、和血、益气之效。桃子适宜低血糖、口干饥渴、低血钾、缺铁性贫血、肺病、肝病、水肿、胃纳欠香、消化力弱者食用。桃子性热，内热生疮、毛囊炎、痈疖、面部痤疮、糖尿病患者忌食。

245 天胡荽

拉丁学名：*Hydrocotyle sibthorpioides* Lam.；伞形科天胡荽属。

别名：石胡荽、鹅不食草、细叶钱凿口、小叶铜钱草、龙灯碗、圆地炮、步地锦、鱼鳞草、满天星、破铜钱、鸡肠菜、破钱草、千光草、滴滴金、翳草、铺地锦、肺风草、明镜草、翳子草、盘上芫茜、落地金钱、花边灯盏、地星宿、伤寒草、鼠迹草、慝虫草、镜面草、遍地青、四片孔、盆上芫荽、星秀草、落地梅花、遍地金、小叶破铜钱、克麻藤、遍地锦、蔡达草、地钱草、野芹菜、小金钱。

形态特征：多年生草本，有气味。茎细长而匍匐，平铺地上成片，节上生根。叶片膜质至草质，圆形或肾圆形，基部心形，两耳有时相接，不分裂或 5~7 裂，裂片阔倒卵形，边缘有钝齿；托叶略呈半圆形，薄膜质，全缘或稍有浅裂。伞形花序与叶对生，单生于节上；花序梗纤细；小总苞片卵形至卵状披针形，膜质，有黄色透明腺点，背部有 1 条不明显的脉；小伞形花序有花 5~18，花无柄或有极短的柄，花瓣卵形，绿白色，有腺点；花丝与花瓣同长或稍超出，花药卵形。果实略呈心形，两侧扁压，中棱在果熟时极为隆起，幼时表面草黄色，成熟时有紫色斑点。花果期 4—9 月。

主要利用形式：野生杂草，也栽培为地被植物。全草味辛微苦性凉，归肺、脾经，能清热利湿、解毒消肿，主治黄疸、痢疾、水肿、淋症、目翳、喉肿、痈肿疮毒、带状疱疹和跌打损伤。

246 天名精

拉丁学名：*Carpesium abrotanoides* L.；菊科天名精属。别名：鹤蝨、天蔓青、地菘、挖耳草、癞头草、癞蛤蟆草、臭草。

形态特征：多年生粗壮草本。茎高 60~100 厘米，圆柱状，下部木质，近于无毛，上部密被短柔毛，有明显的纵条纹，多分枝。基叶于开花前凋萎，茎下部叶广椭圆形或长椭圆形，长 8~16 厘米，宽 4~7 厘米，先端钝或锐尖，基部楔形，上面深绿色，被短柔毛，老时脱落，几无毛，叶面粗糙，下面淡绿色，密被短柔毛，有细小腺点，边缘具不规整的钝齿，齿端有腺体状胼胝体；叶柄

长 5~15 毫米，密被短柔毛；茎上部节间长 1~2.5 厘米，叶较密，长椭圆形或椭圆状披针形，先端渐尖或锐尖，基部阔楔形，无柄或具短柄。头状花序多数，生茎端及沿茎、枝生于叶腋，近无梗，成穗状花序式排列，着生于茎端及枝端者具椭圆形或披针形长 6~15 毫米的苞叶 2~4 枚，腋生头状花序无苞叶或有时具 1~2 枚甚小的苞叶。总苞钟状球形，基部宽，上端稍收缩，成熟时开展成扁球形，直径 6~8 毫米；苞片 3 层，外层较短，卵圆形，先端钝或短渐尖，膜质或先端草质，具缘毛，背面被短柔毛，内层长圆形，先端圆钝或具不明显的啮蚀状小齿。雌花狭筒状，长 1.5 毫米，两性花筒状，长 2~2.5 毫米，向上渐宽，冠檐 5 齿裂。瘦果长约 3.5 毫米。

主要利用形式：杂草。全草供药用，气特异，味淡微辛，能清热解毒、祛痰止血，主治咽喉肿痛、扁桃体炎、支气管炎；外用治创伤出血、疔疮肿毒、蛇虫咬伤。果实含挥发油 0.25%~0.65%，油中含天名精酮、天名精内酯和己酸等成分。

247 天竺葵

拉丁学名：*Pelargonium hortorum* Bailey；牻牛儿苗科天竺葵属。别名：洋绣球、入腊红、石腊红、日烂红、洋葵、驱蚊草、洋蝴蝶。

形态特征：多年生草本，高 30~60 厘米。茎直立，基部木质化，上部肉质，多分枝或不分枝，具明显的节，密被短柔毛，具浓烈鱼腥味叶互生；托叶宽三角形或卵形，被柔毛和腺毛；叶柄长 3~10 厘米，被细柔毛和腺毛；叶片圆形或肾形，茎部心形，边缘波状浅裂，具圆形齿，两面被透明短柔毛，表面叶缘以内有暗红色马蹄形环纹。伞形花序腋生，具多花，总花梗长于叶，被短柔毛；总苞片数枚，宽卵形；花梗长 3~4 厘米，被柔毛和腺毛，芽期下垂，花期直立；萼片狭披针形，外面密被腺毛和长柔毛；花瓣红色、橙红、粉红或白色，宽倒卵形，先端圆形，基部具短爪，下面 3 枚通常较大；子房密被短柔毛。蒴果长约 3 厘米，被柔毛。

花期 5—7 月，果期 6—9 月。

主要利用形式：常见草花。本种的精油入药，主要有调节情绪、通经络、利尿、调理脾胃、防癌、止痛、抗菌、增强细胞防御功能、除臭、止血、补身的作用，也可美容，适用于所有皮肤，能平衡皮脂分泌，有深层净化和收敛的效果。

248 田紫草

拉丁学名：*Lithospermum arvense* L.；紫草科紫草属。别名：麦家公、大紫草、花荠荠、狼紫草。

形态特征：一年生草本。根稍含紫色物质。茎通常单一，高 15~35 厘米，自基部或仅上部分枝有短糙伏毛。叶无柄，倒披针形至线形，长 2~4 厘米，宽 3~7 毫米，先端急尖，两面均有短糙伏毛。聚伞花序生枝上部，长可达 10 厘米，苞片与叶同形而较小；花序排列稀疏，有短花梗；花萼裂片线形，长 4~5.5 毫米，通常直立，两面均有短伏毛，果期长可达 11 毫米且基部稍硬化；花冠高脚碟状，白色，有时蓝色或淡蓝色，筒部长约 4 毫米，外面稍有毛，檐部长约为筒部的一半，裂片卵形或长圆形，直立或稍开展，长约 1.5 毫米，稍不等大，喉部无附属物，但有 5 条延伸到筒部的毛带；雄蕊着生花冠筒下部，花药长约 1 毫米；花柱长 1.5~2 毫米，柱头头状。小坚果三角状卵球形，长约 3 毫米，灰褐色，有疣状突起。花果期 4—8 月。

主要利用形式：杂草、野菜。幼嫩期可刈割，用作猪和家禽的饲草，成熟的种子可作精饲料。种子入药，能温中健胃、镇痛、强筋骨，可治胃酸作胀反酸、胃寒胃痛。其根部富含紫草红色素，可作为天然食用色素，用于食品、化妆品、医药以及印染等行业。

249 甜荞

拉丁学名：*Fagopyrum esculentum* Moench ；蓼科荞麦属。别名：乌麦、三角麦、花荞、荞子 。

形态特征：一年生草本。生育期短，抗逆性强，极耐寒瘠，当年可多次播种多次收获。茎直立，下部不分蘖，多分枝，光滑，淡绿色或红褐色，有时有稀疏的乳头状突起。叶心脏形，如三角状，顶端渐尖，基部心形或戟形，全缘。托叶鞘短，筒状，顶端斜而截平，早落。花序总状或圆锥状，顶生或腋生。春夏间开小花，花白色；花梗细长。异花授粉，果实为干果，卵形，黄褐色，光滑。

主要利用形式：广布型杂粮作物，有较强的抗逆能力，具有较高的营养价值和药用价值。本种是一种重要的抗灾救灾作物和饲料、蜜源、药用、绿肥多用型作物。籽实磨成面粉可供食用。

250 贴梗海棠

拉丁学名：*Chaenomeles speciosa*（Sweet）Nakai；蔷薇科木瓜属。别名：皱皮木瓜、木瓜、楙、贴梗木瓜、铁脚梨。

形态特征：落叶灌木，高达2米。枝条直立开展，有刺；小枝圆柱形，微屈曲，无毛，紫褐色或黑褐色，有疏生浅褐色皮孔；冬芽三角卵形，先端急尖，近于无毛或在鳞片边缘具短柔毛，紫褐色。叶片卵形至椭圆形，稀长椭圆形，长3~9厘米，宽1.5~5厘米，先端急尖，稀圆钝，基部楔形至宽楔形，边缘具有尖锐锯齿，齿尖开展，无毛或在萌蘖上沿下面叶脉有短柔毛；叶柄长约1厘米；托叶大形，草质，肾形或半圆形，稀卵形，长5~10毫米，宽12~20毫米，边缘有尖锐重锯齿，无毛。花先叶开放，3~5朵簇生于二年生老枝上；花梗短粗，长约3毫米或近于无柄；花直径3~5厘米；萼筒钟状，外面无毛；萼片直立，半圆形，稀卵形，长3~4毫米，宽4~5毫米，长约萼筒之半，先端圆钝，全缘或有波状齿，及黄褐色睫毛；花瓣倒卵形或近圆形，基部延伸成短爪，长10~15毫米，宽8~13毫米，猩红色，稀淡红色或白色；雄蕊45~50，长约花瓣之半；花柱5，基部合生，无毛或稍有毛，柱头头状，有不显明分裂，约与雄蕊等长。果实球形或卵球形，直径4~6厘米，黄色或带黄绿色，有稀疏不显明斑点，味芳香；萼片脱落，果梗短或近于无梗。花期3—5月，果期9—10月。

主要利用形式：早春先花后叶，枝密多刺可作绿篱。果实含苹果酸、酒石酸、枸橼酸及维生素 C 等，干制后做中药，其性味酸温，能平肝舒筋、和胃化湿，可治排肠肌痉挛、吐泻腹痛、风湿关节痛、腰膝酸痛。

251 铁苋菜

拉丁学名：*Acalypha australis* L.；大戟科铁苋菜属。别名：铁苋、人苋、海蚌含珠、蚌壳草、撮斗撮金珠、六合草、半边珠、粪斗草、血见愁、凤眼草、肉草、喷水草、小耳朵草、大青草、猫眼草、叶里藏珠。

形态特征：一年生草本，高 0.2~0.5 米。小枝细长，被贴柔毛，毛逐渐稀疏。叶膜质，长卵形、近菱状卵形或阔披针形，长 3~9 厘米，宽 1~5 厘米，顶端短渐尖，基部楔形，稀圆钝，边缘具圆锯，上面无毛，下面沿中脉具柔毛；基出脉 3 条，侧脉 3 对；叶柄长 2~6 厘米，具短柔毛；托叶披针形，长 1.5~2 毫米，具短柔毛。雌雄花同序，花序腋生，稀顶生，长 1.5~5 厘米，花序梗长 0.5~3 厘米，花序轴具短毛，雌花苞片 1~2（~4）枚，卵状心形，花后增大，长 1.4~2.5 厘米，宽 1~2 厘米，边缘具三角形齿，外面沿掌状脉具疏柔毛，苞腋具雌花 1~3 朵；花梗无。雄花生于花序上部，排列呈穗状或头状，雄花苞片卵形，长约 0. 5 毫米，苞腋具雄花 5~7 朵，簇生；花梗长 0.5 毫米。雄花：花蕾时近球形，无毛；花萼裂片 4 枚，卵形，长约 0.5 毫米；雄蕊 7~8 枚。雌花：萼片 3 枚，长卵形，长 0.5~1 毫米，具疏毛；子房具疏毛，花柱 3 枚，长约 2 毫米，撕裂 5~7 条。蒴果直径 4 毫米，具 3 个分果爿，果皮具疏生毛和毛基变厚的小瘤体；种子近卵状，长 1.5~2 毫米，种皮平滑，假种阜细长。花果期 4—12 月。

主要利用形式：常见杂草，以全草或地上部分入药，具有清热解毒、利湿消积、收敛止血的功效。也为饲草。

252 通泉草

拉丁学名：*Mazus japonicus*（Thunb.） O. Kuntze；玄参科通泉草属。别名：脓泡药、汤湿草、猪胡椒、野田菜、鹅肠草、绿蓝花、五瓣梅、猫脚迹、尖板猫儿草。

形态特征：一年生草本，高 3~30 厘米，无毛或疏生短柔毛。主根伸长，垂直向下或短缩，须根纤细，多数，散生或簇生。本种在体态上变化幅度很大，茎 1~5 根或有时更多，直立，上升或倾卧状上升，着地部分节上常能长出不定根，分枝多而披散，少不分枝。基生叶少到多数，有时成莲座状或早落，倒卵状匙形至卵状倒披针形，膜质至薄纸质，长 2~6 厘米，顶端全缘或有不明显的疏齿，基部楔形，下延成带翅的叶柄，边缘具不规则的粗齿或基部有 1~2 片浅羽裂；茎生叶对生或互生，少数，与基生叶相似或几乎等大。总状花序生于茎、枝顶端，常在近基部即生花，伸长或上部成束状，通常 3~20 朵，花稀疏；花梗在果期长达 10 毫米，上部的较短；花萼钟状，花期长约 6 毫米，果期多少增大，萼片与萼筒近等长，卵形，端急尖，脉不明显；花冠白色、紫色或蓝色，长约 10 毫米，上唇裂片卵状三角形，下唇中裂片较小，稍突出，倒卵圆形；子房无毛。蒴果球形；种子小而多数，黄色，种皮上有不规则的网纹。花果期 4—10 月。

主要利用形式：广布型矮小杂草。全草性平味苦，能止痛、健胃、解毒，可治偏头痛、消化不良；外用适量捣烂敷患处，可治疔疮、脓疱疮和烫伤。

253 茼蒿

拉丁学名：*Chrysanthemum coronarium* L.；菊科茼蒿属。别名：同蒿、蓬蒿、蒿菜、菊花菜、塘蒿、蒿子杆、蒿子、蓬花菜、桐花菜、鹅菜、义菜、皇帝菜。

形态特征：茎叶光滑无毛或几光滑无毛。茎高达 70 厘米，

不分枝或自中上部分枝。基生叶花期枯萎。中下部茎叶长椭圆形或长椭圆状倒卵形，长 8~10 厘米，无柄，二回羽状分裂。一回为深裂或几全裂，侧裂片 4~10 对。二回为浅裂、半裂或深裂，裂片卵形或线形。上部叶小。头状花序单生茎顶或少数生茎枝顶端，但并不形成明显的伞房花序，花梗长 15~20 厘米。总苞径 1.5~3 厘米，总苞片 4 层，内层长 1 厘米，顶端膜质扩大成附片状。舌片长 1.5~2.5 厘米。舌状花瘦果有 3 条凸起的狭翅肋；肋间有 1~2 条明显的间肋。管状花瘦果有 1~2 条椭圆形凸起的肋，及不明显的间肋。

主要利用形式：观赏兼食用植物。夏季凉拌食用可祛暑增食欲。茼蒿制成的食品、饮料、补充剂或药物具有抑制肿瘤转移和生长的作用。全草味辛甘性凉，入心、脾、胃经，能和脾胃、消痰饮、安心神，主治脾胃不和、二便不通、咳嗽痰多、烦热不安。常吃茼蒿，对咳嗽痰多、脾胃不和、记忆力减退、慢性肠胃炎、习惯性便秘、冠心病、高血压均有较好的辅助疗效。茼蒿根粉能降低线虫的增殖能力，从茼蒿中提取制作的茼蒿精油对害虫具有拒食性；从茼蒿中提取的茼蒿素可杀虫。茼蒿挥发油对多种农业病原菌具有一定抑制活性的作用。其地上部分可抑制多种农业有害线虫。

254 秃疮花

拉丁学名：*Dicranostigma leptopodum*（Maxim.）Fedde；罂粟科秃疮花属。别名：秃子花、勒马回陕西、兔子花。

形态特征：通常为多年生草本，高 25~80 厘米。全体含淡黄色液汁，被短柔毛，稀无毛。主根圆柱形。茎多，绿色，具粉，上部具多数等高的分枝。基生叶丛生，叶片狭倒披针形，长 10~15 厘米，宽 2~4 厘米，羽状深裂，裂片 4~6 对，再次羽状深裂或浅裂，小裂片先端渐尖，顶端小裂片 3 浅裂，表面绿色，背面灰绿色，疏被白色短柔毛；叶柄条形，疏被白色短柔毛，具数条纵纹；茎生叶少数，生于茎上部，长 1~7 厘米，羽状深裂、浅裂或二回羽状深裂，裂片具疏齿，先端三角状渐尖；无柄。花1~5朵于茎和分枝先端排列成聚伞花序；花梗长2~2.5厘米，无毛；具苞片。花芽宽卵形，长约1厘米；萼片卵形，先端渐尖成距，距末明显扩大成匙形，无毛或被短柔毛；花瓣倒卵形至回形，黄色；雄蕊多数，花丝丝状，长3~4毫米，花药长圆形，黄色；子房狭圆柱形，长约6毫米，绿色，密被疣状短毛，花柱短，柱头2裂，直立。蒴果线形，绿色，无毛，2瓣自顶端开裂至近基部。种子卵珠形，长约0.5毫米，红棕色，具网纹。花期3—5月，果期6—7月。

主要利用形式：根及全草药用，有清热解毒、消肿镇痛、杀虫等功效，治风火牙痛、咽喉痛、扁桃体炎、淋巴结核、秃疮、疮疖疥癣、痈疽。

255 菟丝子

拉丁学名：*Cuscuta chinensis* Lam.；旋花科菟丝子属。别名：豆寄生、无根草、黄丝、吐丝子、菟丝实、无娘藤、无根藤、菟藤、菟缕、野狐丝、豆寄生、黄藤子、萝丝子、中国菟丝子。

形态特征：一年生寄生草本，借助吸器固着于寄主（主要是大豆）。茎缠绕，黄色，纤细，直径约1毫米，无叶。花序侧生，少花或多花簇生成小伞形或小团伞花序，总花序梗近无；苞片及小苞片小，鳞片状；花梗稍粗壮，长仅1毫米许；花萼杯状，中部以下连合，裂片三角状，长约1.5毫米，顶端钝；花冠白色，壶形，长约3毫米，裂片三角状卵形，顶端锐尖或钝，向外反折，宿存；雄蕊着生花冠裂片弯缺微下处；鳞片长圆形，边缘长流苏状；子房近球形，花柱2，等长或不等长，柱头球形。蒴果球形，直径约3毫米，几乎全为宿存的花冠所包围，成熟时整齐周裂。种子2~49，淡褐色，卵形，长约1毫米，表面粗糙。

主要利用形式：种子含脂肪油及淀粉；全草及种子药用，有补肝肾、益精壮阳、止泻的功效，可治阳痿、遗精、遗尿等。

256 瓦松

拉丁学名：*Orostachys fimbriatus*（Turcz.）Berger；景天科瓦松属。别名：流苏瓦松、瓦花、瓦塔、狗指甲、昨叶荷草、屋上无根草、向天草、石莲花、厝莲、干滴落、猫头草、天蓬草、瓦霜、瓦葱、酸塔、塔松、兔子拐杖、干吊鳖、石塔花、狼爪子、酸溜溜、瓦宝塔、瓦莲花、岩松、屋松、岩笋、瓦玉。

形态特征：二年生草本，多野生于建筑物顶上和墙壁上。一年生莲座丛的叶短；莲座叶线形，先端增大，为白色软骨质，半圆形，有齿；二年生花茎一般高 10~20 厘米，小的只长 5 厘米，高的有时达 40 厘米；叶互生，疏生，有刺，线形至披针形。花序总状，紧密，或下部分枝，可呈宽 20 厘米的金字塔形；苞片线状渐尖；花梗长达 1 厘米，萼片 5，长圆形；花瓣 5，红色，披针状椭圆形，先端渐尖，基部 1 毫米合生；雄蕊 10，与花瓣同长或稍短，花药紫色；鳞片 5，近四方形，先端稍凹。蓇葖 5，长圆形，喙细；种子多数，卵形，细小。花期 8—9 月，果期 9—10 月。

主要利用形式：全草可作野菜，酸苦性凉，归肝、肺、脾经，能凉血止血、清热解毒、敛疮止血、利湿消肿，可治吐血、鼻衄、血痢、肝炎、疟疾、热淋、痔疮、湿疹、痈毒、疔疮、汤火灼伤。脾胃虚寒者忌用。

257 豌豆

拉丁学名：*Pisum sativum* L.；豆科豌豆属。别名：回鹘豆、麦豆、雪豆、荷兰豆。

形态特征：一年生攀缘草本，高 0.5~2 米。全株绿色，光滑无毛，被粉霜。叶具小叶 4~6 片，托叶比小叶大，叶状，心形，下缘具细牙齿。小叶卵圆形，长 2~5 厘米，宽 1~2.5 厘米；花于叶腋单生或数朵排列为总状花序；花萼钟状，深 5 裂，裂片披针形；花冠颜色多样，随品种而异，但多为白色和紫色，雄蕊（9+1）2体。子房无毛，花柱扁，内面有髯毛。荚果肿胀，长椭圆形，长2.5~10厘米，宽0.7~14厘米，顶端斜急尖，背部近于伸直，内侧有坚硬纸质的内皮；种子2~10颗，圆形，青绿色，有皱纹或无，干后变为黄色。花期6—7月，果期7—9月。

主要利用形式：杂粮作物。种子及嫩荚、嫩苗均可食用；种子含淀粉、油脂，可作药用，有强壮、利尿、止泻的功效；茎叶能清凉解暑，并可作绿肥、饲料或燃料。

258 猬实

拉丁学名：*Kolkwitzia amabilis* Graebn.；忍冬科猬实属。别名：美人木、蝟实。

形态特征：落叶灌木，高1.5~3米。幼枝被柔毛，老枝皮剥落。叶互生，有短柄，椭圆形至卵状长圆形，长3~8厘米，宽1.5~3（~5.5）厘米，近全缘或疏具浅齿，先端渐尖，基部近圆形，上面疏生短柔毛，下面脉上有柔毛。伞房状的圆锥聚伞花序生侧枝顶端；每一聚伞花序有2花，两花的萼筒下部合生；萼筒有开展的长柔毛，在子房以上处缢缩似颈，裂片5，钻状披针形，长3~4毫米，有短柔毛；花冠钟状，粉红色至紫色，喉部黄色，外有微毛，裂片5，略不等长；雄蕊4，2长2短，内藏；子房下位，3室，常仅1室发育。瘦果2个合生，通常只1个发育成熟，连同果梗密被刺状刚毛，顶端具宿存花萼。花期5—6月，果期9—10月。

主要利用形式：中西部特色花木。猬实花密色艳，花期正值初夏百花凋谢之时，故更感可贵。宜露地丛植，宜可盆栽或作切花。猬实是秦岭至大别山区的古老残遗植物，对于研究植物区系、古地理和忍冬科系统发育有一定的科学价值。

259 文冠果

拉丁学名：*Xanthoceras sorbifolium* Bunge；无患子科文冠果

属。别名：文冠木、文官果、土木瓜、温旦革子、文冠花、崖木瓜、文光果。

形态特征：落叶灌木或小乔木，高 2~5 米。小枝粗壮，褐红色，无毛，顶芽和侧芽有覆瓦状排列的芽鳞。叶连柄长 15~30 厘米；小叶 4~8 对，膜质或纸质，披针形或近卵形，两侧稍不对称，长 2.5~6 厘米，宽 1.2~2 厘米，顶端渐尖，基部楔形，边缘有锐利锯齿，顶生小叶通常 3 深裂，腹面深绿色，无毛或中脉上有疏毛，背面鲜绿色，嫩时被茸毛和成束的星状毛；侧脉纤细，两面略凸起。花序先叶抽出或与叶同时抽出，两性花的花序顶生，雄花序腋生，长 12~20 厘米，直立，总花梗短，基部常有残存芽鳞；花梗长 1.2~2 厘米；苞片长 0.5~1 厘米；萼片长 6~7 毫米，两面被灰色茸毛；花瓣白色，基部紫红色或黄色，有清晰的脉纹，长约 2 厘米，宽 7~10 毫米，爪之两侧有须毛；花盘的角状附属体橙黄色，长 4~5 毫米；雄蕊长约 1.5 厘米，花丝无毛；子房被灰色茸毛。蒴果长达 6 厘米；种子长达 1.8 厘米，黑色而有光泽。花期春季，果期秋初。

主要利用形式：园林树，具有较高的工业价值和营养价值。其种子含油量达 50%~70%，可食用或制优质灯油。本种花序大而花朵密，花期可持续 20 多天，是难得的观花小乔木，也是很好的蜜源植物。其抗性很强，是荒山绿化的首选树种。木材坚实致密，纹理美，是制作家具及器具的好材料。茎或枝叶入药，味甘微苦性平，入肝经，能祛风除湿、消肿止痛，主治风湿热痹、筋骨疼痛。

260 蕹菜

拉丁学名：*Ipomoea aquatica* Forsk.；旋花科番薯属。别名：藤藤菜、空心菜、通菜蓊、蓊菜、通菜。

形态特征：一年生草本，蔓生或漂浮于水。茎圆柱形，有节，节间中空，节上生根，无毛。叶片形状、大小有变化，卵形、长卵形、长卵状披针形或披针形，长 3.5~17 厘米，宽 0.9~8.5 厘米，

顶端锐尖或渐尖，具小短尖头，基部心形、戟形或箭形，偶尔截形，全缘或波状，或有时基部有少数粗齿，两面近无毛或偶有稀疏柔毛；叶柄长 3~14 厘米，无毛。聚伞花序腋生，花序梗长 1.5~9 厘米，基部被柔毛，向上无毛，具 1~3（~5）朵花；苞片小鳞片状，长 1.5~2 毫米；花梗长 1.5~5 厘米，无毛；萼片近于等长，卵形，长 7~8 毫米，顶端钝，具小短尖头，外面无毛；花冠白色、淡红色或紫红色，漏斗状，长 3.5~5 厘米；雄蕊不等长，花丝基部被毛；子房圆锥状，无毛。蒴果卵球形至球形，径约 1 厘米，无毛。种子密被短柔毛或有时无毛。

主要利用形式：常见绿叶蔬菜、青饲料，也可药用。茎叶味甘性寒，归肠、胃经，能凉血止血、清热利湿，主治鼻衄、便秘、淋浊、便血、尿血、痔疮、痈肿、折伤、蛇虫咬伤。蕹菜也可用于净化富营养化的水体。

261 莴苣

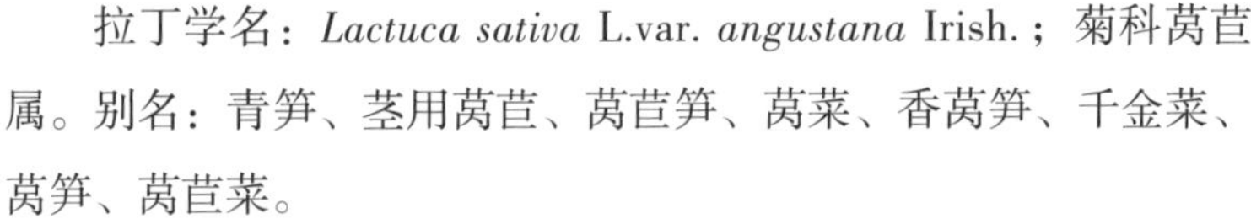

拉丁学名：*Lactuca sativa* L.var. *angustana* Irish.；菊科莴苣属。别名：青笋、茎用莴苣、莴苣笋、莴菜、香莴笋、千金菜、莴笋、莴苣菜。

形态特征：一年生或二年生草本，根垂直直伸。茎直立，单生，上部圆锥状花序分枝，全部茎枝白色。基生叶及下部茎叶大，不分裂，倒披针形、椭圆形或椭圆状倒披针形，顶端急尖、短渐尖或圆形，无柄，向上的渐小，与基生叶及下部茎叶同形或披针形，圆锥花序分枝下部的叶及圆锥花序分枝上的叶极小，卵状心形，无柄，全部叶两面无毛。头状花序多数或极多数，在茎枝顶端排成圆锥花序。总苞果期卵球形，总苞片 5 层，最外层宽三角形，外层三角形或披针形，中层披针形至卵状披针形，内层线状长椭圆形，全部总苞片顶端急尖，外面无毛。舌状小花约 15 枚。瘦果倒披针形，压扁，浅褐色，每面有 6~7 条细脉纹，顶端急尖成细喙，喙细丝状，与瘦果几等长。冠毛 2 层，纤细，微糙毛状。花果期 2—9 月。

主要利用形式：常见蔬菜。肉质地上嫩茎可生食、凉拌、炒食、干制或腌渍，嫩叶也可食用。茎、叶中含莴苣素，可镇痛。

262 乌桕

拉丁学名：*Sapium sebiferum*（L.）Roxb.；大戟科乌桕属。别名：腊子树、桕子树、木子树、桕树、木蜡树、木梓树、蜡烛树、木油树、棬子树。

形态特征：乔木，高可达 15 米许。各部均无毛而具乳状汁液；树皮暗灰色，有纵裂纹；枝广展，具皮孔。叶互生，纸质，叶片菱形、菱状卵形或稀有菱状倒卵形，顶端骤然紧缩，具长短不等的尖头，基部阔楔形或钝，全缘；中脉两面微凸起，侧脉 6~10 对，纤细，斜上升，离缘 2~5 毫米弯拱网结，网状脉明显；叶柄纤细，顶端具 2 腺体；托叶顶端钝。花单性，雌雄同株，聚集成顶生、长 6~12 厘米的总状花序，雌花通常生于花序轴最下部，或罕有在雌花下部亦有少数雄花着生，雄花：生于花序轴上部或有时整个花序全为雄花。雄花花梗纤细，向上渐粗；苞片阔卵形，长和宽近相等，约 2 毫米，顶端略尖，基部两侧各具 1 近肾形的腺体，每一苞片内具 10~15 朵花；小苞片 3，不等大，边缘撕裂状；花萼杯状，3 浅裂，裂片钝，具不规则的细齿；雄蕊 2 枚，罕有 3 枚，伸出于花萼之外，花丝分离，与球状花药近等长。雌花：花梗粗壮；苞片深 3 裂，裂片渐尖，基部两侧的腺体与雄花的相同，每一苞片内仅 1 朵雌花，间有 1 雌花和数雄花同聚生于苞腋内；花萼 3 深裂，裂片卵形至卵头披针形，顶端短尖至渐尖；子房卵球形，平滑，3 室，花柱 3，基部合生，柱头外卷。蒴果梨状球形，成熟时黑色，直径 1~1.5 厘米。具 3 种子，分果爿脱落后而中轴宿存；种子扁球形，黑色，外被白色、蜡质的假种皮。花期 4—8 月。

主要利用形式：乡土园林树木，对氟化氢气体有较强的抗性。木材白色坚硬，纹理细致，用途广。叶为黑色染料，可染衣物。根皮治毒蛇咬伤。白色之蜡质层（假种皮）溶解后可制肥皂、蜡烛；种子油适于涂料，可涂油纸、油伞等。根皮、树皮或叶味苦性微温，入肺、肾、胃、大肠经，能利水消肿、解毒杀虫，主治血吸虫病、肝硬化腹水、大小便不利、毒蛇咬伤；外用主治疔疮、鸡眼、乳腺炎、跌打损伤、湿疹、皮炎。

263 乌蔹莓

拉丁学名：*Cayratia japonica*（Thunb.）Gagnep.；葡萄科乌蔹莓属。别名：五爪龙、乌蔹草、五叶藤、母猪藤。

形态特征：草质攀缘藤本。小枝圆柱形，有纵棱纹，无毛或微被疏柔毛。卷须2~3叉分枝，相隔2节间断与叶对生。叶为鸟足状5小叶，中央小叶长椭圆形或椭圆披针形，长2.5~4.5厘米，宽1.5~4.5厘米，顶端急尖或渐尖，基部楔形，侧生小叶椭圆形或长椭圆形，长1~7厘米，宽0.5~3.5厘米，顶端急尖或圆形，基部楔形或近圆形，边缘每侧有6~15个锯齿，上面绿色，无毛，下面浅绿色，无毛或微被毛；侧脉5~9对，网脉不明显；叶柄长1.5~10厘米，中央小叶柄长0.5~2.5厘米，侧生小叶无柄或有短柄。果实近球形，直径约1厘米，有种子2~4颗；种子三角状倒卵形，顶端微凹，基部有短喙，种脐在种子背面近中部呈带状椭圆形，上部种脊凸出，表面有凸出肋纹，腹部中棱脊凸出，两侧洼穴呈半月形，从近基部向上达种子近顶端。花期3—8月，果期8—11月。

主要利用形式：杂草，可作饲草。全草或根入药，入心、肝、胃三经，性味苦酸寒，能清热解毒、消肿活血，可治疖肿、痈疽、疔疮、丹毒、痢疾、咳血、尿血、毒蛇咬伤。

264 乌头叶蛇葡萄

拉丁学名：*Ampelopsis aconitifolia* Bunge；葡萄科蛇葡萄属。别名：草葡萄、狗葡萄、过山龙、草白蔹。

形态特征：木质藤本。小枝圆柱形，有纵棱纹，被疏柔毛。卷须2~3叉分枝，相隔2节间断与叶对生。叶为掌状5小叶，小叶3~5羽裂，披针形或菱状披针形，顶端渐尖，基部楔形，中央

小叶深裂，或有时外侧小叶浅裂或不裂，上面绿色无毛或疏生短柔毛，下面浅绿色，无毛或脉上被疏柔毛；小叶有侧脉 3~6 对，网脉不明显；叶柄无毛或被疏柔毛，小叶几无柄；托叶膜质，褐色，卵披针形，顶端钝，无毛或被疏柔毛。其根部外皮紫褐色，内皮淡粉红色，具黏性。茎细长，圆柱形，有皮孔，卷须与叶对生。花序为疏散的伞房状复二歧聚伞花序，通常与叶对生或假顶生；花序梗无毛或被疏柔毛，花梗几无毛；花蕾卵圆形，顶端圆形；萼碟形，波状浅裂或几全缘，无毛；花瓣 5，卵圆形，无毛；雄蕊 5，花药卵圆形，长宽近相等；花盘发达，边缘呈波状；子房下部与花盘合生，花柱钻形，柱头扩大不明显。果实近球形，有种子 2~3 颗，种子倒卵圆形，顶端圆形，基部有短喙，种脐在种子背面中部近圆形，种脊向上渐狭呈带状，腹部中棱脊微凸出，两侧洼穴呈沟状，从基部向上斜展达种子上部的三分之一。花期 5—6 月，果期 8—9 月。

主要利用形式：有良好的园林及药用价值。多用于篱垣、林缘地带，还可以用以棚架绿化。对跌打损伤、风湿痹痛、胃痛及淋巴结核等有一定的疗效。

265 无花果

拉丁学名：*Ficus carica* Linn.；桑科榕属无花果亚属。别名：阿驲、阿驿、映日果、优昙钵、蜜果、文仙果、奶浆果。

形态特征：落叶灌木，高 3~10 米，多分枝。树皮灰褐色，皮孔明显；小枝直立，粗壮。叶互生，厚纸质，广卵圆形，长宽近相等，10~20 厘米，通常 3~5 裂，小裂片卵形，边缘具不规则钝齿，表面粗糙，背面密生细小钟乳体及灰色短柔毛，基部浅心形，基生侧脉 3~5 条，侧脉 5~7 对；叶柄长 2~5 厘米，粗壮；托叶卵状披针形，长约 1 厘米，红色。雌雄异株，雄花和瘿花同生于一榕果内壁，雄花生内壁口部，花被片 4~5，雄蕊 3，有时 1 或 5，瘿花花柱侧生，短；雌花花被与雄花同，子房卵圆形，光滑，花柱侧生，柱头 2 裂，线形。榕果单生叶腋，大而梨形，直径 3~5

厘米，顶部下陷，成熟时紫红色或黄色，基生苞片3，卵形；瘦果透镜状。花果期5—7月。

主要利用形式：本种耐污染，花果期很长，为良好的保健型园林观果树种。新鲜幼果及鲜叶治痔疗效良好。果实味甜，可食或做蜜饯，又可药用，能清热生津、健脾开胃、解毒消肿，主治咽喉肿痛、燥咳声嘶、乳汁稀少、肠热便秘、食欲不振、消化不良、泄泻痢疾、痈肿癣疾。

266 无患子

拉丁学名：*Sapindus mukorossi* Gaertn.；无患子科无患子属。别名：木患子、油患子、苦患树、黄目树、目浪树、油罗树、洗手果、搓目子、假龙眼、鬼见愁。

形态特征：落叶大乔木，高可达20余米。树皮灰褐色或黑褐色；嫩枝绿色，无毛。叶连柄长25~45厘米或更长，叶轴稍扁，上面两侧有直槽，无毛或被微柔毛；小叶5~8对，通常近对生，叶片薄纸质，长椭圆状披针形或稍呈镰形，长7~15厘米或更长，宽2~5厘米，顶端短尖或短渐尖，基部楔形，稍不对称，腹面有光泽，两面无毛或背面被微柔毛；侧脉纤细而密，15~17对，近平行；小叶柄长约5毫米。花序顶生，圆锥形；花小，辐射对称，花梗常很短；萼片卵形或长圆状卵形，大的长约2毫米，外面基部被疏柔毛；花瓣5，披针形，有长爪，长约2.5毫米，外面基部被长柔毛或近无毛，鳞片2个，小耳状；花盘碟状，无毛；雄蕊8，伸出，花丝长约3.5毫米，中部以下密被长柔毛；子房无毛。果的发育分果爿近球形，直径2~2.5厘米，橙黄色，干时变黑。花期春季，果期夏秋。

主要利用形式：优良观叶、观果彩叶树种。果皮含无患子皂苷等三萜皂苷，可制造“天然无公害洗洁剂”。根和果入药，味苦微甘，有小毒，可清热解毒、化痰止咳；果皮含有皂素，可代肥皂，尤宜于丝质品之洗涤；木材质软，边材黄白色，心材黄褐色，可用以做箱板和木梳等。根、嫩枝叶及种子，味苦微辛，性寒有小毒，能清热祛痰、消积杀虫，可治白喉、咽喉肿痛、咳嗽、顿咳、食滞虫积；外用可治阴道滴虫。种仁味辛性平，能消积辟恶，可治疳积、蛔虫病、腹中气胀及口臭。

267 梧桐

拉丁学名：*Firmiana platanifolia*（Linn. f.）Marsili；梧桐科梧桐属。别名：青桐、中国梧桐、桐麻、梧树、桐、国桐、桐麻碗、飘儿果树、麦桐皮、九层皮、地坡皮、麦皮树、耳桐、麻桐、翠果子、飘儿树、青皮桐、桐麻树、麦桐、椋梧、麦梧、龑树、白梧桐、苍桐、春麻。

形态特征：落叶乔木，高达 15 米。树叶青绿色，平滑。叶呈心形，掌状 3~5 裂，直径 15~30 厘米，裂片三角形，顶端渐尖，基部心形，两面均无毛或略被短柔毛，基生脉 7 条，叶柄与叶片等长。圆锥花序顶生，长 20~50 厘米，下部分枝长达 14 厘米，花淡紫色；萼 5 深裂几至基部，萼片条形，向外卷曲，长 7~9 毫米，外面被淡黄色短柔毛，内面仅在基部被柔毛；花梗与花几等长；雄花的雌雄蕊柄与萼等长，下半部较粗，无毛，花药 15 个不规则地聚集在雌雄蕊柄顶端，退化子房梨形且甚小；雌花的子房圆球形，被毛覆盖。蓇葖果膜质，有柄，成熟前开裂成叶状，长 6~11 厘米，宽 1.5~2.5 厘米，外面短茸毛或几无毛，每蓇葖果有种子 2~4 个；种子圆球形，表面有皱纹，直径 6~7 毫米。花期 6 月左右。

主要利用形式：著名的庭荫树种，对各种有毒气体的抗性很强，适于厂矿绿化。木材适合制造乐器，树皮可用于造纸和绳索，种子可以食用或榨油。种子性味甘平无毒，可补气养阴、明目平肝、乌须发；梧桐花鲜品捣烂涂患处可治头癣秃疮；树皮煎浓汁温洗可治脱肛；嫩叶煎汤代茶喝可治高血压。

268 五味子

拉丁文名：*Schisandra chinensis*（Turcz.）Baill.；八角科五味子属。别名：北五味子、玄及、会及、五梅子、山花椒、壮味、五味或吊榴。

形态特征：落叶木质藤本，除幼叶背面被柔毛及芽鳞具缘毛外余无毛。幼枝红褐色，老枝灰褐色，常起皱纹，片状剥落。叶膜质，宽椭圆形，卵形、倒卵形、宽倒卵形，或近圆形，先端急尖，基部楔形，上部边缘具胼胝质的疏浅锯齿，近基部全缘；侧脉每边3~7条，网脉纤细不明显；叶柄两侧由于叶基下延，成极狭的翅。雄花：花梗中部以下具狭卵形苞片，花被片粉白色或粉红色，长圆形或椭圆状长圆形，外面的较狭小；雄蕊长约2毫米，花药无花丝或外3枚雄蕊具极短花丝，药隔凹入或稍凸出钝尖头；雄蕊仅5（6）枚，互相靠贴，直立排列于长约0.5毫米的柱状花托顶端，形成近倒卵圆形的雄蕊群。雌花：花被片和雄花相似；雌蕊群近卵圆形，子房卵圆形或卵状椭圆体形，柱头鸡冠状。聚合果；小浆果红色，近球形或倒卵圆形，果皮具不明显腺点；种子肾形，淡褐色，种皮光滑，种脐明显凹入成U形。花期5—7月，果期7—10月。

主要利用形式：药用植物。鲜果汁是加工天然保健饮品的原料。叶、果实可提取芳香油。种仁含有脂肪油，榨油可作工业原料、润滑油。茎皮纤维柔韧，可供制绳索。干燥成熟果实味酸甘性温，归肺、心、肾经，能收敛固涩、益气生津、补肾宁心，主治久咳虚喘、梦遗滑精、遗尿尿频、久泻不止、自汗盗汗、津伤口渴、内热消渴、心悸失眠。

269 五叶地锦

拉丁学名：*Parthenocissus quinquefolia*（L.）Planch.；葡萄科地锦属。别名：五叶爬山虎、美国地锦。

形态特征：木质藤本。小枝圆柱形，无毛。卷须总状 5~9 分枝，相隔 2 节间断与叶对生，卷须顶端嫩时尖细卷曲，后遇附着物扩大成吸盘。叶为掌状 5 小叶，小叶倒卵圆形、倒卵椭圆形或外侧小叶椭圆形，长 5.5~15 厘米，宽 3~9 厘米，最宽处在上部，或外侧小叶最宽处在近中部，顶端短尾尖，基部楔形或阔楔形，边缘有粗锯齿，上面绿色，下面浅绿色，两面均无毛或下面脉上微被疏柔毛；侧脉 5~7 对，网脉两面均不明显凸出；叶柄长 5~14.5 厘米，无毛，小叶有短柄或几无柄。花序假顶生形成主轴明显的圆锥状多歧聚伞花序，长 8~20 厘米；花序梗长 3~5 厘米，无毛；花梗长 1.5~2.5 毫米，无毛；花蕾椭圆形，高 2~3 毫米，顶端圆形；萼碟形，边缘全缘，无毛；花瓣 5，长椭圆形，高 1.7~2.7 毫米，无毛；雄蕊 5，花丝长 0.6~0.8 毫米，花药长椭圆形，长 1.2~1.8 毫米；花盘不明显；子房卵锥形，渐狭至花柱，或后期花柱基部略微缩小，柱头不扩大。果实球形，直径 1~1.2 厘米，有种子 1~4 颗；种子倒卵形，顶端圆形，基部急尖成短喙，种脐在种子背面中部呈近圆形，腹部中棱脊凸出，两侧洼穴呈沟状，从种子基部斜向上达种子顶端。花期 6—7 月，果期 8—10 月。

主要利用形式：优良的垂直绿化和地被植物。本种对二氧化硫等有害物质有非常强的抗性。其藤、茎和根有活血散瘀、通经解毒的功效。其木质部具有芪类化合物，有抗肿瘤、抗炎、抗氧化、抗血栓（抑制血小板聚集）、降压、降血脂、保肝、抗菌及毒鱼等作用。

270 西瓜

拉丁学名：*Citrullus lanatus*（Thunb.） Matsum. et Nakai；葫芦科西瓜属。别名：夏瓜、寒瓜、青门绿玉房。

形态特征：一年生蔓生藤本。茎、枝粗壮，具明显的棱沟，被长而密的白色或淡黄褐色长柔毛。卷须较粗壮，具短柔毛，2 歧，叶柄粗，具不明显的沟纹，密被柔毛；叶片纸质，轮廓三角状卵形，带白绿色，两面具短硬毛，脉上和背面较多，3 深裂。雌

雄同株。雌、雄花均单生于叶腋。雄花：花梗长3~4厘米，密被黄褐色长柔毛；花萼筒宽钟形，密被长柔毛，花萼裂片狭披针形，与花萼筒近等长；花冠淡黄色，外面带绿色，被长柔毛，裂片卵状长圆形，顶端钝或稍尖，脉黄褐色，被毛；雄蕊3，近离生，1枚1室，2枚2室，花丝短，药室折曲。雌花：花萼和花冠与雄花同；子房卵形，密被长柔毛，花柱长4~5毫米，柱头3，肾形。果实大型，近于球形或椭圆形，肉质，多汁，果皮光滑，色泽及纹饰各式。种子多数，卵形，黑色、红色，有时为白色、黄色、淡绿色或有斑纹，两面平滑，基部钝圆，通常边缘稍拱起。花果期夏季。

主要利用形式：西瓜为夏季常见水果。种子含油，可作消遣食品。西瓜皮甘凉，能清热解暑、止渴、利小便，可治暑热烦渴、水肿、口舌生疮。中果皮（西瓜翠）甘淡寒，能清热解暑、利尿，可治暑热烦渴、浮肿、小便淋痛。整品加工品（西瓜黑霜）可治水肿、肝病腹水。瓤甘寒，能清热解暑、解烦止渴、利尿，可治暑热烦渴、热盛津伤、小便淋痛。种皮可治吐血、肠风下血。种仁可清热润肠。未成熟的果实与芒硝的加工品（西瓜霜）可治热性咽喉肿痛。食用注意事项：糖尿病患者、肾功能不全者、感冒初期患者、口腔溃疡患者、产妇均不宜吃；饭前及饭后不宜吃；少吃冰西瓜。

271 西红柿

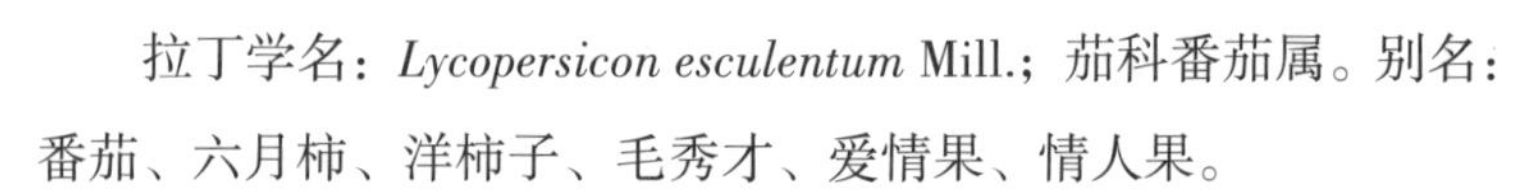

拉丁学名：*Lycopersicon esculentum* Mill.；茄科番茄属。别名：番茄、六月柿、洋柿子、毛秀才、爱情果、情人果。

形态特征：一年生草本，体高0.6~2米。全体生黏质腺毛，有强烈气味。叶羽状复叶或羽状深裂，小叶极不规则，大小不等，常5~9枚，卵形或矩圆形，边缘有不规则锯齿或裂片。花梗长1~1.5厘米；花萼辐状，裂片披针形，果时宿存；花冠辐状，黄色。浆果扁球状或近球状，肉质而多汁液，橘黄色或鲜红色，光滑；种子黄色。花果期夏秋季。

主要利用形式：常见蔬菜植物。果实具药用及食用价值，有止血、降压、利尿、健胃消食、生津止渴、清热解毒、凉血平肝的功效。由于西红柿中维生素 A、维生素 C 的比例合适，所以常吃西红柿可增强小血管功能，预防血管老化。西红柿中的类黄酮，既有降低毛细血管的通透性和防止其破裂的作用，还有预防血管硬化的特殊功效，可以预防宫颈癌、膀胱癌和胰腺癌等疾病。

272 西葫芦

拉丁学名：*Cucurbita pepo* L.；葫芦科南瓜属。别名：西葫、熊（雄）瓜、白瓜、番瓜、美洲南瓜、菜瓜、荨瓜、熏瓜。

形态特征：一年生蔓生草本。茎有棱沟。叶柄粗壮，被短刚毛；叶片质硬，挺立，三角形，弯缺半圆形，上面深绿色，下面颜色较浅，叶脉两面均有糙毛。卷须稍粗壮。雌雄同株。雄花单生；花梗粗壮，有棱角，被黄褐色短刚毛；花萼裂片线状披针形；花冠黄色，顶端锐尖；雄蕊花丝长 15 毫米，花药靠合。雌花单生，子房卵形。果梗粗壮，有明显的棱沟，果蒂变粗或稍扩大。果实形状因品种而异；种子卵形，白色，长约 20 毫米，边缘拱起而钝。

主要利用形式：常见蔬菜。嫩果实有除烦止渴、润肺止咳、清热利尿、消肿散结的功效，可增强免疫力、促进人体内胰岛素分泌，可有效地防治糖尿病、预防肝肾病变。

273 菥蓂

拉丁学名：*Thlaspi arvense* L.；十字花科菥蓂属。别名：遏蓝菜、败酱草、犁头草、野榆钱、巴日嘎。

形态特征：一年生草本，高 9~60 厘米，无毛。茎直立，不分枝或分枝，具棱。基生叶倒卵状长圆形，长 3~5 厘米，宽 1~1.5 厘米，顶端圆钝或急尖，基部抱茎，两侧箭形，边缘具疏齿；叶柄长 1~3 厘米。总状花序顶生；花白色，直径约 2 毫米；花梗细，长 5~10 毫米；萼片直立，卵形，长约 2 毫米，顶端圆钝；

花瓣长圆状倒卵形，长 2~4 毫米，顶端圆钝或微凹。短角果倒卵形或近圆形，长 13~16 毫米，宽 9~13 毫米，扁平，顶端凹入，边缘有翅，宽约 3 毫米。种子每室 2~8 个，倒卵形，长约 1.5 毫米，稍扁平，黄褐色，有同心环状条纹。花期 3—4 月，果期 5—6 月。

主要利用形式：园林上可丛植于花坛、花径及岩石园中，林园或疏林下也可用作地被材料。全草、嫩苗和种子均入药。种子油供制肥皂，也作润滑油，还可食用。全草清热解毒、利湿消肿、和中开胃，可治阑尾炎、肺脓疡、痈疖肿毒、丹毒、白带、肾炎、肝硬化腹水以及小儿消化不良。种子利肝明目。嫩苗和中益气、利肝明目；嫩苗用水炸后，浸去酸辣味，可加油盐调食。

274 喜树

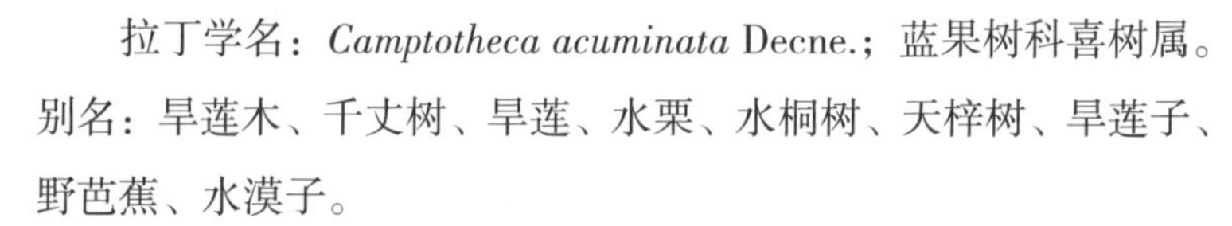

拉丁学名：*Camptotheca acuminata* Decne.；蓝果树科喜树属。别名：旱莲木、千丈树、旱莲、水栗、水桐树、天梓树、旱莲子、野芭蕉、水漠子。

形态特征：落叶乔木。树皮灰色或浅灰色，纵裂成浅沟状。小枝圆柱形，平展；冬芽腋生，锥状，有 4 对卵形的鳞片。叶互生，纸质，矩圆状卵形或矩圆状椭圆形，全缘，上面亮绿色，下面淡绿色，中脉在上面微下凹，在下面凸起，侧脉 11~15 对；叶柄上面扁平或略呈浅沟状，下面圆形。头状花序近球形，常由 2~9 个头状花序组成圆锥花序，顶生或腋生，通常上部为雌花序，下部为雄花序，总花梗圆柱形，幼时有微柔毛，其后无毛。花杂性，同株；苞片 3 枚，三角状卵形，内外两面均有短柔毛；花萼杯状，5 浅裂，裂片齿状，边缘睫毛状；花瓣 5 枚，淡绿色，矩圆形或矩圆状卵形，外面密被短柔毛，早落；花盘显著，微裂；雄蕊 10，外轮 5 枚较长，内轮 5 枚较短，花丝纤细，无毛，花药 4 室；子房下位，花柱无毛，顶端通常分 2 枝。翅果矩圆形，幼时绿色，干燥后黄褐色，着生成近球形的头状果序。花期 5—7 月，果期 9 月。为第一批二级国家重点保护野生植物。

主要利用形式：本种速生，可作为庭园树或行道树。其果实、根、树皮、树枝、叶均可入药，主要含生物碱，具有抗癌、清热杀虫的功能，主治胃癌、结肠癌、直肠癌、膀胱癌、慢性粒细胞性白血病和急性淋巴细胞性白血病；外用治牛皮癣。工业上多用作提取喜树碱的原料。木材轻软，可制家具及造纸。

275 狭叶米口袋

拉丁学名：*Gueldenstaedtia stenophylla* Bunge；豆科米口袋属。别名：地丁、细叶米口袋。

形态特征：多年生草本。主根细长，分茎较缩短，具宿存托叶。叶被疏柔毛；叶柄约为叶长的五分之二；托叶宽三角形至三角形，被稀疏长柔毛，基部合生；小叶 7~19 片，早春生的小叶卵形，夏秋的线形，先端急尖，钝头或截形，顶端具细尖，两面被疏柔毛。伞形花序具 2~3 朵花，有时 4 朵；总花梗纤细，被白色疏柔毛，在花期较叶为长；花梗极短或近无梗；苞片及小苞片披针形，密被长柔毛；萼筒钟状，上 2 萼齿最大，下 3 萼齿较狭小；花冠粉红色；旗瓣近圆形，先端微缺，基部渐狭成瓣柄，翼瓣狭楔形，具斜截头，种子肾形，具凹点。花期 4 月，果期 5—6 月。

主要利用形式：野生。全草入药，能清热解毒，可治痈疽疔毒、恶疮瘰疬。

276 狭叶十大功劳

拉丁学名：*Mahonia fortunei*（Lindl.）Fedde；小檗科十大功劳属。别名：老鼠刺、猫刺叶、黄天竹、土黄柏、细叶十大功劳、刺黄芩。

形态特征：灌木，高 0.5~2（~4）米。叶倒卵形至倒卵状披针形，长 10~28 厘米，宽 8~18 厘米，具 2~5 对小叶，最下一对小叶外形与往上小叶相似，距叶柄基部 2~9 厘米，上面暗绿至深绿色，叶脉不显，背面淡黄色，偶稍苍白色，叶脉隆起，叶轴粗 1~2 毫米，节间 1.5~4 厘米，往上渐短；小叶无柄或近无柄，狭披针形至狭椭圆形，长 4.5~14 厘米，宽 0.9~2.5 厘米，基部楔形，边缘每边具 5~10 刺齿，先端急尖或渐尖。总状花序 4~10 个簇生，长 3~7 厘米；芽鳞披针形至三角状卵形，长 5~10 毫米，宽 3~5 毫米；花梗长 2~2.5 毫米；苞片卵形，急尖，长 1.5~2.5 毫米，宽 1~1.2 毫米；花黄色；外萼片卵形或三角状卵形，长 1.5~3 毫米，宽约 1.5 毫米，中萼片长圆状椭圆形，长 3.8~5 毫米，宽 2~3 毫米，内萼片长圆状椭圆形，长 4~5.5 毫米，宽 2.1~2.5 毫米；花瓣长圆形，长 3.5~4 毫米，宽 1.5~2 毫米，基部腺体明显，先端微缺裂，裂片急尖；雄蕊长 2~2.5 毫米，药隔不延伸，顶端平截；子房长 1.1~2 毫米，无花柱，胚珠 2 枚。浆果球形，直径 4~6 毫米，紫黑色，被白粉。花期 7—9 月，果期 9—11 月。

主要利用形式：常见园林矮小观叶灌木。本种对二氧化硫的抗性较强。根和茎有清热解毒、滋阴强壮、消肿止痛的功效，主治急性和慢性肝炎、细菌性痢疾、支气管炎、目赤肿痛。叶片为清凉的滋补强壮药，服后不会上火，并能治疗肺结核和感冒。

277 夏枯草

拉丁学名：*Prunella vulgaris* L.；唇形科夏枯草属。别名：麦穗夏枯草、铁线夏枯草、麦夏枯、铁线夏枯、夕句、乃东、九重楼、大头花、铁色草等。

形态特征：多年生草本，茎高达 30 厘米。基部多分枝，紫红色，疏被糙伏毛或近无毛。叶卵状长圆形或卵形，长 1.5~6 厘米，先端钝，基部圆、平截或宽楔形下延，具浅波状齿或近全缘，上面疏被长柔毛或近无毛，下面近无毛；叶柄长 0.7~2.5 厘米。穗状花序长 2~4 厘米；苞叶近卵形，苞片淡紫色，宽心形，先端骤尖，脉疏被糙硬毛。花萼钟形，长约 1 厘米，疏被糙硬毛，上唇近扁圆形，下唇齿先端渐尖；花冠紫、红紫或白色，长约 1.3 厘米，稍伸出，无毛，冠筒长约 7 毫米，喉部径约 4 毫米，上唇近圆形，稍盔状，下唇中裂片近心形，具流苏状小裂片，侧裂片长圆形；

前对雄蕊长。小坚果长圆状卵球形，长 1.8 毫米，微具单沟纹。花期 4—6 月，果期 7—10 月。

主要利用形式：果穗入药，性味辛苦寒，归肝、胆经，具有清热泻火、明目、散结消肿的功效，可治目赤肿痛、目珠夜痛、头痛眩晕、瘰疬、瘿瘤、乳痈、乳癖、乳房胀痛。

278 夏至草

拉丁学名：*Lagopsis supina*（Steph. ex Willd.）Ik. -Gal.；唇形科夏至草属。别名：灯笼棵、白花夏枯、白花益母、小益母草。

形态特征：多年生草本。具圆锥形的主根。茎四棱形，具沟槽，带紫红色，密被微柔毛，常在基部分枝。叶轮廓为圆形，先端圆形，基部心形，3 深裂，裂片有圆齿或长圆形犬齿，叶片两面均绿色，上面疏生微柔毛，下面沿脉上被长柔毛，余部具腺点，边缘具纤毛，脉掌状，3~5 出；叶柄长，上部叶的较短，扁平，上面微具沟槽。轮伞花序疏花，在枝条上部者较密集，在下部者较疏松；小苞片稍短于萼筒，弯曲，刺状，密被微柔毛。花萼管状钟形，外密被微柔毛，内面无毛，脉 5，凸出，齿 5，不等大，三角形，先端刺尖，边缘有细纤毛，在果时明显展开，且 2 齿稍大。花冠白色，稀粉红色，稍伸出于萼筒，外面被绵状长柔毛，内面被微柔毛，在花丝基部有短柔毛；冠檐二唇形，上唇直伸，比下唇长，长圆形，全缘，下唇斜展，3 浅裂，中裂片扁圆形，两侧裂片椭圆形。雄蕊 4，着生于冠筒中部稍下，不伸出，后对较短；花药卵圆形，2 室。花柱先端 2 浅裂。花盘平顶。小坚果长卵形，褐色，有鳞粃。花期 3—4 月，果期 5—6 月。

主要利用形式：杂草。全草入药，味微苦性平，能活血调经，可治月经不调、产后瘀滞腹痛、血虚头昏、半身不遂、跌打损伤、水肿、小便不利、目赤肿痛、疮痈、冻疮、牙痛、皮疹瘙痒。

279 仙人掌

拉丁学名：*Opuntia stricta*（Haw.）Haw. var. *dillenii*（Ker-Gawl.）Benson；仙人掌科仙人掌属。别名：仙巴掌、霸王树、火焰、火掌、牛舌头、凤尾簕、龙舌、平虑草、老鸦舌、神仙掌、霸王、观音掌、观音刺、刺巴掌、番花、麒麟花、佛手刺、避火簪。

形态特征：丛生肉质灌木，高（1~）1.5~3 米。上部分枝宽倒卵形、倒卵状椭圆形或近圆形，长 10~35（~40）厘米，宽 7.5~20（~25）厘米，厚达 1.2~2 厘米，先端圆形，边缘通常不规则波状，基部楔形或渐狭；小窠疏生，直径 0.2~0.9 厘米，明显凸出，成长后刺常增粗并增多，每小窠具（1~）3~10（~20）根刺，密生短绵毛和倒刺刚毛。叶钻形，长 4~6 毫米，绿色，早落。花辐状，直径 5~6.5 厘米；花托倒卵形，长 3.3~3.5 厘米，直径 1.7~2.2 厘米，顶端截形并凹陷，基部渐狭，绿色，疏生凸出的小窠，小窠具短绵毛、倒刺刚毛和钻形刺；萼状花被片宽倒卵形至狭倒卵形，长 10~25 毫米，宽 6~12 毫米，先端急尖或圆形，具小尖头，黄色，具绿色中肋；瓣状花被片倒卵形或匙状倒卵形，长 25~30 毫米，宽 12~23 毫米，先端圆形、截形或微凹，边缘全缘或浅啮蚀状；花丝淡黄色，长 9~11 毫米；花药长约 1.5 毫米，黄色；花柱长 11~18 毫米，直径 1.5~2 毫米，淡黄色；柱头 5，长 4.5~5 毫米，黄白色。浆果倒卵球形，顶端凹陷，基部多少狭缩成柄状，长 4~6 厘米，直径 2.5~4 厘米，表面平滑无毛，紫红色，每侧具 5~10 个凸起的小窠，小窠具短绵毛、倒刺刚毛和钻形刺。种子多数，扁圆形，长 4~6 毫米，宽 4~4.5 毫米，厚约 2 毫米，边缘稍不规则，淡黄褐色。花期 6—10（—12）月。

主要利用形式：通常栽作围篱。果实清香甜美，以鲜食为主。墨西哥许多干旱地区成片种植饲料用仙人掌，可作为牲畜的全价饲料。根及茎味苦性寒，归胃、肺、大肠经，能行气活血、凉血止血、解毒消肿，可治胃痛、痞块、痢疾、喉痛、肺热咳嗽、肺痨咯血、吐血、痔血、疮疡疔疖、乳痈、痄腮、癣疾、蛇虫咬伤、烫伤以及冻伤。

280 苋菜

拉丁学名：*Amaranthus tricolor* L.；苋科苋属。别名：青香苋、玉米菜、红苋菜、千菜谷、红菜、荇菜、寒菜、汉菜。

形态特征：一年生草本。茎粗壮，绿色或红色，常分枝，幼时有毛或无毛。叶片卵形、菱状卵形或披针形，绿色或常呈红色，紫色或黄色，或部分绿色夹杂其他颜色，顶端圆钝或尖凹，具凸尖，基部楔形，全缘或波状缘，无毛；叶柄绿色或红色。花簇腋生，直到下部叶，或同时具顶生花簇，成下垂的穗状花序。花簇球形，雄花和雌花混生；苞片及小苞片卵状披针形，透明，背面具绿色或红色隆起中脉；花被片矩圆形，绿色或黄绿色，背面具绿色或紫色隆起中脉。胞果卵状矩圆形，环状横裂，包裹在宿存花被片内。种子近圆形或倒卵形，黑色或黑棕色，边缘钝。花期 5—8 月，果期 7—9 月。

主要利用形式：常见杂草，可栽培食用、药用和观赏，品种较多。根、果实及全草入药，有明目、利大小便、去寒热的功效。茎叶含多量赖氨酸、维生素 C、铁、钙等成分，味甘性寒，能清热解毒、利尿除湿、通利大便，可治痢疾便血或湿热腹胀，热淋，小便短赤，虚人、老人大便难等。脾虚易泻或便溏者慎食。

281 香椿

拉丁学名：*Toona sinensis*（A. Juss.）Roem.；楝科香椿属。别名：香椿铃、香铃子、香椿子、香椿芽。

形态特征：落叶乔木。树皮粗糙，深褐色，片状脱落。叶具长柄，偶数羽状复叶，长 30~50 厘米或更长；小叶 16~20，对生或互生，纸质，卵状披针形或卵状长椭圆形，长 9~15 厘米，宽 2.5~4 厘米，先端尾尖，基部一侧圆形，另一侧楔形，不对称，

边全缘或有疏离的小锯齿，两面均无毛，无斑点，背面常呈粉绿色，侧脉每边18~24条，平展，与中脉几成直角开出，背面略凸起；小叶柄长5~10毫米。圆锥花序与叶等长或更长，被稀疏的锈色短柔毛或有时近无毛，小聚伞花序生于短的小枝上，多花；花长4~5毫米，具短花梗；花萼5齿裂或浅波状，外面被柔毛，且有睫毛；花瓣5，白色，长圆形，先端钝，长4~5毫米，宽2~3毫米，无毛；雄蕊10，其中5枚能育，5枚退化；花盘无毛，近念珠状；子房圆锥形，有5条细沟纹，无毛，每室有胚珠8颗，花柱比子房长，柱头盘状。蒴果狭椭圆形，长2~3.5厘米，深褐色，有小而苍白色的皮孔，果瓣薄；种子基部通常钝，上端有膜质的长翅，下端无翅。花期6—8月，果期10—12月。

主要利用形式：名贵的木本蔬菜。香椿芽炒鸡蛋为名菜。嫩芽含有维生素E和性激素物质，可抗衰老和补阳滋阴，故有“助孕素”的美称。香椿芽具有清热利湿、利尿解毒的功效，可辅助治疗肠炎、痢疾、泌尿系统疾病。

282 香薷

拉丁学名：*Elsholtzia ciliata*（Thunb.）Hyland.；唇形科香薷属。别名：水芳花、山苏子、青龙刀香薷、荆芥、小荆芥、拉拉香、小叶苏子、蜜蜂草、水荆芥、臭香麻、真荆芥、臭荆芥、边枝花、酒饼叶、排香草、香草、野紫苏、鱼香草、香茹草、德昌香薷、野芝麻、野芭子。

形态特征：直立草本，具密集的须根。茎通常自中部以上分枝，钝四棱形，具槽，无毛或被疏柔毛，常呈麦秆黄色，老时变紫褐色。叶卵形或椭圆状披针形，先端渐尖，基部楔状下延成狭翅，边缘具锯齿，上面绿色，疏被小硬毛，下面淡绿色，主沿脉上疏被小硬毛，余部散布松脂状腺点，侧脉6~7对，与中肋两面稍明显；叶柄背平腹凸，边缘具狭翅，疏被小硬毛。穗状花序偏向一侧，由多花的轮伞花序组成；苞片宽卵圆形或扁圆形，先端具芒状突尖，尖头多半褪色，外面近无毛，疏布松脂状腺点，内面无毛，边缘具缘毛；花梗纤细，近无毛。花萼钟形，外面被疏柔毛，疏生腺点，内面无毛，萼齿 5，三角形，先端具针状尖头，边缘具缘毛。花冠淡紫色，外面被柔毛，上部夹生有稀疏腺点，喉部被疏柔毛，冠筒自基部向上渐宽，冠檐二唇形，上唇直立，先端微缺，下唇开展，3 裂，中裂片半圆形，侧裂片弧形，较中裂片短。雄蕊 4，前对较长，外伸，花丝无毛，花药紫黑色。花柱内藏，先端 2 浅裂。小坚果长圆形，棕黄色，光滑。花期 7—10 月，果期 10 月至第二年 1 月。

主要利用形式：杂草。全草入药，味辛性微温，入肺、胃经，能发汗解表、化湿和中、利水消肿，可治急性肠胃炎、腹痛吐泻、夏秋阳暑、头痛发热、恶寒无汗、霍乱、水肿、脚气、鼻衄、口臭等。嫩叶可喂猪。

283 向日葵

拉丁学名：*Helianthus annuus* L.；菊科向日葵属。别名：朝阳花、转日莲、向阳花、望日莲、太阳花。

形态特征：一年生草本，高 1~3.5 米。茎直立，圆形多棱角，质硬，被白色粗硬毛。广卵形的叶片通常互生，先端锐突或渐尖，有基出 3 脉，边缘具粗锯齿，两面粗糙，被毛，有长柄。头状花序，直径 10~30 厘米，单生于茎顶或枝端。总苞片多层，叶质，覆瓦状排列，被长硬毛，夏季开花，花序边缘生中性的黄色舌状花，不结实。花序中部为两性管状花，棕色或紫色，能结实。矩卵形瘦果，果皮木质化，灰色或黑色，称葵花籽。

主要利用形式：油料作物，有食用型、油用型和兼用型三大类。还可以净化空气和环境。其种子含油量较高，为重要的油料作物；药用具有平肝祛风、清湿热、消滞气的功效。花托、茎秆、果壳等可作饲料及工业原料。其种子、花盘、花穗、茎叶、茎髓、根、花等均可入药。种子油可作软膏的基础药；茎髓可作利尿消炎剂；叶与花瓣可作苦味健胃剂；果盘（花托）有降血压的作用。

284 小冠花

拉丁学名：*Coronilla varia* L.；豆科小冠花属。别名：多变小冠花、绣球小冠花。

形态特征：多年生草本。茎直立，粗壮，多分枝，疏展，高50~100厘米。茎、小枝圆柱形，具条棱，髓心白色，幼时稀被白色短柔毛，后变无毛。奇数羽状复叶，具小叶11~17（~25）；托叶小，膜质，披针形，长3毫米，分离，无毛；叶柄短，长约5毫米，无毛；小叶薄纸质，椭圆形或长圆形，长15~25毫米，宽4~8毫米，先端具短尖头，基部近圆形，两面无毛；侧脉每边4~5条，可见，小脉不明显；小托叶小；小叶柄长约1毫米，无毛；伞形花序腋生，长5~6厘米，比叶短；总花梗长约5厘米，疏生小刺，花5~10（20）朵，密集排列成绣球状，苞片2，披针形，宿存；花梗短；小苞片2，披针形，宿存；花萼膜质，萼齿短于萼管；花冠紫色、淡红色或白色，有明显紫色条纹，长8~12毫米，旗瓣近圆形，翼瓣近长圆形；龙骨瓣先端成喙状，喙紫黑色，向内弯曲。荚果细长圆柱形，稍扁，具4棱，先端有宿存的喙状花柱，荚节长约1.5厘米，各荚节有种子1颗；种子长圆状倒卵形，光滑，黄褐色，长约3毫米，宽约1毫米，种脐长0.7毫米。花期6—7月，果期8—9月。

主要利用形式：本种抗逆性和固土能力很强，生长蔓延快，覆盖度强，花紫红色，可作花卉。幼嫩植株蛋白质含量高，可作饲料。全草性味苦寒，入药可强心利尿，主治心悸、心慌、水肿、气短。

285 小葫芦

拉丁学名：*Lagenaria siceraria*（Molina）Standl. var. *microcarpa*（Naud.）Hara；葫芦科葫芦属。别名：腰葫芦、观赏葫芦。

形态特征：一年生攀缘草本。茎、枝具沟纹，被黏质长柔毛，老后渐脱落，变近无毛。叶柄纤细，长仅约 10 厘米。有和茎枝一样的毛被，顶端有 2 腺体。叶片卵状心形或肾状卵形，长、宽均 10~35 厘米，不分裂或 3~5 裂，具 5~7 掌状脉，先端锐尖，边缘有不规则的齿，基部心形，弯缺开张，半圆形或近圆形，深 1~3 厘米，宽 2~6 厘米，两面均被微柔毛，叶背及脉上较密。卷须纤细，初时有微柔毛，后渐脱落，变光滑无毛，上部分 2 歧。雌雄同株，雌、雄花均单生。雄花：花梗细，比叶柄稍长，花梗、花萼、花冠均被微柔毛；花萼筒漏斗状，长约 2 厘米，裂片披针形，长 5 毫米；花冠黄色，裂片皱波状，长 3~4 厘米，宽 2~3 厘米，先端微缺而顶端有小尖头，5 脉；雄蕊 3，花丝长 3~4 毫米，花药长 8~10 毫米，长圆形，药室折曲。雌花：花梗比叶柄稍短或近等长；花萼和花冠似雄花；花萼筒长 2~3 毫米；子房中间缢细，密生黏质长柔毛，花柱粗短，柱头 3，膨大，2 裂。果实初为绿色，后变白色至带黄色。果形变异很大，因不同品种或变种而异，有的呈哑铃状，中间缢细，下部和上部膨大，上部大于下部，植株结实较多，果实形状虽似葫芦，但较小，有的呈扁球形棒状或钩状，成熟后果皮变木质。种子白色，倒卵形或三角形，顶端截形或 2 齿裂，稀圆，长约 20 毫米。花期夏季，果期秋季。

主要利用形式：观果型草质藤本。果实观赏价值高，可制成多种工艺品。该种果实药用，成熟后外壳木质化，可作儿童玩具。种子油可制肥皂。葫芦谐音为“福禄”，是古老的吉祥物。

286 小花山桃草

拉丁学名：*Gaura parviflora* Dougl.；柳叶菜科山桃草属。别名：山桃草。

形态特征：一年生草本。主根径达 2 厘米。全株尤茎上部、花序、叶、苞片、萼片密被伸展灰白色长毛与腺毛；茎直立，不分枝，或在顶部花序之下少数分枝，高 50~100 厘米。基生叶宽倒披针形，先端锐尖，基部渐狭下延至柄。茎生叶狭椭圆形、长圆状卵形，有时菱状卵形，先端渐尖或锐尖，基部楔形下延至柄，

侧脉6~12对。花序穗状，有时有少数分枝，生茎枝顶端，常下垂；苞片线形。花傍晚开放；花管带红色，径约0.3毫米；萼片绿色，线状披针形，花期反折；花瓣白色，以后变红色，倒卵形，先端钝，基部具爪；花丝长1.5~2.5毫米，基部具鳞片状附属物，花药黄色，长圆形，花粉在开花时或开花前直接授粉在柱头上（自花受精）；花柱长3~6毫米，伸出花管部分长1.5~2.2毫米；柱头围以花药，具深4裂。蒴果坚果状，纺锤形，具不明显4棱。种子4枚，或3枚（其中1室的胚珠不发育），卵状，长3~4毫米，径1~1.5毫米，红棕色。花期7—8月，果期8—9月。

主要利用形式：恶性杂草，对环境的适应性较强，在铁路旁、河岸、公路旁等废弃地都能形成小花山桃草的单优种群，危害农田或草坪。动物也不爱吃。本种具有较强的化感作用，能抑制萝卜、小麦和白菜种子萌发，而且对狗尾草、牛筋草、矮生牵牛等常见杂草也具有不同程度的抑制作用。

287 小花糖芥

拉丁学名：*Erysimum cheiranthoides* L.；十字花科糖芥属。别名：桂竹糖芥、苦葶苈、野菜子、打水水花、金盏盏花。

形态特征：一年生或二年生草本。茎直立，分枝或不分枝，有棱角，具2叉毛。基生叶莲座状，无柄，平铺地面，叶片有2~3叉毛；茎生叶披针形或线形，边缘具深波状疏齿或近全缘，两面具3叉毛。总状花序顶生；萼片长圆形或线形，外面有3叉毛；花瓣浅黄色，长圆形，下部具爪。长角果圆柱形，侧扁，稍有棱，具3叉毛；果瓣有1条不明显中脉；花柱柱头头状；果梗粗；种子每室1行，种子卵形，淡褐色。花期4—6月，果期6—7月。

主要利用形式：杂草。有的地区用其种子充葶苈子作药用。全草性味辛苦寒，有小毒，归心、脾、胃经，能强心利尿、和胃消食，主治心力衰竭、心悸、浮肿、脾胃不和、食积不化。

288 小苜蓿

拉丁学名：*Medicago minima*（L.） Grufb.；豆科苜蓿属。别名：三叶草。

形态特征：一年生草本，高 5~30 厘米。全株被伸展柔毛，偶杂有腺毛；主根粗壮，深入土中。茎铺散，平卧并上升，基部多分枝羽状三出复叶；托叶卵形，先端锐尖，基部圆形，全缘或不明显浅齿；叶柄细柔，长 5~10（~20）毫米；小叶倒卵形，几等大，长 5~8（~12）毫米，宽 3~7 毫米，纸质，先端圆或凹缺，具细尖，基部楔形，边缘三分之一以上具锯齿，两面均被毛。花序头状，具花 3~6（~8）朵，疏松；总花梗细，挺直，腋生，通常比叶长，有时甚短；苞片细小，刺毛状；花长 3~4 毫米；花梗甚短或无梗；萼钟形，密被柔毛，萼齿披针形，不等长，与萼筒等长或稍长；花冠淡黄色，旗瓣阔卵形，显著比翼瓣和龙骨瓣长。荚果球形，旋转 3~5 圈，直径 2.5~4.5 毫米，边缝具 3 条棱，被长棘刺，通常长等于半径，水平伸展，尖端钩状；种子每圈有 1~2 粒。种子长肾形，长 1.5~2 毫米，棕色，平滑。花期 3—4 月，果期 4—5 月。

主要利用形式：栽培作物，逸为野生。是各种畜禽均喜食的优质牧草，营养价值很高。不论青饲、放牧或是调制干草和青贮，适口性均好。

289 杏

拉丁学名：*Armeniaca vulgaris* Lam.； 蔷薇科杏属。别名：杏果、甜梅、叭达杏、杏实、杏子、北梅、归勒斯。

形态特征：乔木，高 5~8（12）米。树冠圆形、扁圆形或长圆形；树皮灰褐色，纵裂；多年生枝浅褐色，皮孔大而横生，一年生枝浅红褐色，有光泽，无毛，具多数小皮孔。叶片宽卵形或圆卵形，先端急尖至短渐尖，基部圆形至近心形，叶边有圆钝锯

齿，两面无毛或下面脉腋间具柔毛；叶柄无毛，基部常具 1~6 腺体。果实球形，稀倒卵形，白色、黄色至黄红色，常具红晕，微被短柔毛；果肉多汁，成熟时不开裂；核卵形或椭圆形，两侧扁平，顶端圆钝，基部对称，稀不对称，表面稍粗糙或平滑，腹棱较圆，常稍钝，背棱较直，腹面具龙骨状棱；种仁味苦或甜。

主要利用形式：重要经济果树树种和园林植物。果实内含较多的糖、蛋白质以及钙、磷等矿物质，另含维生素 A、维生素 C 等。杏木质地坚硬，是做家具的好材料；杏树枝条可作燃料；杏叶可作饲料。种仁入药，其味道微温，有小毒，能降气止咳平喘、润肠通便，可治咳嗽气喘、胸满痰多、血虚津枯、肠燥便秘。产妇、幼儿忌食。

290 旋复花

拉丁学名：*Inula japonica* Thunb.；菊科旋覆花属。别名：金佛花、旋覆花、金佛草、六月菊。

形态特征：多年生草本。根状茎短，横走或斜升，具须根。茎单生，基部具不定根。基部叶常较小，在花期枯萎；中部叶长圆形、长圆状披针形或披针形，基部多少狭窄，常有圆形半抱茎的小耳，无柄，顶端稍尖或渐尖，边缘有小尖头状疏齿或全缘，上面有疏毛或近无毛，下面有疏伏毛和腺点；中脉和侧脉有较密的长毛；上部叶渐狭小，线状披针形。多数或少数排列成疏散的伞房花序；花序梗细长。总苞半球形，总苞片约 6 层，线状披针形，近等长，但最外层常叶质而较长；外层基部革质，上部叶质，背面有伏毛或近无毛，有缘毛；内层除绿色中脉外干膜质，渐尖，有腺点和缘毛。舌状花黄色，冠毛白色，有 20 余微糙毛，与管状花近等长。瘦果圆柱形。花期 6—10 月，果期 9—11 月。

主要利用形式：杂草。根及叶药用具有降气、消痰、行水、止呕的功效，可治风寒咳嗽、痰饮蓄结、胸膈痞满、喘咳痰多、呕吐噫气、心下痞硬、刀伤、疔毒，煎服可平喘镇咳。花是健胃祛痰药，也治胸中痞闷、胃胀、咳嗽、呕逆等。

291 雪里蕻

拉丁学名：*Brassica juncea*（L.）Czern. et Coss. var. *multiceps* Tsen et Lee；十字花科芸薹属。别名：雪菜、春不老、霜不老、香青菜、辣菜缨子。

形态特征：《广群芳谱·蔬谱五》云："四明有菜名雪里蕻，雪深，诸菜冻损，此菜独青。"故名。一年生草本，高 30~150 厘米。常无毛，有时幼茎及叶具刺毛，带粉霜，有辣味；茎直立，有分枝。总状花序顶生，花后延长；花黄色，直径 7~10 毫米；花梗长 4~9 毫米；萼片淡黄色，长圆状椭圆形，长 4~5 毫米，直立开展；花瓣倒卵形，长 8~10 毫米，宽 4~5 毫米。长角果线形，长 3~5.5 厘米，宽 2~3.5 毫米，果瓣具 1 突出中脉；喙长 6~12 毫米；果梗长 5~15 毫米。种子球形，直径约 1 毫米，紫褐色。正常栽培花期 3—5 月，果期 5—6 月。三伏天栽培，可作为冬季蔬菜。

主要利用形式：常见蔬菜，北方地区多秋日栽培，叶盐腌可作冬天蔬菜。全草性温味甘辛，具有解毒消肿、开胃消食、温中利气的功效，可治疮痈肿痛、胸膈满闷、咳嗽痰多、牙龈肿烂、便秘等。

292 烟草

拉丁学名：*Nicotiana tabacum* L.；茄科烟草属。别名：烟叶、淡巴姑、建烟、关东烟、相思草、金丝醺、芬草、返魂香。

形态特征：一年生或有限多年生草本，全体被腺毛。根粗壮。茎高 0.7~2 米，基部稍木质化。叶矩圆状披针形、披针形、矩圆形或卵形，顶端渐尖，基部渐狭至茎成耳状而半抱茎，长 10~30（~70）厘米，宽 8~15（~30）厘米，柄不明显或成翅状柄。花序顶生，圆锥状，多花；花梗长 5~20 毫米。花萼筒状或筒状钟形，长 20~25 毫米，裂片三角状披针形，长短不等；花冠漏斗状，淡红色，筒部色更淡，稍弓曲，长3.5~5厘米，檐部宽1~1.5厘米，裂片急尖；雄蕊中1枚显著较其余4枚短，不伸出花冠喉部，花丝基部有毛。蒴果卵状或矩圆状，长约等于宿存萼。种子圆形或宽矩圆形，径约0.5毫米，褐色。夏秋季开花结果。

主要利用形式：经济作物。成熟叶片为烟草工业的原料，用作卷烟、旱烟、斗烟、雪茄烟原料。全株也可作农药杀虫剂，可灭钉螺、蚊、蝇、老鼠等；亦可药用，作麻醉、发汗、镇静和催吐剂，也用于治疗疔疮肿毒、头癣、白癣、秃疮、寄生虫及毒蛇咬伤。烟草能让人产生耐受性和依赖性，且对人产生多方面的危害，为著名的“上瘾植物”。

293 芫荽

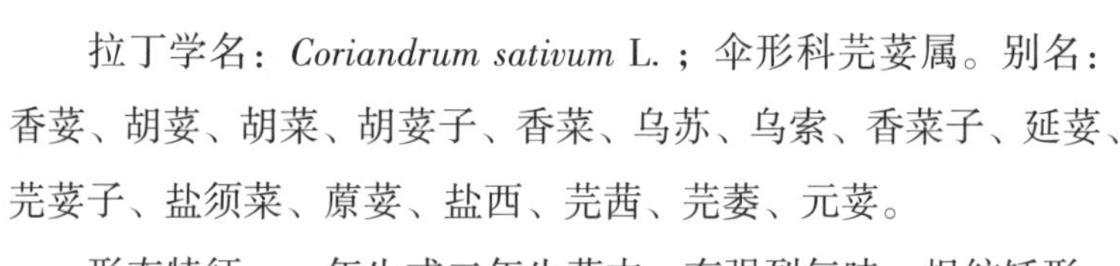

拉丁学名：*Coriandrum sativum* L.；伞形科芫荽属。别名：香荽、胡荽、胡菜、胡荽子、香菜、乌苏、乌索、香菜子、延荽、芫荽子、盐须菜、莀荽、盐西、芫茜、芫荾、元荽。

形态特征：一年生或二年生草本，有强烈气味。根纺锤形，细长，有多数纤细的支根。茎圆柱形，直立，多分枝，有条纹，通常光滑。根生叶有柄；叶片一或二回羽状全裂，羽片广卵形或扇形半裂，边缘有钝锯齿、缺刻或深裂，上部的茎生叶三回以至多回羽状分裂，末回裂片狭线形，全缘。伞形花序顶生或与叶对生；伞辐3~7；小总苞片2~5，线形，全缘；小伞形花序有孕花3~9，花白色或带淡紫色；萼齿通常大小不等，小的卵状三角形，大的长卵形；花瓣倒卵形，顶端有内凹的小舌片，辐射瓣通常全缘，有3~5脉；花药卵形；花柱幼时直立，果熟时向外反曲。果实圆球形，背面主棱及相邻的次棱明显。胚乳腹面内凹。油管不明显，或有1个位于次棱的下方。花果期4—11月。

主要利用形式：茎叶作蔬菜和调味香料，并有健胃消食的作用；果实可提芳香油；果入药，有祛风、透疹、健胃、祛痰、提肛、消积的功效。

294 盐肤木

拉丁学名：*Rhus chinensis* Mill.；漆树科盐肤木属。别名：五倍子树、五倍柴、五倍子、山梧桐、木五倍子、乌桃叶、乌盐泡、乌烟桃、乌酸桃、红叶桃、盐霜柏、盐酸木、敷烟树、蒲连盐、老公担盐、盐树根、土椿树、酸酱头、红盐果、倍子柴、角倍、肤杨树、盐肤子、盐酸白。

形态特征：落叶小乔木或灌木，高2~10米。小枝棕褐色，被锈色柔毛，具圆形小皮孔。奇数羽状复叶有小叶（2~）3~6对，叶轴具宽的叶状翅，叶轴和叶柄密被锈色柔毛；小叶多形，卵形或椭圆状卵形，或长圆形，长6~12厘米，宽3~7厘米，先端急尖，基部圆形，顶生小叶基部楔形，边缘具粗锯齿或圆齿；小叶无柄。圆锥花序宽大，多分枝，雄花序长30~40厘米，雌花序较短，密被锈色柔毛；苞片披针形，长约1毫米，被微柔毛，小苞片极小，花白色，花梗长约1毫米，被微柔毛。雄花：花萼外面被微柔毛，裂片长卵形，长约1毫米，边缘具细睫毛；花瓣倒卵状长圆形，长约2毫米，开花时外卷。雌花：花萼裂片较短，长约0.6毫米，外面被微柔毛，边缘具细睫毛；花瓣椭圆状卵形，长约1.6毫米，边缘具细睫毛，里面下部被柔毛。子房卵形，长约1毫米，密被白色微柔毛，花柱3，柱头头状。核果球形，略压扁，径4~5毫米，被具节柔毛和腺毛，成熟时红色，果核径3~4毫米。花期8—9月，果期10月。

主要利用形式：幼枝和叶可作土农药。果泡水可代醋用，生食酸咸止渴。种子可榨油。根、叶、花及果均可供药用，其味酸咸性凉，归肾经，能清热解毒、散瘀止血，主治感冒发热、支气管炎、咳嗽咯血、腹泻、痢疾、痔疮出血。根、叶外用可治跌打损伤、毒蛇咬伤和漆疮。

295 野艾蒿

拉丁学名：*Artemisia lavandulaefolia* DC.；菊科蒿属。别名：荫地蒿、野艾、小叶艾、狭叶艾、艾叶、苦艾、陈艾。

形态特征：多年生草本，植株有香气。主根稍明显，侧根多，有细而短的营养枝。茎少数，具纵棱，分枝多。叶纸质，上面绿色，具密集白色腺点及小凹点；基生叶与茎下部叶宽卵形或近圆形，二回羽状全裂或第一回全裂，第二回深裂，具长柄，花期叶萎谢；中部叶卵形、长圆形或近圆形，（一至）二回羽状全裂或第二回为深裂，每侧有裂片2~3枚；上部叶羽状全裂，具短柄或近无柄；苞片叶3，全裂或不分裂，线状披针形或披针形，先端尖，边反卷。头状花序极多数，椭圆形或长圆形，有短梗或近无梗，具小苞叶，在分枝的上半部排成密穗状或复穗状花序，并在茎上组成狭长或中等开展的圆锥花序，花后头状花序多下倾。总苞片3~4层，外层总苞片卵形或狭卵形，边缘狭膜质；中层总苞片长卵形，边缘宽膜质；内层总苞片长圆形或椭圆形，半膜质。雌花4~9朵，花冠狭管状，檐部具2裂齿，紫红色，花柱线形，伸出花冠外；两性花10~20朵，花冠管状，檐部紫红色，花药线形，先端附属物尖，长三角形，基部具短尖头。瘦果长卵形或倒卵形。花果期8—10月。

主要利用形式：杂草，可入药，作“艾”（家艾）的代用品，有散寒、祛湿、温经、止血的功效。嫩苗可作菜蔬或腌制酱菜食用。鲜草可作饲料。

296 野大豆

拉丁学名：*Glycine soja* Sieb. et Zucc.；豆科大豆属。别名：小落豆、小落豆秧、落豆秧、山黄豆、乌豆、野黄豆。

形态特征：一年生缠绕草本，长1~4米。茎、小枝纤细，全体疏被褐色长硬毛。叶具3小叶，长可达14厘米；托叶卵状披针形，急尖，被黄色柔毛。顶生小叶卵圆形或卵状披针形，长 3.5~6 厘米，宽 1.5~2.5 厘米，先端锐尖至钝圆，基部近圆形，全缘，两面均被绢状的糙伏毛，侧生小叶斜卵状披针形。总状花序通常短，稀长达 13 厘米；花小，长约 5 毫米；花梗密生黄色长硬毛；苞片披针形；花萼钟状，密生长毛，裂片 5，三角状披针形，先端锐尖；花冠淡红紫色或白色，旗瓣近圆形，先端微凹，基部具短瓣柄，翼瓣斜倒卵形，有明显的耳，龙骨瓣比旗瓣及翼瓣短小，密被长毛；花柱短而向一侧弯曲。荚果长圆形，稍弯，两侧稍扁，长 17~23 毫米，宽 4~5 毫米，密被长硬毛，种子间稍缢缩，干时易裂；种子 2~3 颗，椭圆形，稍扁，长 2.5~4 毫米，宽 1.8~2.5 毫米，褐色至黑色。花期 7—8 月，果期 8—10 月。

主要利用形式：为栽培大豆的原种。全株家畜喜食，可栽作牧草、绿肥和水土保持植物。茎皮纤维可织麻袋。种子含蛋白质 30%~45%，油脂 18%~22%，供食用，亦可制酱、酱油和豆腐等，又可榨油，油粕是优良饲料和肥料。全草味甘性微寒，可健脾益肾、止汗。种子味甘性温，能平肝、明目、强壮，治自汗、盗汗、风痹多汗、头晕、目昏、肾虚腰痛、筋骨疼痛、小儿消化不良。

297 野葛

拉丁学名：*Pueraria lobata*（Willd.）Ohwi；豆科葛属。别名：葛藤、甘葛、葛条。

形态特征：灌木状缠线藤本。枝纤细，薄被短柔毛或变无毛。叶大，偏斜；托叶背着，披针形，早落；小托叶小，刚毛状。顶生小叶倒卵形，长 10~13 厘米，先端尾状渐尖，基部三角形，全缘，上面绿色，变无毛，下面灰色，被疏毛。总状花序长 15~30 厘米，中部以上有颇密集的花；萼杯状，4 深裂，宿存；花冠长 10~12 毫米，紫色。荚果扁平，长 7.5~12.5 厘米，宽 6~12 毫米，无毛，果瓣近骨质。花期 9—10 月，果期 11—12 月。

主要利用形式：传统的药食同源植物，也是一种良好的水土保持植物。块根含淀粉，可制葛粉或酿酒。葛根、藤茎、叶、花、种子及葛粉均可入药。葛根味甘辛性平，有升阳解肌、透疹止泻、除烦止渴的功效，可治伤寒、温热头痛、烦热消渴、泄泻、痢疾、斑疹不透、高血压、心绞痛、耳聋等。葛粉由葛根制成，含丰富的黄酮，对“三高”、胃病有治疗功效，还可以美容丰胸。茎皮纤维供织布和造纸用。葛粉和葛花均可用于解酒。

298 野胡萝卜

拉丁学名：*Daucus carota* L.；伞形科胡萝卜属。别名：蛇床子、山萝卜、野茴香、鹤虱草。

形态特征：二年生草本。茎单生，全体有白色粗硬毛。基生叶薄膜质，长圆形，二至三回羽状全裂，末回裂片线形或披针形，顶端尖锐，有小尖头，光滑或有糙硬毛；茎生叶近无柄，有叶鞘，末回裂片小或细长。复伞形花序，有糙硬毛；总苞有多数苞片，呈叶状，羽状分裂，少有不裂的，裂片线形；伞辐多数，结果时外缘的伞辐向内弯曲；小总苞片5~7，线形，不分裂或2~3裂，边缘膜质，具纤毛；花通常白色，有时带淡红色；花柄不等长。果实圆卵形，棱上有白色刺毛。花期5—7月。

主要利用形式：杂草，其嫩茎、叶和根均可食用，非常适合脾虚人群。果实可提取芳香油。其根味甘微辛苦性凉，有小毒，能健脾化滞、凉肝止血、清热解毒、驱虫，可治疗腹泻、惊风、贫血、血淋、咽喉肿痛。

299 野芥菜

拉丁学名：*Raphanus raphanistrum* L.；十字花科萝卜属。别名：黄盖盖、野油菜。

形态特征：一年生或二年生草本。主根肥厚，向下直伸，有多数须根。茎直立，高15~90厘米，粗壮，多分枝，被向下的灰白色疏柔毛。叶椭圆状卵圆形或椭圆状披针形，长2~6厘米，宽0.8~2.5厘米，先端钝或急尖，基部圆形或楔形，边缘具圆齿、

牙齿或尖锯齿，草质，上面被稀疏的微硬毛，下面被短疏柔毛，余部散布黄褐色腺点；叶柄长 4~15 毫米，腹凹背凸，密被疏柔毛。轮伞花序 6 花，多数，在茎、枝顶端密集组成总状或总状圆锥花序，花序长 10~25 厘米，结果时延长；苞片披针形，长于或短于花萼；先端渐尖，基部渐狭，全缘，两面被疏柔毛，下面较密，边缘具缘毛；花梗长约 1 毫米，与花序轴密被疏柔毛。花萼钟形，长约 2.7 毫米，外面被疏柔毛，散布黄褐色腺点，内面喉部有微柔毛，二唇形，唇裂约至花萼长的三分之一，上唇全缘，先端具 3 个小尖头，下唇深裂成 2 齿，齿三角形，锐尖。花冠淡红、淡紫、紫、蓝紫至蓝色，稀白色，长 4.5 毫米；冠筒外面无毛，内面中部有毛环；冠檐二唇形，上唇长圆形，长约 1.8 毫米，宽 1 毫米，先端微凹，外面密被微柔毛，两侧折合，下唇长约 1.7 毫米，宽 3 毫米，外面被微柔毛，3 裂，中裂片最大，阔倒心形，顶端微凹或呈浅波状，侧裂片近半圆形。能育雄蕊 2，着生于下唇基部，略伸出花冠外，花丝长 1.5 毫米，药隔长约 1.5 毫米，弯成弧形，上臂和下臂等长，上臂具药室，二下臂不育，膨大，互相连合。花柱与花冠等长，先端不相等 2 裂，前裂片较长。花盘前方微隆起。小坚果倒卵圆形，直径 0.4 毫米，成熟时干燥，光滑。花期 4—5 月，果期 6—7 月。

主要利用形式：杂草，危害小麦、青稞、油菜、蚕豆、豌豆等多种作物。可作为野菜，但不可多食。

300 野老鹳草

拉丁学名：*Geranium carolinianum* L.；牻牛儿苗科老鹳草属。别名：老鹳嘴、老鸦嘴、贯筋、老贯筋、老牛筋。

形态特征：一年生草本，高 20~60 厘米。根纤细，单一或分枝，茎直立或仰卧，单一或多数，具棱角，密被倒向短柔毛。基生叶早枯，茎生叶互生或最上部对生；托叶披针形或三角状披针形，长 5~7 毫米，宽 1.5~2.5 毫米，外被短柔毛；茎下部叶具长柄，柄长为叶片的 2~3 倍，被倒向短柔毛，上部叶柄渐短；叶片圆肾形，长 2~3 厘米，宽 4~6 厘米，基部心形，掌状 5~7 裂近基部，裂片楔状倒卵形或菱形，下部楔形、全缘，上部羽状深裂，小裂片条状矩圆形，先端急尖，表面被短伏毛，背面主要沿脉被短伏毛。花序腋生和顶生，长于叶，被倒生短柔毛和开展的长腺毛，每总花梗具2花，顶生总花梗常数个集生，花序呈伞状；花梗与总花梗相似，等于或稍短于花；苞片钻状，长3~4毫米，被短柔毛；萼片长卵形或近椭圆形，长5~7毫米，宽3~4毫米，先端急尖，具长约1毫米的尖头，外被短柔毛或沿脉被开展的糙柔毛和腺毛；花瓣淡紫红色，倒卵形，稍长于萼，先端圆形，基部宽楔形，雄蕊稍短于萼片，中部以下被长糙柔毛；雌蕊稍长于雄蕊，密被糙柔毛。

主要利用形式：田间和果园常见杂草。全草入药，能祛风、收敛、止泻、活血、清热解毒，可治风湿疼痛、拘挛麻木、痈疽、跌打、肠炎、痢疾等。

301 野西瓜苗

拉丁学名：*Hibiscus trionum* Linn.；锦葵科木槿属。别名：秃汉头、灯笼花、黑芝麻、尖炮草、天泡草、野芝麻、和尚头、油麻、香铃草、小秋葵、打瓜花、山西瓜秧。

形态特征：一年生直立或平卧草本。茎柔软，被白色星状粗毛。叶二型，下部的叶圆形，不分裂，上部的叶掌状3~5深裂，中裂片较长，两侧裂片较短，裂片倒卵形至长圆形，通常羽状全裂，上面疏被粗硬毛或无毛，下面疏被星状粗刺毛；托叶线形。花单生于叶腋，小苞片12，线形，基部合生；花萼钟形，淡绿色，被粗长硬毛或星状粗长硬毛，裂片5，膜质，三角形，具纵向紫色条纹，中部以上合生；花淡黄色，内面基部紫色，直径2~3厘米，花瓣5，倒卵形，外面疏被极细柔毛；雄蕊柱长约5毫米，花丝纤细，花药黄色；花柱枝5，无毛。蒴果长圆状球形，被粗硬毛，果爿5，果皮薄，黑色；种子肾形，黑色，具腺状突起。花期7—10月。

主要利用形式：全草和果实、种子作药用，具有清热解毒、利咽止咳的功效，可治咽喉肿痛、咳嗽、泻痢、疮毒、烧烫伤、急性关节炎等。

302 一年蓬

拉丁学名：*Erigeron annuus*（L.）Pers.；菊科飞蓬属。别名：女菀、野蒿、牙肿消、牙根消、千张草、墙头草、长毛草、地白菜、油麻草、白马兰、千层塔、治疟草、瞌睡草、白旋覆花。

形态特征：一年生或二年生草本。茎下部被长硬毛，上部被上弯短硬毛。基部叶长圆形或宽卵形，稀近圆形，长 4~17 厘米，基部窄成具翅长柄，具粗齿；下部茎生叶与基部叶同形，叶柄较短；中部和上部叶长圆状披针形或披针形，长 1~9 厘米，具短柄或无柄，有齿或近全缘；最上部叶线形；叶边缘被硬毛，两面被疏硬毛或近无毛。头状花序数个或多数，排成疏圆锥花序，总苞半球形，总苞片 3 层，披针形，淡绿色或多少褐色，背面密被腺毛和疏长毛；外围雌花舌状，2 层，长 6~8 毫米，管部长 1~1.5 毫米，上部被疏微毛，舌片平展，白色或淡天蓝色，线形，宽 0.6 毫米，先端具 2 小齿；中央两性花管状，黄色，管部长约 0.5 毫米，檐部近倒锥形，裂片无毛；瘦果披针形，长约 1.2 毫米，扁，被疏贴柔毛；冠毛异形，雌花冠毛极短，小冠腺质鳞片结合成环状，两性花冠毛 2 层，外层鳞片状，内层为 10~15 刚毛。花期 6—9 月。

主要利用形式：全草可入药，味甘苦性凉，归胃、大肠经，能消食止泻、清热解毒、截疟，可治消化不良、胃肠炎、齿龈炎、疟疾、蛇咬伤。

303 一品红

拉丁学名：*Euphorbia pulcherrima* Willd. et Kl.；大戟科大戟属。别名：象牙红、老来娇、圣诞花、圣诞红、猩猩木。

形态特征：灌木。根圆柱状，极多分枝。茎直立，高 1~3（4）米，直径 1~4（5）厘米，无毛。叶互生，卵状椭圆形、长椭圆形或披针形，长 6~25 厘米，宽 4~10 厘米，先端渐尖或急尖，基部楔形或渐狭，绿色，边缘全缘或浅裂或波状浅裂，叶面被短柔毛或无毛，叶背被柔毛；叶柄长 2~5 厘米，无毛；无托叶；苞叶 5~7 枚，狭椭圆形，长 3~7 厘米，宽 1~2 厘米，通常全缘，极少边缘浅波状分裂，朱红色；叶柄长 2~6 厘米。花序数个聚伞排列于枝顶；花序柄长 3~4 毫米；总苞坛状，淡绿色，高 7~9 毫米，直径 6~8 毫米，边缘齿状 5 裂，裂片三角形，无毛；腺体常 1 枚，极少 2 枚，黄色，常压扁，呈二唇状，长 4~5 毫米，宽约 3 毫米。雄花多数，常伸出总苞之外；苞片丝状，具柔毛；雌花 1 枚，子房柄明显伸出总苞之外，无毛；子房光滑；花柱 3，中部以下合生；柱头 2 深裂。蒴果，三棱状圆形，长 1.5~2.0 厘米，直径约 1.5 厘米，平滑无毛。种子卵状，长约 1 厘米，直径 8~9 毫米，灰色或淡灰色，近平滑；无种阜。花果期 10 月至第二年 4 月。

主要利用形式：常见室内观叶植物，汁液有毒。茎叶性味苦涩凉，有小毒，可消肿、调经止血、接骨，治跌打损伤、月经过多、外伤出血、骨折。

304 益母草

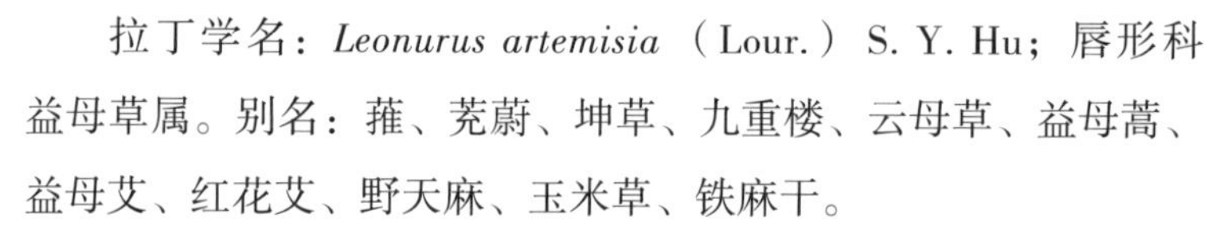

拉丁学名：*Leonurus artemisia*（Lour.）S. Y. Hu；唇形科益母草属。别名：蓷、茺蔚、坤草、九重楼、云母草、益母蒿、益母艾、红花艾、野天麻、玉米草、铁麻干。

形态特征：一年生或二年生草本。有于其上密生须根的主根。茎直立，通常高 30~120 厘米，钝四棱形，微具槽，有倒向糙伏毛，在节及棱上尤为密集，在基部有时近于无毛，多分枝，或仅于茎中部以上有能育的小枝条。叶轮廓变化很大，茎下部叶轮廓为卵形，基部宽楔形，掌状 3 裂，裂片呈长圆状菱形至卵圆形，通常长 2.5~6 厘米，宽 1.5~4 厘米，裂片上再分裂，上面绿色，有糙伏毛，叶脉稍下陷，下面淡绿色，被疏柔毛及腺点，叶脉凸出，叶柄纤细，长 2~3 厘米，由于叶基下延而在上部略具翅，腹面具槽，背面圆形，被糙伏毛；茎中部叶轮廓为菱形，较小，通常分裂成 3 个或偶有多个长圆状线形的裂片，基部狭楔形，叶柄长 0.5~2 厘米。花序最上部的苞叶近于无柄，线形或线状披针形，长 3~12 厘米，宽 2~8 毫米，全缘或具稀少牙齿。轮伞花序腋生，具 8~15 花，轮廓为圆球形，径 2~2.5 厘米，多数远离而组成长穗状花序；小苞片刺状，向上伸出，基部略弯曲，比萼筒短，长约 5 毫米，有贴生的微柔毛；花梗无。花期通常在 6—9 月，果期 9—10 月。

主要利用形式：常见中药，野生和栽培都有。干燥地上部分为常用中药，是妇科病要药。其味辛苦性凉，能活血、祛瘀、调经、消水、利尿消肿、收缩子宫，可治月经不调、胎漏难产、胞衣不下、产后血晕、瘀血腹痛、崩中漏下、尿血、泻血及痈肿疮疡。益母草煲鸡蛋属于家常菜。

305 茵陈蒿

拉丁学名：*Artemisia capillaries* Thunb.；菊科蒿属。别名：因尘、因陈、茵陈、绵茵陈、白茵陈、日本茵陈、家茵陈、绒蒿、臭蒿、安吕草。

形态特征：半灌木状草本，植株有浓烈的香气。主根明显木质，垂直或斜向下伸长；根茎直径 5~8 毫米，直立，稀少斜上展或横卧，常有细的营养枝。茎单生或少数，高 40~120 厘米或更长；茎、枝初时密生灰白色或灰黄色绢质柔毛，后渐稀疏或脱落无毛。营养枝端有密集叶丛，基生叶密集着生，常成莲座状；基生叶、茎下部叶与营养枝叶两面均被棕黄色或灰黄色绢质柔毛。叶卵圆形或卵状椭圆形，长 2~4（~5）厘米，宽 1.5~3.5 厘米，二（至三）回羽状全裂，每侧有裂片 2~3（~4）枚，每裂片再 3~5 全裂，叶柄长 3~7 毫米，花期上述叶均萎谢；中部叶宽卵形、近圆形或卵圆形，长 2~3 厘米，宽 1.5~2.5 厘米，（一至）二回羽状全裂，小裂片狭线形或丝线形，通常细直、不弧曲，长 8~12 毫米，宽 0.3~1 毫米，近无毛，顶端微尖，基部裂片常半抱茎，近无叶柄；上部叶与苞片叶羽状 5 全裂或 3 全裂，基部裂片半抱茎。头状花序卵球形，稀近球形，多数，直径 1.5~2 毫米，有短梗及线形的小苞叶，常排成复总状花序，并在茎上端组成大型、开展的圆锥花序；总苞片 3~4 层，外层总苞片草质；中、内层总苞片椭圆形，近膜质或膜质；花序托小，凸起；雌花 6~10 朵，花冠狭管状或狭圆锥状，檐部具 2（~3）裂齿，花柱细长，伸出花冠外，先端 2 叉，叉端尖锐；两性花 3~7 朵，不孕育，花冠管状，花药线形，先端附属物尖，长三角形，基部圆钝，花柱短，上端棒状，2 裂，不叉开，退化子房极小。瘦果长圆形或长卵形。花果期 7—10 月。

主要利用形式：早春采摘基生叶，嫩苗与幼叶入药，中药称“因陈”“茵陈”或“绵茵陈”，为治肝、胆疾患的主要成分，并可治疗风湿、寒热、邪气热结、黄疸等。本种水提取液对多种杆菌、球菌有抑制作用；挥发油有抗霉菌的作用。本种还作青蒿的代用品入药。幼嫩枝、叶可作菜蔬或酿制茵陈酒，具有很好的保健功能。鲜草或干草可作家畜饲料。

306　樱桃

拉丁学名：*Cerasus pseudocerasus*（Lindl.）G. Don；蔷薇科樱属。别名：车厘子、莺桃、荆桃、楔桃、英桃、牛桃、樱珠、含桃、玛瑙。

形态特征：乔木，高 2~6 米。树皮灰白色。小枝灰褐色，嫩枝绿色，无毛或被疏柔毛。冬芽卵形，无毛。叶片卵形或长圆状卵形，长 5~12 厘米，宽 3~5 厘米，先端渐尖或尾状渐尖，基部圆形，边有尖锐重锯齿，齿端有小腺体，上面暗绿色，近无毛，下面淡绿色，沿脉或脉间有稀疏柔毛，侧脉 9~11 对；叶柄长 0.7~1.5 厘米，被疏柔毛，先端有 1 或 2 个大腺体；托叶早落，披针形，有羽裂腺齿。花序伞房状或近伞形，有花 3~6 朵，先叶开放；总苞倒卵状椭圆形，褐色，长约 5 毫米，宽约 3 毫米，边有腺齿；花梗长 0.8~1.9 厘米，被疏柔毛；萼筒钟状，长 3~6 毫米，宽 2~3 毫米，外面被疏柔毛，萼片三角卵圆形或卵状长圆形，先端急尖或钝，边缘全缘，长为萼筒的一半或过半；花瓣白色，卵圆形，先端下凹或二裂；雄蕊 30~35 枚，栽培者可达 50 枚；花柱与雄蕊近等长，无毛。核果近球形，红色，直径 0.9~1.3 厘米。花期 3—4 月，果期 5—6 月。

主要利用形式：常见水果，栽培历史悠久，品种颇多，供食用，也可酿樱桃酒。枝、叶、根、花也可供药用。果实性味甘酸微温，能益脾胃、滋养肝肾、涩精止泻，可治脾胃虚弱、少食腹泻、脾胃阴伤、口舌干燥、肝肾不足、腰膝酸软、四肢乏力、遗精、血虚、头晕心悸、面色不华等。

307 油菜

拉丁学名：*Brassica napus* L.；十字花科芸薹属。别名：芸薹、寒菜、胡菜、苦菜、油白菜、薹芥、瓢儿菜、佛佛菜。

形态特征：一年生草本。直根系，茎直立，分枝较少，株高 30~90 厘米。叶互生，分基生叶和茎生叶两种。基生叶不发达，匍匐生长，椭圆形，长 10~20 厘米，有叶柄，大头羽状分裂，顶生裂片圆形或卵形，侧生琴状裂片 5 对，密被刺毛，有蜡粉。茎生叶和分枝叶无叶柄，下部茎生叶羽状半裂，基部扩展且抱茎，两面有硬毛和缘毛；上部茎生叶提琴形或披针形，基部心形，抱茎，两侧有垂耳，全缘或有枝状细齿。总状无限花序，着生于主茎或分枝顶端。花黄色，花瓣 4，为典型的十字形。雄蕊 6 枚，为 4 强雄蕊。长角果条形，长 3~8 厘米，宽 2~3 毫米，先端有长 9~24 毫米的喙，果梗长 3~15 毫米。种子球形，紫褐色。果实为长角果，由两片荚壳组成，中间有一隔膜，两侧各有 10 个左右的种子，种子的颜色呈深红色，或黑色，或黄色，不同的品种颜色不一样。

主要利用形式：著名蔬菜和油料作物，叶可食用。种子性味辛温，能行滞活血、消肿解毒，可治痈肿丹毒、劳伤吐血、热疮、产后心腹诸疾及恶露不下、产后泄泻、蛔虫肠梗阻、血痢、胃痛、神经痛、头部充血。叶片作蔬菜，有降低血脂、解毒消肿、宽肠通便、美容保健、增强机体免疫能力的功效，一般人均可食用，特别适宜口腔溃疡、口角湿白、齿龈出血、牙齿松动、瘀血腹痛、癌症患者；痧痘、目疾、小儿麻疹后期、疥疮、狐臭等患者及孕早期妇女要少食。

308 虞美人

拉丁学名：*Papaver rhoeas* L.；罂粟科罂粟属。别名：丽春花、赛牡丹、满园春、仙女蒿、虞美人草、舞草、加曼（藏药）。

形态特征：一年生草本植物。全体被伸展的刚毛，稀无毛。茎直立，高25~90厘米，具分枝。叶片轮廓披针形或狭卵形，羽状分裂，裂片披针形。花单生于茎和分枝顶端，花蕾长圆状倒卵形，下垂；萼片2，宽椭圆形；花瓣4，圆形、横向宽椭圆形或宽倒卵形，长2.5~4.5厘米，全缘，稀圆齿状或顶端缺刻状，紫红色或其他花色，基部通常具深紫色斑点。蒴果宽倒卵形，长1~2.2厘米，无毛，具不明显的肋。种子多数，肾状长圆形，长约1毫米。花果期3—8月。

主要利用形式：常见草本花卉。花和全株入药，含多种生物碱，有镇咳、止泻、镇痛、镇静等功效。种子含油40%以上，可供食用。花可治疗血瘀疼痛，及热邪妄动所致的上身烦痛。

309 元宝槭

拉丁学名：*Acer truncatum* Bunge；槭树科槭属。别名：元宝枫、元宝树、平基槭、五叶槭、五脚树、华北五角枫、槭。

形态特征：落叶乔木。树皮灰褐色或深褐色，深纵裂。小枝无毛，当年生枝绿色，多年生枝灰褐色，具圆形皮孔。冬芽小，卵圆形；鳞片锐尖，外侧微被短柔毛。叶纸质，5裂，稀7裂；主脉5条，在上面显著，在下面微凸起；侧脉在上面微显著，在下面显著；叶柄长3~5厘米，稀达9厘米，无毛，稀嫩时顶端被短柔毛。花黄绿色，杂性，雄花与两性花同株，常成无毛的伞房花序；总花梗长1~2厘米；萼片5，黄绿色，长圆形，先端钝形；

花瓣 5，淡黄色或淡白色，长圆倒卵形；雄蕊 8，生于雄花者长 2~3 毫米，生于两性花者较短，着生于花盘的内缘，花药黄色，花丝无毛；花盘微裂；子房嫩时有黏性，无毛，花柱短，无毛，2 裂，柱头反卷，微弯曲；花梗细瘦，无毛。翅果嫩时淡绿色，成熟时淡黄色或淡褐色，常成下垂的伞房果序；小坚果压扁状；翅长圆形，两侧平行，常与小坚果等长，稀稍长，张开成锐角或钝角。花期 4 月，果期 8 月。

主要利用形式：良好的园林绿化和行道树种。抗烟尘能力强，适于厂矿绿化，也可作树桩盆景材料。嫩叶可作菜和代茶。种子含油丰富，可作工业原料。木材细密，可制造各种特殊用具，并可作建筑材料。元宝槭种仁含油量为 48%，机榨出油率为 35%，为优质食用油新资源。种仁含蛋白质 25%~27%，属完全蛋白质，是理想的蛋白质资源。

310 圆叶锦葵

拉丁学名：*Malva rotundifolia* Linn.；锦葵科锦葵属。别名：野锦葵、金爬齿、托盘果、烧饼花、土黄芪。

形态特征：多年生草本，高 25~50 厘米。分枝多而常匍生，被粗毛。叶肾形，长 1~3 厘米，宽 1~4 厘米，基部心形，边缘具细圆齿，偶为 5~7 浅裂，上面疏被长柔毛，下面疏被星状柔毛；叶柄长 3~12 厘米，被星状长柔毛；托叶小，卵状渐尖。花通常 3~4 朵簇生于叶腋，偶有单生于茎基部的，花梗不等长，长 2~5 厘米，疏被星状柔毛；小苞片 3，披针形，长约 5 毫米，被星状柔毛；萼钟形，长 5~6 毫米，被星状柔毛，裂片 5，三角状渐尖头；花白色至浅粉红色，长 10~12 毫米，花瓣 5，倒心形；雄蕊柱被短柔毛；花柱分枝 13~15。果扁圆形，径 5~6 毫米，分果爿 13~15，不为网状，被短柔毛；种子肾形，径约 1 毫米，被网纹或无网纹。花期夏季。

主要利用形式：杂草。根入药，性味甘温，能益气止汗、利尿通乳、托毒排脓，可治贫血、乳汁缺少、自汗、盗汗、肺结核咳嗽、肾炎水肿、血尿、崩漏、脱肛、子宫脱垂、疮疡溃后脓稀不易愈合等。

311 圆叶牵牛

拉丁学名：*Pharbitis purpurea*（L.）Voisgt；旋花科牵牛属。别名：牵牛花、小花牵牛、喇叭花、连簪簪、打碗花、紫花牵牛。

形态特征：一年生缠绕草本。茎上被倒向的短柔毛，杂有倒向或开展的长硬毛。叶圆心形或宽卵状心形，基部圆，心形，顶端锐尖、骤尖或渐尖，通常全缘，偶有3裂，两面疏或密被刚伏毛；叶柄长2~12厘米，毛被与茎同。花腋生，单一或2~5朵着生于花序梗顶端成伞形聚伞花序，花序梗比叶柄短或近等长，毛被与茎相同；苞片线形，被开展的长硬毛；花梗被倒向短柔毛及长硬毛；萼片近等长，外面3片长椭圆形，渐尖，内面2片线状披针形，外面均被开展的硬毛，基部更密；花冠漏斗状，紫红色、红色或白色，花冠管通常白色，瓣中于内面色深，外面色淡；雄蕊与花柱内藏；雄蕊不等长，花丝基部被柔毛；子房无毛，3室，每室2胚珠，柱头头状；花盘环状。蒴果近球形，3瓣裂。种子卵状三棱形，长约5毫米，黑褐色或米黄色，被极短的糠粃状毛。

主要利用形式：常见绿篱植物。种子有药用价值，能泻水下气、消肿杀虫，主治水肿、膨胀、痰饮喘咳、肠胃实热积滞、大便秘结、虫积、腹痛、癫痫及单纯性肥胖。

312 远志

拉丁学名：*Polygala tenuifolia* Willd.；远志科远志属。别名：葽绕、蕀蒬、棘菀、线儿茶、小草根、神砂草、小鸡腿、细叶远志、线茶。

形态特征：多年生草本，高15~50厘米。主根粗壮，韧皮部肉质，浅黄色，长达10余厘米。茎多数丛生，直立或倾斜，具纵棱槽，被短柔毛。单叶互生，叶片纸质，线形至线状披针形，

长 1~3 厘米，宽 0.5~1（~3）毫米，先端渐尖，基部楔形，全缘，反卷，无毛或极疏被微柔毛，主脉上面凹陷，背面隆起，侧脉不明显，近无柄。总状花序呈扁侧状生于小枝顶端，细弱，长 5~7 厘米，通常略俯垂，少花，稀疏；苞片 3，披针形，长约 1 毫米，先端渐尖，早落；萼片 5，宿存，无毛，外面 3 枚线状披针形，长约 2.5 毫米，急尖，里面 2 枚花瓣状，倒卵形或长圆形，长约 5 毫米，宽约 2.5 毫米，先端圆形，具短尖头，沿中脉绿色，周围膜质，带紫堇色，基部具爪；花瓣 3，紫色，侧瓣斜长圆形，长约 4 毫米，基部与龙骨瓣合生，基部内侧具柔毛，龙骨瓣较侧瓣长，具流苏状附属物；雄蕊 8，花丝四分之三以下合生成鞘，具缘毛，四分之三以上两侧各 3 枚合生，花药无柄，中间 2 枚分离，花丝丝状，具狭翅，花药长卵形；子房扁圆形，顶端微缺，花柱弯曲，顶端呈喇叭形，柱头内藏。蒴果圆形，径约 4 毫米，顶端微凹，具狭翅，无缘毛；种子卵形，径约 2 毫米，黑色，密被白色柔毛，具发达、2 裂下延的种阜。花果期 5—9 月。

主要利用形式：常用中药材。本种根皮入药，味苦辛性温，归心、肾、肺经，能安神益智、解郁，治惊悸、健忘、梦遗、失眠、咳嗽多痰及痈疽疮肿。

313 枣

拉丁学名：*Ziziphus jujuba* Mill.；鼠李科枣属。别名：枣树、枣子、大枣、红枣树、刺枣、枣子树、贯枣。

形态特征：落叶小乔木，稀灌木，高达 10 余米。树皮褐色或灰褐色；有长枝，短枝和无芽小枝（即新枝）比长枝光滑，紫红色或灰褐色，呈之字形曲折，具 2 个托叶刺，长刺可达 3 厘米，粗直，短刺下弯，长 4~6 毫米；短枝短粗，矩状，自老枝发出；当年生小枝绿色，下垂，单生或 2~7 个簇生于短枝上。叶纸质，卵形、卵状椭圆形或卵状矩圆形；长 3~7 厘米，宽 1.5~4 厘米，顶端钝或圆形，具小尖头，基部稍不对称，近圆形，边缘具圆齿状锯齿，基生 3 出脉；托叶刺纤细，后期常脱落。花黄绿色，两性，5基数，无毛，具短总花梗，单生或2~8个密集成腋生聚伞花序；花梗长2~3毫米；萼片卵状三角形；花瓣倒卵圆形，基部有爪，与雄蕊等长；花盘厚，肉质，圆形，5裂；子房下部藏于花盘内，与花盘合生，2室，每室有1胚珠，花柱2半裂。核果矩圆形或长卵圆形，长2~3.5厘米，直径1.5~2厘米，成熟时红色，后变红紫色，中果皮肉质，厚，味甜，核顶端锐尖，基部锐尖或钝，2室，具1或2种子，果梗长2~5毫米；种子扁椭圆形，长约1厘米，宽8毫米。花期5—7月，果期8—9月。

主要利用形式：枣林有防风、固沙、降低风速、调节气温、防止和减轻干热风危害的作用，宜在庭院、路旁散植或成片栽植，亦是结合生产的好乡土树种，有不少地方品种。其老根古干可作树桩盆景。其果实味甜，含有丰富的维生素C等，为食品工业原料。果实又可供药用，有养胃、健脾、益血、滋补、强身的功效；枣仁和根均可入药，枣仁可以安神。

314 皂荚

拉丁学名：*Gleditsia sinensis* Lam.；豆科皂荚属。别名：皂角、皂荚树、猪牙皂、牙皂、刀皂。

形态特征：落叶乔木或小乔木，高可达30米。枝灰色至深褐色；刺粗壮，圆柱形，常分枝，多呈圆锥状，长达16厘米。叶为一回羽状复叶，长10~18（26）厘米；小叶（2）3~9对，纸质，卵状披针形至长圆形，长2~8.5（12.5）厘米，宽1~4（6）厘米，先端急尖或渐尖，顶端圆钝，具小尖头，基部圆形或楔形，有时稍歪斜，边缘具细锯齿，上面被短柔毛，下面中脉上稍被柔毛；网脉明显，在两面凸起；小叶柄长1~2（5）毫米，被短柔毛。花杂性，黄白色，组成总状花序；花序腋生或顶生，长5~14厘米，被短柔毛。雄花：直径9~10毫米；花梗长2~8（10）毫米；花托长2.5~3毫米，深棕色，外面被柔毛；萼片4，三角状披针形，长3毫米，两面被柔毛；花瓣4，长圆形，长4~5毫米，被微柔毛；雄蕊8（6）；退化雌蕊长2.5毫米。两性花：直径10~12毫米；花梗长 2~5 毫米；萼、花瓣与雄花的相似，萼片长 4~5 毫米，花瓣长 5~6 毫米；雄蕊 8；子房缝线上及基部被毛（偶有少数湖北标本子房全体被毛），柱头浅 2 裂；胚珠多数。荚果带状，长 12~37 厘米，宽 2~4 厘米，劲直或扭曲，果肉稍厚，或有的荚果短小，多少呈柱形，长 5~13 厘米，宽 1~1.5 厘米，弯曲作新月形，通常称猪牙皂，内无种子；果颈长 1~3.5 厘米；果瓣革质，褐棕色或红褐色，常被白色粉霜；种子多颗，长圆形或椭圆形，长 11~13 毫米，宽 8~9 毫米，棕色，光亮。花期 3—5 月，果期 5—12 月。

主要利用形式：乡土树种，寿命很长。木材坚硬，为车辆、家具用良材；荚果煎汁可代肥皂，用以洗涤丝毛织物；嫩芽油盐调食；其子煮熟糖渍可食。荚、子、刺均入药，有祛痰通窍、催乳、镇咳利尿、消肿排脓和杀虫治癣的功效。

315 泽漆

拉丁学名：*Euphorbia helioscopia* L.；大戟科大戟属。别名：五朵云、猫眼草、五盏灯、一把伞、五风草、九头狮子草、倒毒伞、五凤草。

形态特征：一年生或二年生草本，高 10~30 厘米。全株含乳汁。茎基部分枝，带紫红色。叶互生，倒卵形或匙形，长 1~3 厘米，宽 0.5~1.8 厘米，先端微凹，边缘中部以上有细锯齿，无柄。茎顶有 5 片轮生的叶状苞；总花序多歧聚伞状，顶生，有 5 伞梗，每伞梗生 3 个小伞梗，每小伞梗又第三回分为 2 叉； 杯状聚伞花序钟形，总苞顶端 4 裂，裂间腺体 4，肾形；子房 3 室，花柱 3。蒴果无毛。种子卵形，表面有凸起的网纹。花期 4—5 月，果期 6—7 月。

主要利用形式：有毒杂草。春夏采集全草，晒干入药。全草入药，味辛苦性微寒，归肺、小肠、大肠经，能行水消肿、化痰止咳、解毒杀虫，主治水气肿满、痰饮喘咳、疟疾、菌痢、瘰疬、结核性瘘管、骨髓炎。

316 杖藜

拉丁学名：*Chenopodium giganteum* D. Don；藜科藜属。别名：红盐菜。

形态特征：一年生大型草本，高可达 3 米。茎直立，粗壮，基部直径达 5 厘米，具条棱及绿色或紫红色色条，上部多分枝，幼嫩时顶端的嫩叶有彩色密粉而现紫红色。叶片菱形至卵形，先端通常钝，基部宽楔形，上面深绿色，无粉，下面浅绿色，有粉或老后变为无粉，边缘具不整齐的浅波状钝锯齿，上部分枝上的叶片渐小，卵形至卵状披针形，有齿或全缘；叶柄长约为叶片长度的三分之一或一半。花序为顶生大型圆锥状花序，多粉，开展或稍收缩，果时通常下垂；花两性，在花序中数个团集或单生；花被裂片 5，卵形，绿色或暗紫红色，边缘膜质；雄蕊 5。胞果双凸镜形，果皮膜质。种子横生，黑色或红黑色，边缘钝，表面具浅网纹。花期 8 月，果期 9—10 月。

主要利用形式：栽培植物，可以野生。嫩苗可作蔬菜，种子可代粮食用，茎秆可用来做手杖（称藜杖）。

317 柘木

拉丁学名：*Cudrania tricuspidata*（Carr.）Bur. ex Lavallee；桑科柘属。别名：柘树、柘、奴柘、灰桑、黄桑、棉柘、柘桑、黄金木。

形态特征：落叶灌木或小乔木。树皮灰褐色，小枝略具棱，有棘刺；冬芽赤褐色。叶卵形或菱状卵形，偶为三裂，先端渐尖，基部楔形至圆形，表面深绿色，背面绿白色，侧脉 4~6 对。雌雄异株，雌雄花序均为球形头状花序，单生或成对腋生，具短总花梗；雄花序直径 0.5 厘米，雄花有苞片 2 枚，附着于花被片上，花被片 4，肉质，先端肥厚，内卷，内面有黄色腺体 2 个，雄蕊 4，与花被片对生，花丝在花芽时直立，退化雌蕊锥形；雌花序直径

1~1.5 厘米，花被片与雄花同数，花被片先端盾形，内卷，内面下部有 2 黄色腺体，子房埋于花被片下部。聚花果近球形，肉质，成熟时橘红色。花期 5—6 月，果期 6—7 月。

主要利用形式：乡土树种。也为良好的绿篱树种。茎皮纤维可以造纸。根皮药用，性味甘平，能化瘀止痛、祛风利湿、止咳化痰，主要用于治疗消化道肿瘤，如食管癌、胃癌、肠癌等，也可用于治疗肝癌、肺癌、胰腺癌等，对不宜使用化学治疗及放射治疗者尤为适宜。嫩叶可以养幼蚕。果可生食或酿酒。木材心部黄色，质坚硬细致，可以做家具或作黄色染料。

318 珍珠梅

拉丁学名：*Sorbaria sorbifolia*（L.）A. Br.；蔷薇科珍珠梅属。别名：山高粱条子、高楷子、八本条、华楸珍珠梅、东北珍珠梅。

形态特征：灌木，高达 2 米。枝条开展。冬芽卵形，先端圆钝，无毛或顶端微被柔毛，紫褐色，具有数枚互生外露的鳞片。羽状复叶，小叶片 11~17 枚，连叶柄长 13~23 厘米，宽 10~13 厘米，叶轴微被短柔毛；小叶片对生，相距 2~2.5 厘米，披针形至卵状披针形，长 5~7 厘米，宽 1.8~2.5 厘米，先端渐尖，稀尾尖，基部近圆形或宽楔形，稀偏斜，边缘有尖锐重锯齿；小叶无柄或近于无柄；托叶叶质，卵状披针形至三角披针形，先端渐尖至急尖。顶生大型密集圆锥花序，分枝近于直立，长 10~20 厘米，直径 5~12 厘米，总花梗和花梗被星状毛或短柔毛；苞片卵状披针形至线状披针形，长 5~10 毫米，宽 3~5 毫米，先端长渐尖，全缘或有浅齿，上下两面微被柔毛，果期逐渐脱落；花梗长 5~8 毫米；花直径 10~12 毫米；萼筒钟状，外面基部微被短柔毛；萼片三角卵形，先端钝或急尖，萼片约与萼筒等长；花瓣长圆形或倒卵形，长 5~7 毫米，宽 3~5 毫米，白色；雄蕊 40~50，长于花瓣 1.5~2 倍，生在花盘边缘；心皮 5，无毛或稍具柔毛。蓇葖果长圆形，有顶生弯曲花柱，长约 3 毫米，果梗直立；萼片宿存，反折，稀开展。花期 7—8 月，果期 9 月。

主要利用形式：常见花卉。其花、根、茎都可入药，性味苦寒，可活血祛瘀、消肿止痛。

319 芝麻

拉丁学名：*Sesamum indicum* L.；胡麻科胡麻属。别名：胡麻、脂麻、油麻、乌麻。

形态特征：一年生直立草本。高 60~150 厘米，分枝或不分枝，中空或具有白色髓部，微有毛。叶矩圆形或卵形，长 3~10 厘米，宽 2.5~4 厘米，下部叶常掌状 3 裂，中部叶有齿缺，上部叶近全缘；叶柄长 1~5 厘米。花单生或 2~3 朵同生于叶腋内。花萼裂片披针形，长 5~8 毫米，宽 1.6~3.5 毫米，被柔毛。花冠长 2.5~3 厘米，筒状，直径 1~1.5 厘米，长 2~3.5 厘米，白色而常有紫红色或黄色的彩晕。雄蕊 4，内藏。子房上位，4 室（云南西双版纳栽培植物可至 8 室），被柔毛。蒴果矩圆形，长 2~3 厘米，直径 6~12 毫米，有纵棱，直立，被毛，分裂至中部或至基部。花期夏末秋初。

主要利用形式：古老的小杂粮作物，被称为“八谷之冠”。芝麻种子含油量高达 55%，其油别名“香油”“麻油”“胡麻油”，供食用及妇女涂头发之用，亦供药用。芝麻有补肝肾、益精血、润肠燥、通乳的功效，可治头晕耳鸣、高血压、高血脂、咳嗽、身体虚弱、头发早白、贫血萎黄、津液不足、大便燥结、乳少、尿血等。慢性肠炎、便溏腹泻患者，男子阳痿、遗精者忌食。

320 直立婆婆纳

拉丁学名：*Veronica arvensis* L.；玄参科婆婆纳属。别名：脾寒草、玄桃。

形态特征：小草本。茎直立或上升，不分枝或铺散分枝，有两列多细胞白色长柔毛。叶常 3~5 对，下部的有短柄，中上部的无柄，卵形至卵圆形，具 3~5 脉，边缘具圆或钝齿，两面被硬毛。

总状花序长而多花，长可达 20 厘米，各部分被多细胞白色腺毛；苞片下部的长卵形而疏具圆齿，上部的长椭圆形而全缘；花梗极短；花萼长 3~4 毫米，裂片条状椭圆形，前方 2 枚长于后方 2 枚；花冠蓝紫色或蓝色，裂片圆形至长矩圆形；雄蕊短于花冠。蒴果倒心形，强烈侧扁，边缘有腺毛，凹口很深，几乎为果半长，裂片圆钝，宿存的花柱不伸出凹口。种子矩圆形。花期 4—5 月。

主要利用形式：杂草，适于花径栽植。全草药用可清热，主治疟疾。

321 枳

拉丁学名：*Poncirus trifoliata*（L.）Raf.；芸香科枳属。别名：枸橘、臭橘、臭杞、雀不站、铁篱寨。

形态特征：小乔木。树冠伞形或圆头形。枝绿色，嫩枝扁，有纵棱。叶柄有狭长的翼叶，通常指状 3 出叶，很少 4~5 小叶，或杂交种的则除 3 小叶外尚有 2 小叶或单小叶同时存在，小叶等长或中间的一片较大，对称或两侧不对称，叶缘有细钝裂齿或全缘。花单朵或成对腋生，先叶开放，也有先叶后花的。有完全花及不完全花，后者雄蕊发育，雌蕊萎缩。花有大、小二型，花瓣白色，匙形；雄蕊通常 20 枚，花丝不等长。果近圆球形或梨形，大小差异较大，果顶微凹，有环圈，果皮暗黄色，粗糙，也有无环圈、果皮平滑的。油胞小而密，果心充实，瓢囊 6~8 瓣，汁胞有短柄，果肉含黏液，微有香橼气味，甚酸且苦，带涩味，有种子 20~50 粒。种子阔卵形，乳白或乳黄色，有黏液，平滑或间有不明显的细脉纹。花期 5—6 月，果期 10—11 月。

主要利用形式：作为绿篱或屏障树广泛栽种。果可供药用，能破气消积，并治脱肛等症，也可提取有机酸；种子可榨油；叶、花及果皮可提芳香油。

322 中华猕猴桃

拉丁学名：*Actinidia chinensis* Planch.；猕猴桃科猕猴桃属。别名：奇异果、阳桃、羊桃、狐狸桃、野梨、藤梨、杨汤梨。

特征形态：雌雄异株的大型落叶木质藤本。雄株多毛叶小；雌株少毛或无毛，花叶均大于雄株。枝呈褐色，有柔毛，髓白色，层片状。叶为纸质，无托叶，倒阔卵形至倒卵形或阔卵形至近圆形。根系生长在坚硬土层内的分布较浅；生长在疏松土壤内的分布较深。花为聚伞花序，1~3 花，花序柄长 7~15 毫米，花柄长 9~15 毫米；苞片小，卵形或钻形，长约 1 毫米，均被灰白色丝状茸毛或黄褐色茸毛；花开时乳白色，后变淡黄色，有香气，直径 1.8~3.5 厘米，单生或数朵生于叶腋。果实卵形呈长圆形，横截面半径约 3 厘米，密被黄棕色有分枝的长柔毛。

主要利用形式：本种为垂直绿化优良树种，新兴著名水果，品种很多。果实含有丰富的矿物质，包括丰富的钙、磷、铁，还含有多种维生素，对保持人体健康具有很好价值。

323 皱果苋

拉丁学名：*Amaranthus viridis* L.；苋科苋属。别名：绿苋、白苋、细苋、猪苋、野苋。

形态特征：一年生草本，高 40~80 厘米，全株无毛。茎直立，稍分歧，具条棱，绿色或带紫色。叶互生，有柄，柄长 3~6 厘米；叶片卵形或卵状椭圆形，长 2~6 厘米，宽 1.5~4.5 厘米，基部广楔形，先端凹缺，并具小刺尖，全缘或微波状缘，表面绿色，背面色淡，两面均无毛。花单性或杂性，腋生穗状花序再形成顶生或侧生直立的圆锥花序，苞小，干膜质，披针形；花被片 3，膜质，长圆形至倒披针形，长 1.5~2.0 毫米，内弯，比果实短，先端尖，背部具 1 条绿色隆起的中脉；雄蕊 3，比花被片短；柱头 3，具细齿状毛。胞果近扁球形，表面极皱缩，不开裂。种子圆形，稍扁，黑色至黑褐色，有光泽，径约 1 毫米，具薄而锐的环状边缘。花期 7—8 月，果期 8—9 月。

主要利用形式：嫩茎叶可作野菜，也可作饲料；全草入药，有清热解毒、消肿、利尿止痛的功效。本种是菜地和秋旱作物田间的杂草，危害玉米、大豆、棉花、薄荷和甘薯等。

324 皱叶酸模

拉丁学名：*Rumex crispus* L.；蓼科酸模属。别名：土大黄、洋铁叶子、四季菜根、牛耳大黄根、火风棠、羊蹄根、羊蹄、牛舌片。

形态特征：多年生草本。根粗壮，黄褐色。茎直立，高 50~120 厘米，不分枝或上部分枝，具浅沟槽。基生叶披针形或狭披针形，顶端急尖，基部楔形，边缘皱波状；茎生叶较小，狭披针形；叶柄长 3~10 厘米；托叶鞘膜质，易破裂。花序狭圆锥状，花序分枝近直立或上升；花两性；淡绿色；花梗细，中下部具关节，关节果时稍膨大；花被片 6，外花被片椭圆形，内花被片果时增大，宽卵形，网脉明显，顶端稍钝，基部近截形，边缘近全缘，全部具小瘤，稀 1 片具小瘤，小瘤卵形。瘦果卵形，顶端急尖，具 3 锐棱，暗褐色，有光泽。花期 5—6 月，果期 6—7 月。

主要利用形式：常见杂草，可作野菜。根入药名为“牛耳大黄”，有清热解毒、止血、通便、杀虫的功效，主治鼻出血、子宫出血、血小板减少性紫癜、大便秘结等；外用治外痔、急性乳腺炎、黄水疮、疖肿、皮癣等。其种子可作枕芯填充物。

325 诸葛菜

拉丁学名：*Orychophragmus violaceus*（L.）O. E. Schulz；十字花科诸葛菜属。别名：二月蓝。

形态特征：一年生或二年生草本，高 10~50 厘米，无毛。茎

单一，直立，基部或上部稍有分枝，浅绿色或带紫色。基生叶及下部茎生叶大头羽状全裂，顶裂片近圆形或短卵形，长 3~7 厘米，宽 2~3.5 厘米，顶端钝，基部心形，有钝齿，侧裂片 2~6 对，卵形或三角状卵形，长 3~10 毫米，越向下越小，偶在叶轴上杂有极小裂片，全缘或有牙齿。叶柄长 2~4 厘米，疏生细柔毛；上部叶长圆形或窄卵形，长 4~9 厘米，顶端急尖，基部耳状，抱茎，边缘有不整齐牙齿。花紫色、浅红色或褪成白色，直径 2~4 厘米；花梗长 5~10 毫米；花萼筒状，紫色，萼片长约 3 毫米；花瓣宽倒卵形，长 1~1.5 厘米，宽 7~15 毫米，密生细脉纹，爪长 3~6 毫米。长角果线形，长 7~10 厘米。具 4 棱，裂瓣有 1 凸出中脊，喙长 1.5~2.5 厘米；果梗长 8~15 毫米。种子卵形至长圆形，长约 2 毫米，稍扁平，黑棕色，有纵条纹。花期 4—5 月，果期 5—6 月。

主要利用形式：北方地区不可多得的早春观花、冬季观绿的地被植物。嫩茎叶用开水泡后，再放在冷开水中浸泡，直至无苦味时即可炒食，但要注意多吃易导致低血钾。种子可榨油。

326 猪毛蒿

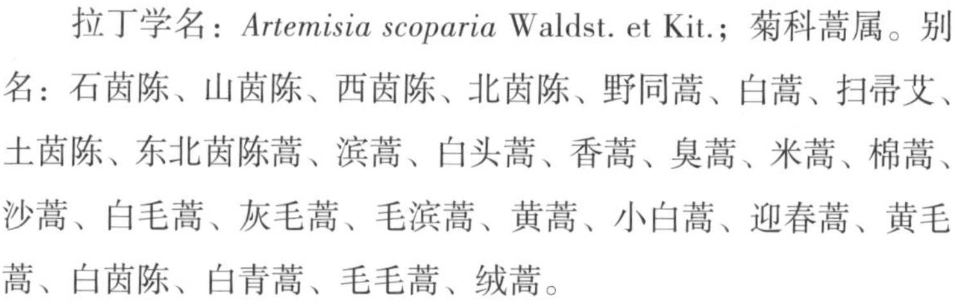

拉丁学名：*Artemisia scoparia* Waldst. et Kit.；菊科蒿属。别名：石茵陈、山茵陈、西茵陈、北茵陈、野同蒿、白蒿、扫帚艾、土茵陈、东北茵陈蒿、滨蒿、白头蒿、香蒿、臭蒿、米蒿、棉蒿、沙蒿、白毛蒿、灰毛蒿、毛滨蒿、黄蒿、小白蒿、迎春蒿、黄毛蒿、白茵陈、白青蒿、毛毛蒿、绒蒿。

形态特征：多年生草本或近一、二年生草本，植株有浓烈的香气。主根单一，狭纺锤形，垂直，半木质或木质化；根状茎粗短，直立，半木质或木质，常有细的营养枝，枝上密生叶。茎通常单生，稀 2~3 枚，高 40~90（~130）厘米，红褐色或褐色，有纵纹；茎、枝幼时被灰白色或灰黄色绢质柔毛，以后脱落。基生叶与营养枝叶两面被灰白色绢质柔毛。叶近圆形、长卵形，二至三回羽状全裂，具长柄，花期叶凋谢；茎下部叶初时两面密被灰白色或灰黄色略带绢质的短柔毛，后毛脱落，叶长卵形或椭圆形，长 1.5~3.5 厘米，宽 1~3 厘米；中部叶初时两面被短柔毛，后脱落；茎上部叶与分枝上叶及苞片叶 3~5 全裂或不分裂。头状花序近球形，稀近卵球形，极多数，直径 1~1.5（~2）毫米，具极短梗或无梗，基部有线形的小苞叶，在分枝上偏向外侧生长，并排成复总状或复穗状花序，而在茎上再组成大型、开展的圆锥花序；总苞片 3~4 层，外层总苞片草质、卵形，背面绿色、无毛，边缘膜质，中、内层总苞片长卵形或椭圆形，半膜质；花序托小，凸起；雌花 5~7 朵，花冠狭圆锥状或狭管状，冠檐具 2 裂齿，花柱线形，伸出花冠外，先端 2 叉，叉端尖；两性花 4~10 朵，不孕育，花冠管状，花药线形，先端附属物尖，长三角形，花柱短，先端膨大，2 裂，不叉开，退化子房不明显。瘦果倒卵形或长圆形，褐色。花果期 7—10 月。

主要利用形式：本种耐干旱和瘠薄，在各种土壤上均能生长，主要危害谷子（粟）、玉米、豆类、马铃薯、小麦、棉花等作物，也于果、桑及茶园中危害，但发生量小，危害轻，是常见杂草。中医学认为，本种全草味辛性微寒，能清热利湿、利胆退黄，可治黄疸型肝炎、胆囊炎、小便色黄不利、湿疮瘙痒、湿温初起。蒙医学认为，本种味苦辛性凉，能清肺止咳、排脓，主治肺热咳嗽、喘证、肺脓肿、感冒咳嗽、咽喉肿痛。

327 猪殃殃

拉丁学名：*Galium aparine* L. var. *tenerum* Gren.et（Godr.）Rebb.；茜草科拉拉藤属。别名：拉拉藤、爬拉殃、八仙草、锯锯草、活血草、锯锯藤、细叶茜草、锯子草、小锯子草、小禾镰草、锯耳草、锯仔草、颔围草（潮安）、三宝莲、齿蛇草、麦筛子。

形态特征：多枝、蔓生或攀缘状草本，通常高 30~90 厘米。茎有 4 棱角；棱上、叶缘、叶脉上均有倒生的小刺毛。叶纸质或近膜质，6~8 片轮生，稀为 4~5 片，带状倒披针形或长圆状倒披针形，长 1~5.5 厘米，宽 1~7 毫米，顶端有针状凸尖头，基部渐狭，两边常有紧贴的刺状毛，常萎软状，干时常卷缩，1 脉，近无柄。

聚伞花序腋生或顶生，少至多花，花小，4 数，有纤细的花梗；花萼被钩毛，萼檐近截平；花冠黄绿色或白色，辐状，裂片长圆形，长不及 1 毫米，镊合状排列；子房被毛，花柱 2 裂至中部，柱头头状。果干燥，有 1 或 2 个近球状的分果爿，直径达 5.5 毫米，肿胀，密被钩毛，果柄直，长可达 2.5 厘米，较粗，每一片有 1 颗平凸的种子。花期 3—7 月，果期 4—11 月。

主要利用形式：常见夏熟旱作物田恶性杂草。全草药用可清热解毒、消肿止痛、利尿、散瘀，治淋浊、尿血、跌打损伤、高血压、肠痈、疖肿以及中耳炎等。其嫩苗可做菜，据说猪食之则病，故名猪殃殃。

328 梓树

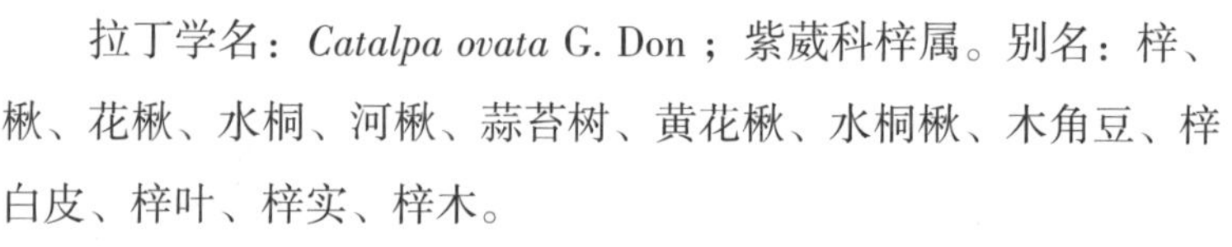

拉丁学名：*Catalpa ovata* G. Don；紫葳科梓属。别名：梓、楸、花楸、水桐、河楸、蒜苔树、黄花楸、水桐楸、木角豆、梓白皮、梓叶、梓实、梓木。

形态特征：落叶乔木，一般高 6 米，最高可达 15 米。树冠伞形，主干通直平滑，呈暗灰色或者灰褐色，嫩枝具稀疏柔毛。圆锥花序顶生，长 10~18 厘米，花序梗微被疏毛，长 12~28 厘米；花梗长 3~8 毫米，疏生毛；花萼圆球形，2 唇开裂，长 6~8 毫米；花萼 2 裂，裂片广卵形，顶端锐尖；花冠钟状，浅黄色，长约 2 厘米，二唇形，上唇 2 裂，长约 5 毫米，下唇 3 裂，中裂片长约 9 毫米，侧裂片长约 6 毫米，边缘波状，筒部内有 2 黄色条带及暗紫色斑点，长约 2.5 厘米，直径约 2 厘米。蒴果线形，下垂，深褐色，长 20~30 厘米，粗 5~7 毫米，冬季不落；叶对生或近于对生，有时轮生，叶阔卵形，长宽相近，长约 25 厘米，顶端渐尖，基部心形，全缘或浅波状，常 3 浅裂，叶片上面及下面均粗糙，微被柔毛或近于无毛，侧脉 4~6 对，基部掌状脉 5~7 条；叶柄长 6~18 厘米；种子长椭圆形，两端密生长柔毛，连毛长约 3 厘米，宽约 3 毫米，背部略隆起。能育雄蕊 2，花丝插生于花冠筒上，花药叉开；退化雄蕊 3。子房上位，棒状。花柱丝形，柱头 2 裂。

花期 6—7 月，果期 8—10 月。

主要利用形式：速生乡土树种，可作行道树、庭荫树以及工厂绿化树种。根皮或韧皮部入药，味苦性寒，能清热利湿、降逆止吐、杀虫止痒；梓叶味苦性寒，能清热解毒、杀虫止痒；梓实味甘性平，能利水消肿；梓木味苦性寒，能催吐止痛。叶或树皮亦可作农药，可杀稻螟、稻飞虱。

329 紫丁香

拉丁学名：*Syringa oblata* Lindl.；木樨科丁香属。别名：丁香、百结、情客、龙梢子、华北紫丁香、紫丁白。

形态特征：灌木或小乔木，高可达 5 米。树皮灰褐色或灰色。小枝、花序轴、花梗、苞片、花萼、幼叶两面以及叶柄均无毛而密被腺毛。小枝较粗，疏生皮孔。叶片革质或厚纸质，卵圆形至肾形，宽常大于长，长 2~14 厘米，宽 2~15 厘米，先端短凸尖至长渐尖或锐尖，基部心形、截形至近圆形，或宽楔形，上面深绿色，下面淡绿色；萌枝上叶片常呈长卵形，先端渐尖，基部截形至宽楔形；叶柄长 1~3 厘米。圆锥花序直立，由侧芽抽生，近球形或长圆形，长 4~16（~20）厘米，宽 3~7（~10）厘米；花梗长 0.5~3 毫米；花萼长约 3 毫米，萼齿渐尖、锐尖或钝；花冠紫色，长 1.1~2 厘米，花冠管圆柱形，长 0.8~1.7 厘米，裂片呈直角开展，卵圆形、椭圆形至倒卵圆形，长 3~6 毫米，宽 3~5 毫米，先端内弯略呈兜状或不内弯；花药黄色，位于距花冠管喉部 0~4 毫米处。果倒卵状椭圆形、卵形至长椭圆形，长 1~1.5（~2）厘米，宽 4~8 毫米，先端长渐尖，光滑。花期 4—5 月，果期 6—10 月。

主要利用形式：常见园林灌木。其吸收二氧化硫的能力较强。花可提制芳香油；嫩叶可代茶。叶及树皮味苦性寒，归胃、肝、胆经，能清热解毒、利湿退黄，可治急性泻痢、黄疸型肝炎、火眼、疮疡。

330 紫花地丁

拉丁学名：*Viola philippica* Cav.；堇菜科堇菜属。别名：地黄瓜、紫草地丁、野堇菜、鞋儿花、辽堇菜、白毛堇菜、丁毒草、地茄子、光瓣堇菜、地丁、宝剑草、光堇菜、犁头草、紫花菜。

形态特征：多年生草本，高 4~14 厘米。叶片下部呈三角状卵形或狭卵形，上部者较长，呈长圆形、狭卵状披针形或长圆状卵形，花中等大，紫堇色或淡紫色，稀呈白色，喉部色较淡并带有紫色条纹；蒴果长圆形，长 5~12 毫米，种子卵球形，长 1.8 毫米，淡黄色。花果期 4 月中下旬至 9 月。

主要利用形式：全草性寒味微苦，有清热解毒的功效，主治黄疸、痢疾、乳腺炎、目赤肿痛、咽炎；外敷治跌打损伤、痈肿、毒蛇咬伤。其所含黄酮苷类及有机酸对金色葡萄球菌、猪巴氏杆菌、大肠杆菌、链球菌和沙门氏菌都有较强的抑制作用。富集微量元素，对人体内多种酶的活性有作用，对核酸蛋白的合成、免疫过程、细胞繁殖都有直接或间接的作用。

331 紫花苜蓿

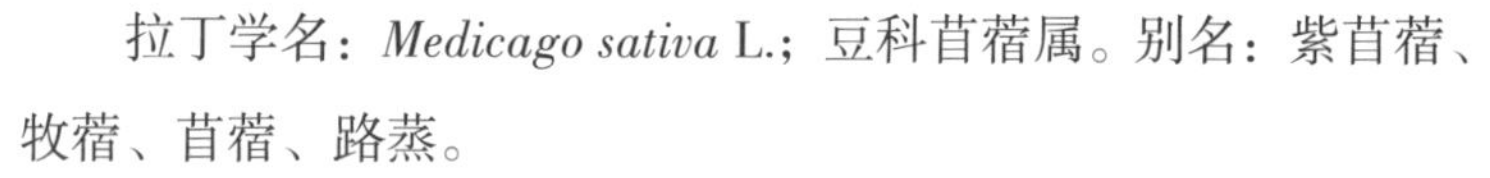

拉丁学名：*Medicago sativa* L.；豆科苜蓿属。别名：紫苜蓿、牧蓿、苜蓿、路蒸。

形态特征：多年生草本，高 30~100 厘米。根粗壮，深入土层，根茎发达。茎直立、丛生以至平卧，四棱形，无毛或微被柔毛，枝叶茂盛。羽状三出复叶；托叶大，卵状披针形，先端锐尖，基部全缘或具 1~2 齿裂，脉纹清晰；叶柄比小叶短；小叶长卵形、倒长卵形至线状卵形，等大，或顶生小叶稍大，长（5~）10~25（~40）毫米，宽 3~10 毫米，纸质，先端钝圆，具由中脉伸出的长齿尖，基部狭窄，楔形，边缘三分之一以上具锯齿，上面无毛，深绿色，下面被贴伏柔毛，侧脉 8~10 对，与中脉成锐角，在近叶边处略有分叉；顶生小叶柄比侧生小叶柄略长。花序总状或头状，长 1~2.5 厘米，具花 5~30 朵；总花梗挺直，比叶长；苞片线状锥形，比花梗长或等长；花长 6~12 毫米；花梗短，长约 2 毫米；萼钟形，长 3~5 毫米，萼齿线状锥形，比萼筒长，被贴伏柔毛；花冠各色，淡黄、深蓝至暗紫色，花瓣均具长瓣柄，旗瓣长圆形，先端微凹，明显较翼瓣和龙骨瓣长，翼瓣较龙骨瓣稍长；子房线形，具柔毛，花柱短阔，上端细尖，柱头点状，胚珠多数。荚果螺旋状紧卷 2~4（~6）圈，中央无孔或近无孔，径 5~9 毫米，被柔毛或渐脱落，脉纹细，不清晰，熟时棕色；有种子 10~20 粒。种子卵形，长 1~2.5 毫米，平滑，黄色或棕色。花期 5—7 月，果期 6—8 月。

主要利用形式：多作牧草，也是养猪及养禽业首选青饲料，又可作绿肥。本种富含优质膳食纤维、食用蛋白、多种维生素、多种有益矿物质以及皂苷、黄酮类、类胡萝卜素、酚醛酸等成分。

332 紫花泡桐

拉丁学名：*Paulownia tomentosa* Steud.；玄参科泡桐属。别名：大果泡桐、空桐木、毛泡桐。

形态特征：落叶速生乔木，高达 27 米。树皮褐灰色；树冠宽卵形或圆形；小枝粗壮，中空，初有毛，后渐脱落。叶柄常有黏性腺毛；聚伞圆锥花序的侧枝不发达，小聚伞花序具有 3~5 朵花，花萼浅钟状，密被星状茸毛，5 裂至中部，花冠漏斗状钟形，紫色；蒴果卵圆形，外果皮革质。花期 5—6 月，果期 8—9 月。

主要利用形式：本种耐寒、耐旱、耐盐碱、耐风沙，抗性很强，对气候的适应范围很大。叶大，树冠开张，4 月间盛开簇簇紫花或白花，清香扑鼻。叶片被毛，可分泌一种黏性物质，能吸附大量烟尘及有毒气体，是城镇绿化及营造防护林的优良树种。木材轻软，是做乐器和飞机部件的特殊材料。根皮入药可治跌打伤。

333 紫堇

拉丁学名：*Corydalis edulis* Maxim.；罂粟科紫堇属。别名：楚葵、蜀堇、苔菜、水卜菜。

形态特征：一年生灰绿色草本，高 20~50 厘米，具主根。茎分枝，具叶；花枝花葶状，常与叶对生。基生叶具长柄，叶片近三角形，长 5~9 厘米，上面绿色，下面苍白色，一至二回羽状全裂，一回羽片 2~3 对，具短柄，二回羽片近无柄，倒卵圆形，羽状分裂，裂片狭卵圆形，顶端钝，近具短尖。茎生叶与基生叶同形。总状花序疏具 3~10 花。苞片狭卵圆形至披针形，渐尖，全缘，有时下部的疏具齿，约与花梗等长或稍长。花梗长约 5 毫米。萼片小，近圆形，直径约 1.5 毫米，具齿。花粉红色至紫红色，平展。外花瓣较宽展，顶端微凹，无鸡冠状突起。上花瓣长 1.5~2 厘米；距圆筒形，基部稍下弯，约占花瓣全长的三分之一；蜜腺体长，近伸达距末端，大部分与距贴生，末端不变狭。下花瓣近基部渐狭。内花瓣具鸡冠状突起；爪纤细，稍长于瓣片。柱头横向纺锤形，两端各具 1 乳突，上面具沟槽，槽内具极细小的乳突。蒴果线形，下垂，长 3~3.5 厘米，具 1 列种子。种子直径约 1.5 毫米，密生环状小凹点；种阜小，紧贴种子。

主要利用形式：杂草。全草药用，能清热解毒、止痒、收敛、固精、润肺、止咳。本种也能作蔬菜，并宜于栽培。

334 紫茉莉

拉丁学名：*Mirabilis jalapa* L.；紫茉莉科紫茉莉属。别名：胭脂花、粉豆花、夜饭花、状元花、丁香叶、苦丁香、野丁香。

形态特征：一年生草本，高可达 1 米。根肥粗，倒圆锥形，黑色或黑褐色。茎直立，圆柱形，多分枝，无毛或疏生细柔毛，节稍膨大。叶片卵形或卵状三角形，长 3~15 厘米，宽 2~9 厘米，顶端渐尖，基部截形或心形，全缘，两面均无毛，脉隆起；叶柄长 1~4 厘米，上部叶几无柄。花常数朵簇生枝端；花梗长 1~2 毫米；总苞钟形，长约 1 厘米，5 裂，裂片三角状卵形，顶端渐尖，无毛，具脉纹，果时宿存；花被紫红色、黄色、白色或杂色，高脚碟状，筒部长 2~6 厘米，檐部直径 2.5~3 厘米，5 浅裂；花午后开放，有香气，次日午前凋萎；雄蕊 5，花丝细长，常伸出花外，花药球形；花柱单生，线形，伸出花外，柱头头状。瘦果球形，直径 5~8 毫米，革质，黑色，表面具皱纹；种子胚乳白粉质。花期 6—10 月，果期 8—11 月。

主要利用形式：常见花卉，常逸为野生。其根、叶可供药用，有清热解毒、活血调经和滋补的功效。种子白粉可去除面部癍痣粉刺。

335 紫苏

拉丁学名：*Perilla frutescens*（L.）Britt；唇形科紫苏属。别名：苏、桂荏、荏、白苏、荏子、赤苏、红勾苏、红苏、黑苏、白紫苏、青苏、鸡苏、香苏、臭苏、野苏麻、大紫苏、假紫苏、水升麻、野藿麻、香荽、孜珠、兴帕夏噶。

形态特征：一年生直立草本。茎高 0.3~2 米，绿色或紫色，钝四棱形，具 4 槽，密被长柔毛。叶阔卵形或圆形，长 7~13 厘米，宽 4.5~10 厘米，先端短尖或突尖，基部圆形或阔楔形，边缘在基部以上有粗锯齿，膜质或草质，两面绿色或紫色，或仅下面紫色，上面被疏柔毛，下面被贴生柔毛，侧脉 7~8 对，位于下部者稍靠近，斜上升，与中脉在上面微凸起，下面明显凸起，色稍淡；叶柄长 3~5 厘米，背腹扁平，密被长柔毛。轮伞花序 2 花，组成长 1.5~15 厘米、密被长柔毛、偏向一侧的顶生及腋生总状花序；苞片宽卵圆形或近圆形，长、宽约 4 毫米，先端具短尖，外被红褐色腺点，无毛，边缘膜质；花梗长 1.5 毫米，密被柔毛。花萼钟形，10 脉，长约 3 毫米，直伸，下部被长柔毛，夹有黄色腺点，内面喉部有疏柔毛环，萼檐二唇形，上唇宽大，3 齿，中齿较小，下唇比上唇稍长，2 齿，齿披针形。花冠白色至紫红色，长 3~4 毫米，外面略被微柔毛，内面在下唇片基部略被微柔毛。雄蕊4，几不伸出，前对稍长，离生，插生喉部，花丝扁平，花药2室，室平行，其后略叉开或极叉开。花柱先端相等2浅裂。花盘前方呈指状膨大。小坚果近球形，灰褐色，直径约1.5毫米，具网纹。花期8—11月，果期8—12月。

主要利用形式：全草有特异香气，可作野菜，在中国约有2000年种植历史。茎叶及籽实入药，既能发汗散寒以解表邪，又能行气宽中、解郁止呕，可治感冒风寒及胸闷、呕恶等。紫苏全草可蒸馏紫苏油，种子出的油也称苏子油，长期食用苏子油对治疗冠心病及高血脂有明显疗效。在南方地区，向泡菜坛子里放入紫苏叶或秆，可以防止泡菜液中产生白色的病菌。

336 紫穗槐

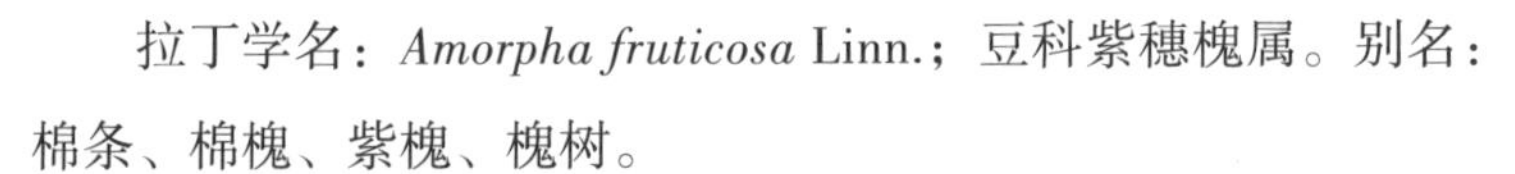

拉丁学名：*Amorpha fruticosa* Linn.；豆科紫穗槐属。别名：棉条、棉槐、紫槐、槐树。

形态特征：落叶灌木，丛生，高1~4米。小枝灰褐色，被疏毛，后变无毛，嫩枝密被短柔毛。叶互生，奇数羽状复叶，长10~15厘米，有小叶11~25片，基部有线形托叶；叶柄长1~2厘米；小叶卵形或椭圆形，长1~4厘米，宽0.6~2.0厘米，先端圆形，锐尖或微凹，有一短而弯曲的尖刺，基部宽楔形或圆形，上面无毛或被疏毛，下面有白色短柔毛，具黑色腺点。穗状花序常1至数个顶生和枝端腋生，长7~15厘米，密被短柔毛；花有短梗；苞片长3~4毫米；花萼长2~3毫米，被疏毛或几无毛，萼齿三角形，较萼筒短；旗瓣心形，紫色，无翼瓣和龙骨瓣；雄蕊10，下部合生成鞘，上部分裂，包于旗瓣之中，伸出花冠外。荚果下垂，长6~10毫米，宽2~3毫米，微弯曲，顶端具小尖，棕褐色，表面有凸起的疣状腺点。花果期5—10月。

主要利用形式：常见护坡、护岸、防风、肥田、固沙的灌木。枝叶可作绿肥、家畜饲料；茎皮可提取栲胶；枝条可编制篓筐。果实含芳香油，种子含油率10%，可作油漆、甘油和润滑油的原料。叶微苦凉，具有祛湿消肿的功效，主治痈肿、湿疹、烧烫伤。

337 紫藤

拉丁学名：*Wisteria sinensis* Sweet；豆科紫藤属。别名：朱藤、招藤、招豆藤、藤萝。

形态特征：落叶藤本。茎左旋，枝较粗壮，嫩枝被白色柔毛，后秃净；冬芽卵形。奇数羽状复叶长 15~25 厘米；托叶线形，早落；小叶 3~6 对，纸质，卵状椭圆形至卵状披针形，上部小叶较大，基部 1 对最小，长 5~8 厘米，宽 2~4 厘米，先端渐尖至尾尖，基部钝圆或楔形，或歪斜，嫩叶两面被平伏毛，后秃净；小叶柄长 3~4 毫米，被柔毛；小托叶刺毛状，长 4~5 毫米，宿存。总状花序发自前一年生短枝的腋芽或顶芽，长 15~30 厘米，径 8~10 厘米，花序轴被白色柔毛；苞片披针形，早落；花长 2~2.5 厘米，芳香；花梗细，长 2~3 厘米；花萼杯状，长 5~6 毫米，宽 7~8 毫米，密被细绢毛，上方 2 枚齿甚钝，下方 3 枚齿卵状三角形；花冠被细绢毛，上方 2 枚齿甚钝，下方 3 枚齿卵状三角形；花冠紫色，旗瓣圆形，先端略凹陷，花开后反折，基部有 2 胼胝体，翼瓣长圆形，基部圆，龙骨瓣较翼瓣短，阔镰形，子房线形，密被茸毛，花柱无毛，上弯，胚珠 6~8 粒。荚果倒披针形，长 10~15 厘米，宽 1.5~2 厘米，密被茸毛，悬垂枝上不脱落，有种子 1~3 粒；种子褐色，具光泽，圆形，宽 1.5 厘米，扁平。花期 4 月中旬至 5 月上旬，果期 5—8 月。

主要利用形式：常见园林垂直绿化藤本，对二氧化硫和氧化氢等有害气体有较强抗性，吸附灰尘能力很强。其茎皮、花及种子入药。紫藤皮可以杀虫、止痛，可以治风痹痛、蛲虫病等。花可以提炼芳香油，并可以解毒、止吐泻。紫藤的种子有小毒，含有氰化物，可以治疗筋骨疼，还能防止酒腐变质。其盛开的紫色花朵或水焯凉拌，或裹面油炸，可制作“紫萝饼”“紫萝糕”等风味面食。

338 紫薇

拉丁学名：*Lagerstroemia indica* L.；千屈菜科紫薇属。别名：痒痒花、痒痒树、紫金花、紫兰花、蚊子花、西洋水杨梅、百日红、无皮树。

形态特征：落叶灌木或小乔木，高可达 7 米。树皮平滑，灰色或灰褐色。枝干多扭曲，小枝纤细，具 4 棱，略成翅状。叶互生或有时对生，纸质，椭圆形、阔矩圆形或倒卵形，长 2.5~7 厘米，宽 1.5~4 厘米，顶端短尖或钝形，有时微凹，基部阔楔形或近圆形，无毛或下面沿中脉有微柔毛，侧脉 3~7 对，小脉不明显；无柄或叶柄很短。花淡红色或紫色、白色，直径 3~4 厘米，常组成长 7~20 厘米的顶生圆锥花序；花梗长 3~15 毫米，中轴及花梗均被柔毛；花萼长 7~10 毫米，外面平滑无棱，但鲜时萼筒有微凸起的短棱，两面无毛，裂片 6，三角形，直立，无附属体；花瓣 6，皱缩，长 12~20 毫米，具长爪；雄蕊 36~42，外面 6 枚着生于花萼上，比其余的长得多；子房 3~6 室，无毛。蒴果椭圆状球形或阔椭圆形，长 1~1.3 厘米，幼时绿色至黄色，成熟时或干燥时呈紫黑色，室背开裂；种子有翅，长约 8 毫米。花期 6—9 月，果期 9—12 月。

主要利用形式：花色鲜艳美丽，花期长，广泛栽培为庭园观赏树，有时亦作盆景。其木材坚硬、耐腐，可作农具、家具、建筑等用材；树皮、叶及花为强泻剂；根和树皮煎剂可治咯血、吐血及便血。

339 紫玉兰

拉丁学名：*Magnolia liliflora* Desr.；木兰科木兰属。别名：木兰、木笔、望春、辛夷。

形态特征：落叶灌木，高达 3 米，常丛生。树皮灰褐色，小枝绿紫色或淡褐紫色。叶椭圆状倒卵形或倒卵形，长 8~18 厘米，

宽 3~10 厘米，先端急尖或渐尖，基部渐狭，沿叶柄下延至托叶痕，上面深绿色，幼嫩时疏生短柔毛，下面灰绿色，沿脉有短柔毛；侧脉每边 8~10 条，叶柄长 8~20 毫米，托叶痕约为叶柄长之半。花蕾卵圆形，被淡黄色绢毛；花叶同时开放，瓶形，直立于粗壮、被毛的花梗上，稍有香气；花被片 9~12，外轮 3 片萼片状，紫绿色，披针形，长 2~3.5 厘米，常早落，内两轮肉质，外面紫色或紫红色，内面带白色，花瓣状，椭圆状倒卵形，长 8~10 厘米，宽 3~4.5 厘米。雄蕊紫红色，长 8~10 毫米，花药长约 7 毫米，侧向开裂，药隔伸出成短尖头；雌蕊群长约 1.5 厘米，淡紫色，无毛。聚合果深紫褐色，变褐色，圆柱形，长 7~10 厘米；成熟蓇葖近圆球形，顶端具短喙。花期 3—4 月，果期 8—9 月。

主要利用形式：树皮、叶、花蕾均可入药。花蕾晒干后称辛夷，为我国传统中药，性味辛温，归肺、胃经，能发散风寒、通鼻窍，主治风寒感冒、鼻炎、头痛、鼻塞、鼻渊。本种可作玉兰、白兰等木兰科植物的嫁接砧木。

340 钻叶紫菀

拉丁学名：*Aster subulatus* Michx.；菊科紫菀属。别名：剪刀菜、燕尾菜、瑞莲草、钻形紫菀、白菊花、土柴胡、九龙箭。

形态特征：一年生草本。茎高 25~100 厘米，无毛而富肉质，上部稍有分枝。基生叶倒披针形，花后凋落；茎中部叶线状披针形，先端尖或钝，有时具钻形尖头，全缘，无柄，无毛。总苞钟状，总苞片 3~4 层，外层较短，内层较长，线状钻形，无毛；舌状花细狭，淡红色，长与冠毛相等或稍长；管状花多数，短于冠毛。瘦果长圆形或椭圆形，长 1.5~2.5 毫米，有 5 纵棱，冠毛淡褐色。

主要利用形式：常见杂草，生态入侵性较强。全草入药，味苦性凉，可清热、燥湿、解毒，主治痈肿、湿疹；鲜用可作野菜，能减肥。

341 醉蝶花

拉丁学名：*Cleome spinosa* Jacq.；白花菜科醉蝶花属。别名：西洋白花菜、风蝶草、紫龙须、蜘蛛花。

形态特征：一年生强壮草本，高1~1.5米。全株被黏质腺毛，有特殊臭味，有托叶刺，刺长达4毫米，尖利，外弯。叶为具5~7小叶的掌状复叶，小叶草质，椭圆状披针形或倒披针形，中央小叶盛大，长6~8厘米，宽1.5~2.5厘米，最外侧的最小，长约2厘米，宽约5毫米，基部楔形，狭延成小叶柄，与叶柄相连接处稍呈蹼状，顶端渐狭或急尖，有短尖头，两面被毛，背面中脉有时也在侧脉上常有刺，侧脉10~15对；叶柄长2~8厘米，常有淡黄色皮刺。总状花序长达40厘米，密被黏质腺毛；苞片单一，叶状，卵状长圆形，长5~20毫米，无柄或近无柄，基部多少心形；花蕾圆筒形，长约2.5厘米，直径4毫米，无毛；花梗长2~3厘米，被短腺毛，单生于苞片腋内；萼片4，长达6毫米，长圆状椭圆形，顶端渐尖，外被腺毛；花瓣粉红色，少见白色，在芽中时覆瓦状排列，无毛，爪长5~12毫米，瓣片倒卵状匙形，长10~15毫米，宽4~6毫米，顶端圆形，基部渐狭；雄蕊6，花丝长3.5~4厘米，花药线形，长7~8毫米；雌雄蕊柄长1~3毫米；雌蕊柄长4厘米，果时略有增长；子房线柱形，长3~4毫米，无毛；几无花柱，柱头头状。

主要利用形式：花型奇特，观赏价值高。全草入药，性味辛涩平，有小毒，能祛风散寒、杀虫止痒。

342 醉鱼草

拉丁学名：*Buddleja lindleyana* Fortune；马钱科醉鱼草属。别名：闭鱼花、痒见消、鱼尾草、樚木、五霸蔷。

形态特征：灌木，高1~3米。茎皮褐色。小枝具4棱，棱上略有窄翅；幼枝、叶片下面、叶柄、花序、苞片及小苞片均密被星状短茸毛和腺毛。叶对生，萌芽枝条上的叶为互生或近轮生，叶片膜质，卵形、椭圆形至长圆状披针形，长3~11厘米，宽1~5厘米，顶端渐尖，基部宽楔形至圆形，边缘全缘或具有波状齿，上面深绿色，幼时被星状短柔毛，后变无毛，下面灰黄绿色；侧脉每边6~8条，上面扁平，干后凹陷，下面略凸起；叶柄长2~15毫米。穗状聚伞花序顶生，长4~40厘米，宽2~4厘米；苞片线形，长达10毫米；小苞片线状披针形，长2~3.5毫米；花紫色，芳香；花萼钟状，长约4毫米，外面与花冠外面同被星状毛和小鳞片，内面无毛，花萼裂片宽三角形，长和宽约1毫米；花冠长13~20毫米，内面被柔毛，花冠管弯曲，长11~17毫米，上部直径2.5~4毫米，下部直径1~1.5毫米，花冠裂片阔卵形或近圆形，长约3.5毫米，宽约3毫米；雄蕊着生于花冠管下部或近基部，花丝极短，花药卵形，顶端具尖头，基部耳状；子房卵形，长1.5~2.2毫米，直径1~1.5毫米，无毛，花柱长0.5~1毫米，柱头卵圆形，长约1.5毫米。果序穗状；蒴果长圆状或椭圆状，长5~6毫米，直径1.5~2毫米，无毛，有鳞片，基部常有宿存花萼；种子淡褐色，小型，无翅。花期4—10月，果期8月至第二年4月。

主要利用形式：有毒植物。花芳香而美丽，亦为公园常见优良观赏植物。花、叶及根供药用，有祛风除湿、止咳化痰、散瘀的功效。兽医用枝叶治牛泻血。全株可用作农药，专杀小麦吸浆虫、螟虫及孑孓等。

343 酢浆草

拉丁学名：*Oxalis corniculata* L.；酢浆草科酢浆草属。别名：黄花酢浆草、酸味草、酸浆草、三叶酸、百慕大酢浆草、鸠酸、酸醋酱。

形态特征：草本，全株被柔毛。根茎稍肥厚。茎细弱，多分枝，直立或匍匐，匍匐茎节上生根。叶基生或茎上互生；托叶小，长圆形或卵形，边缘被密长柔毛，基部与叶柄合生，或同一植株下部托叶明显而上部托叶不明显；叶柄长1~13厘米，基部具关节；

小叶 3，无柄，倒心形，先端凹入，基部宽楔形，两面被柔毛或表面无毛，沿脉被毛较密，边缘具贴伏缘毛。花单生或数朵集为伞形花序状，腋生，总花梗淡红色，与叶近等长；花梗长 4~15 毫米，果后延伸；小苞片 2，披针形，膜质；萼片 5，披针形或长圆状披针形，背面和边缘被柔毛，宿存；花瓣 5，黄色，长圆状倒卵形；雄蕊 10，花丝白色半透明，有时被疏短柔毛，基部合生，长、短互间，长者花药较大且早熟；子房长圆形，5 室，被短伏毛，花柱 5，柱头头状。蒴果长圆柱形，5 棱。种子长卵形，褐色或红棕色，具横向肋状网纹。花果期 2—9 月。

主要利用形式：杂草。全草入药，性酸寒，能解热利尿、消肿散瘀、解毒、行气活血，多用于治疗乳腺炎、跌打损伤、水火烫伤、齿龈肿痛、水肿、蛇蝎咬伤等。茎、叶含草酸，可用以磨镜或擦铜器，使其具有光泽。

四、单子叶植物

344 白茅

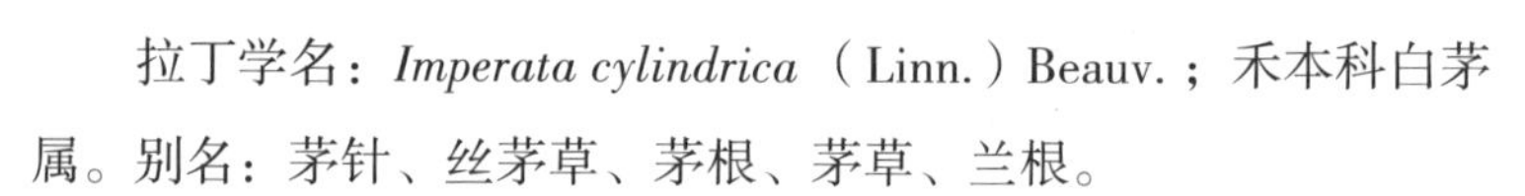

拉丁学名：*Imperata cylindrica*（Linn.）Beauv.；禾本科白茅属。别名：茅针、丝茅草、茅根、茅草、兰根。

形态特征：多年生草本。具粗壮的长根状茎，须根，茎节上有长柔毛，叶片主脉明显，叶鞘边缘与鞘口有纤毛，圆锥花序分枝紧密，小穗基部密生银丝状长柔毛，颖果成熟后，自柄上脱落。秆直立，节无毛。叶鞘聚集于秆基，甚长于其节间，质地较厚，老后破碎呈纤维状。叶舌膜质，紧贴其背部或鞘口具柔毛，分蘖叶片扁平，质地较薄，秆生叶片窄线形，通常内卷，顶端渐尖呈刺状，下部渐窄，或具柄，质硬，被有白粉，基部上面具柔毛。圆锥花序稠密，基盘具丝状柔毛。两颖草质及边缘膜质，近相等，顶端渐尖或稍钝，常具纤毛，脉间疏生长丝状毛，雄蕊 2 枚，花柱细长，基部多少连合，柱头紫黑色，羽状，自小穗顶端伸出。颖果椭圆形，胚长为颖果之半。花果期 4—6 月。

主要利用形式：杂草，可护坡、荒地绿化用。白茅根味甘性寒，能凉血止血、清热利尿，主治吐血、衄血、尿血、小便不利、小便热淋、反胃、热淋涩痛、急性肾炎、水肿、湿热黄疸、胃热呕吐、肺热咳嗽、气喘。花序味甘性平，能止血，主治衄血、吐血、外伤出血、鼻塞。全草含硅质，动物不喜食。

345 半夏

拉丁学名：*Pinellia ternate*（Thunb.）Breit.；天南星科半夏属。别名：地星、三叶半夏、三步跳、麻芋果、田里心、无心菜、老鸦眼、老鸦芋头、燕子尾、地慈姑。

形态特征：多年生草本。块茎圆球形，直径 1~2 厘米，具须根。叶 2~5 枚，有时 1 枚。叶柄长 15~20 厘米，基部具鞘，鞘内、鞘部以上或叶片基部（叶柄顶头）有直径 3~5 毫米的珠芽，珠芽在母株上萌发或落地后萌发；幼苗叶片卵状心形至戟形，为全缘单叶，长 2~3 厘米，宽 2~2.5 厘米；老株叶片 3 全裂，裂片绿色，背淡，长圆状椭圆形或披针形，两头锐尖，中裂片长 3~10 厘米，宽 1~3 厘米；侧裂片稍短；全缘或具不明显的浅波状圆齿，侧脉 8~10 对，细弱，细脉网状，密集，集合脉 2 圈。花序柄长 25~30（~35）厘米，长于叶柄。佛焰苞绿色或绿白色，管部狭圆柱形，长 1.5~2 厘米；檐部长圆形，绿色，有时边缘青紫色，长 4~5 厘米，宽 1.5 厘米，钝或锐尖。雌花序长 2 厘米，雄花序长 5~7 毫米，其中间隔 3 毫米；附属器绿色变青紫色，长 6~10 厘米，直立，有时 S 形弯曲。浆果卵圆形，黄绿色，先端渐狭为明显的花柱。花期 5—7 月，果 8 月成熟。

主要利用形式：杂草，野生或者栽培。块茎有毒，入药，能燥湿化痰、降逆止呕，生用可消疖肿。

346 棒头草

拉丁学名：*Polypogon fugax* Nees ex Steud.；禾本科棒头草属。别名：狗尾稍草、稍草。

形态特征：一年生草本。秆丛生，基部膝曲，大都光滑，高10~75厘米。叶鞘光滑无毛，大都短于或下部者长于节间；叶舌膜质，长圆形，长3~8毫米，常2裂或顶端具不整齐的裂齿；叶片扁平，微粗糙或下面光滑，长2.5~15厘米，宽3~4毫米。圆锥花序穗状，长圆形或卵形，较疏松，具缺刻或有间断，分枝长可达4厘米；小穗长约2.5毫米（包括基盘），灰绿色或部分带紫色。颖长圆形，疏被短纤毛，先端2浅裂，芒从裂口处伸出，细直，微粗糙，长1~3毫米；外稃光滑，长约1毫米，先端具微齿，中脉延伸成长约2毫米而易脱落的芒；雄蕊3，花药长0.7毫米。颖果椭圆形，一面扁平，长约1毫米。花果期4—9月。

主要利用形式：夏熟作物田常见杂草，主要危害小麦、油菜、绿肥和蔬菜等作物。全草入药，可治关节痛。

347 扁穗雀麦

拉丁学名：Bromus catharticus Vahl.；禾本科雀麦属。别名：北美雀麦、野麦子、澳大利亚雀麦。

形态特征：一年生草本。秆直立，高60~100厘米，径约5毫米。叶鞘闭合，被柔毛；叶舌长约2毫米，具缺刻；叶片长30~40厘米，宽4~6毫米，散生柔毛。圆锥花序开展，长约20厘米；分枝长约10厘米，粗糙，具1~3枚小穗；小穗两侧极压扁，含6~11小花，长15~30毫米，宽8~10毫米；小穗轴节间长约2毫米，粗糙；颖窄披针形，第一颖长10~12毫米，具7脉，第二颖稍长，具7~11脉；外稃长15~20毫米，具11脉，沿脉粗糙，顶端具芒尖，基盘钝圆，无毛；内稃窄小，长约为外稃的二分之一，两脊生纤毛；雄蕊3，花药长0.3~0.6毫米。颖果与内稃贴生，长7~8毫米，顶端具茸毛。花果期春季 5 月和秋季 9 月。

主要利用形式：常见于疏于管理的花园，可作为解决冬春饲料的优良牧草利用。常作短期牧草种植，牧草产量较高，适口性较好，各种牲畜均喜食。

348 菖蒲

拉丁学名：*Acorus calamus* L.；天南星科菖蒲属。别名：泥菖蒲、香蒲、野菖蒲、臭菖蒲、溪菖蒲、石菖蒲、山菖蒲、水剑草、凌水挡、十香和、白菖蒲、水菖蒲、剑叶菖蒲、大叶菖蒲、土菖蒲、家菖蒲、臭蒲、剑菖蒲、大菖蒲、臭草。

形态特征：多年生草本。根茎横走，稍扁，分枝，直径 5~10 毫米，外皮黄褐色，芳香，肉质根多数，长 5~6 厘米，具毛发状须根。叶基生，基部两侧膜质叶鞘宽 4~5 毫米，向上渐狭，至叶长三分之一处渐行消失、脱落。叶片剑状线形，基部宽、对褶，中部以上渐狭，草质，绿色，光亮；中肋在两面均明显隆起，侧脉 3~5 对，平行，纤弱，大都伸延至叶尖。花序柄三棱形，长（15~）40~50 厘米；叶状佛焰苞剑状线形，长 30~40 厘米；肉穗花序斜向上或近直立，狭锥状圆柱形，长 4.5~6.5（~8）厘米，直径 6~12 毫米。花黄绿色，花被片长约 2.5 毫米，宽约 1 毫米；花丝长 2.5 毫米，宽约 1 毫米；子房长圆柱形，长 3 毫米，粗 1.25 毫米。浆果长圆形，红色。花期（2—）6—9 月。

主要利用形式：园林绿化中常用的水生植物。全株芳香，可作香料或驱蚊虫；茎、叶可入药。

349 葱

拉丁学名：*Allium fistulosum* L.；百合科葱属。别名：大葱叶、细香葱、小葱、四季葱、青葱、大葱、叶葱、胡葱、葱仔、菜伯、水葱、和事草。

形态特征：多年生草本。鳞茎单生，圆柱状，稀为基部膨大

的卵状圆柱形；鳞茎外皮白色，稀淡红褐色，膜质至薄革质，不破裂。叶圆筒状，中空，向顶端渐狭，约与花葶等长。花葶圆柱状，中空，高 30~50（~100）厘米，中部以下膨大，向顶端渐狭，约在三分之一以下被叶鞘；总苞膜质，2 裂；伞形花序球状，多花，较疏散；小花梗纤细，与花被片等长，或为其 2~3 倍长，基部无小苞片；花白色；花被片长 6~8.5 毫米，近卵形，先端渐尖，具反折的尖头，外轮的稍短；花丝为花被片长度的 1.5~2 倍，锥形，在基部合生并与花被片贴生；子房倒卵状，腹缝线基部具不明显的蜜穴；花柱细长，伸出花被外。花果期 4—7 月。

主要利用形式：常见调味食用蔬菜。胃肠道疾病患者、表虚多汗者、眼疾患者尽量不要吃。葱茎白、叶、葱汁、葱花、葱果实和种子均可入药，能解热、祛痰、促进消化吸收、抗菌、抗病毒、防癌抗癌、降血脂、降血压和降血糖。

350 大麦

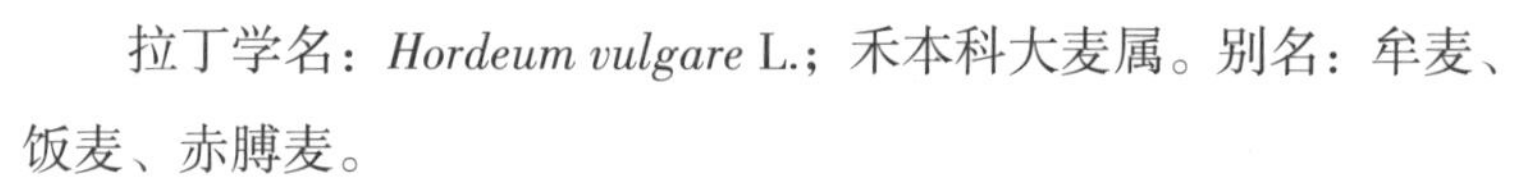

拉丁学名：*Hordeum vulgare* L.；禾本科大麦属。别名：牟麦、饭麦、赤膊麦。

形态特征：一年生草本。秆粗壮，光滑无毛，直立，高 50~100 厘米。叶鞘松弛抱茎，多无毛或基部具柔毛；两侧有 2 披针形叶耳；叶舌膜质；长 1~2 毫米；叶片长 9~20 厘米，宽 6~20 毫米，扁平。穗状花序长 3~8 厘米（芒除外），径约 1.5 厘米，小穗稠密，每节着生三枚发育的小穗；小穗均无柄，长 1~1.5 厘米（芒除外）；颖线状披针形，外被短柔毛，先端常延伸为 8~14 毫米的芒；外稃具 5 脉，先端延伸成芒，芒长 8~15 厘米，边棱具细刺；内稃与外稃几等长。颖果熟时黏着于稃内，不脱出。

主要利用形式：重要作物。麦秆柔软，多用作牲畜铺草，也大量用作粗饲料。果实性味甘咸凉，能和胃、宽肠、利水，治食滞泄泻、小便淋痛、水肿、烫火伤。大麦营养成分较为丰富，大麦胚芽中，维生素 B_1 的含量较小麦更多。本植物的枯黄茎秆（大麦秸）、发芽的颖果（麦芽）、幼苗（大麦苗）亦供药用。大麦还可用来酿酒。

351 大蒜

拉丁学名：*Allium sativum* L.；百合科葱属。别名：蒜、大蒜头、蒜头、葫、独蒜、荤菜、独头蒜、胡蒜。

形态特征：多年生草本。浅根性作物，无主根。发根部位为短缩茎周围，外侧最多，内侧较少。根最长可达 50 厘米以上，但主要根群分布在 5~25 厘米的土层，横展范围 30 厘米。成株发根数 70~110 条。鳞茎大形，具 6~10 瓣，外包灰白色或淡棕色干膜质鳞被。叶基生，实心，扁平，线状披针形，宽约 2.5 厘米，基部呈鞘状。花茎直立，高约 60 厘米。叶包括叶身和叶鞘。叶鞘管状，叶生未展出前呈折叠状，展出后扁平而狭长，为平行叶脉。叶互生，为二分之一叶序，排列对称。叶鞘相互套合形成假茎，具有支撑和营养运输的功能。佛焰苞有长喙，长 7~10 厘米，伞形花序，小而稠密，具苞片 1~3 枚，片长 8~10 厘米，膜质，浅绿色，花小型，花间多杂以淡红色珠芽，长 4 毫米，或完全无珠芽；花柄细，长于花；花被 6，粉红色，椭圆状披针形；雄蕊 6，白色，花药凸出；雌蕊 1，花柱凸出，白色，子房上位，长椭圆状卵形，先端凹入，3 室。蒴果，1 室开裂。花期夏季。

主要利用形式：常见调料作物。肥厚的鳞茎有浓烈的蒜辣气，有刺激性气味，可食用或供调味。鳞茎（以独头紫皮者为好）性温味辛甘，能温中健胃、消食理气，可强力杀菌、防治肿瘤和癌症、排毒清肠、预防肠胃疾病、降低血糖、防治心脑血管疾病、预防感冒、抗疲劳、抗衰老、保肝、旺盛精力、治疗阳痿，并可抗过敏、预防女性霉菌性阴道炎以及改善糖代谢。

352 吊兰

拉丁学名：*Chlorophytum comosum*（Thunb.）Baker；百合科

吊兰属。别名：挂兰、垂盆草、兰草、折鹤兰、蜘蛛草、飞机草、葡萄兰、钓兰、倒吊兰、土洋参、八叶兰、空气卫士。

形态特征：多年生草本。根状茎短，根稍肥厚。叶剑形，绿色或有黄色条纹，长 10~30 厘米，宽 1~2 厘米，向两端稍变狭。花葶比叶长，有时长可达 50 厘米，常变为匍枝而在近顶部具叶簇或幼小植株；花白色，常 2~4 朵簇生，排成疏散的总状花序或圆锥花序；花梗长 7~12 毫米，关节位于中部至上部；花被片长 7~10 毫米，3 脉；雄蕊稍短于花被片；花药矩圆形，长 1~1.5 毫米，明显短于花丝，开裂后常卷曲。蒴果三棱状扁球形，长约 5 毫米，宽约 8 毫米，每室具种子 3~5 颗。花期 5 月，果期 8 月。

主要利用形式：悬挂绿化植物，可净化空气。全草或根全年均可采收，洗净鲜用，味甘微苦性凉，能化痰止咳、散瘀消肿、清热解毒，主治痰热咳嗽、骨折、痈肿、痔疮、烧伤、小儿高热、肺热咳嗽、吐血以及跌打肿痛。

353 东方泽泻

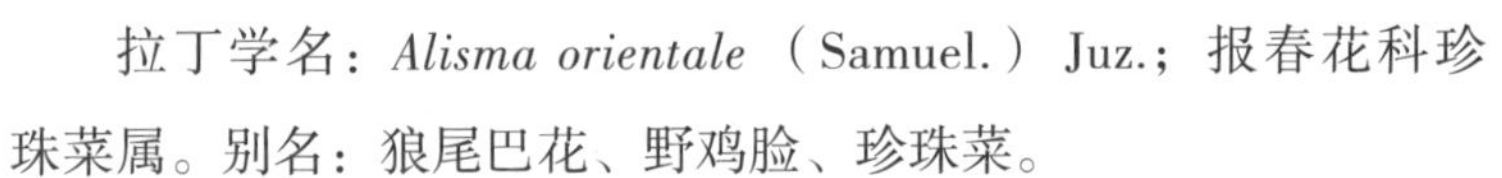

拉丁学名：*Alisma orientale*（Samuel.）Juz.；报春花科珍珠菜属。别名：狼尾巴花、野鸡脸、珍珠菜。

形态特征：多年生水生或沼生草本。块茎直径 1~2 厘米，或较大。叶多数；挺水叶宽披针形、椭圆形，长 3.5~11.5 厘米，宽 1.3~6.8 厘米，先端渐尖，基部近圆形或浅心形，叶脉 5~7 条，叶柄长 3.2~34 厘米，较粗壮，基部渐宽，边缘窄膜质。花葶高 35~90 厘米，或更高。花序长 20~70 厘米，具 3~9 轮分枝，每轮分枝 3~9 枚；花两性，直径约 6 毫米；花梗不等长，（0.5~）1~2.5 厘米；外轮花被片卵形，长 2~2.5 毫米，宽约 1.5 毫米，边缘窄膜质，具 5~7 脉，内轮花被片近圆形，比外轮大，白色、淡红色，稀黄绿色，边缘波状；心皮排列不整齐，花柱长约 0.5 毫米，直立，柱头长约为花柱的五分之一；花丝长 1~ 1.2 毫米，基部宽约 0.3 毫米，向上渐窄，花药黄绿色或黄色，长 0.5~0.6 毫米，宽 0.3~0.4 毫米；花托在果期呈凹凸，高约 0.4 毫米。瘦果椭圆形，长 1.5~2 毫米，宽 1~1.2 毫米，背部具 1~2 条浅沟，腹部自果喙处凸起，呈膜质翅；两侧果皮纸质，半透明；果喙长约 0.5 毫米，自腹侧中上部伸出。种子紫红色，长约 1.1 毫米，宽约 0.8 毫米。花果期 5—9 月。

主要利用形式：湿地常见，园林上多作浅水区水景植物。块茎入药，味甘淡性寒，归肾、膀胱经，能利水渗湿、泄热、化浊降脂，主治肾炎水肿、肠炎泄泻、小便不利、尿路感染、水肿、痰饮、眩晕。

354 凤尾丝兰

拉丁学名：*Yucca gloriosa* Linn.；龙舌兰科丝兰属。别名：菠萝花、白棕、剑麻、厚叶丝兰。

形态特征：常绿植物，具短茎或高达 5 米的茎，常分枝。叶坚硬，挺直，条状披针形，长 40~80 厘米或更长，宽 4~6 厘米，长渐尖，先端坚硬成刺状，边缘幼时具少数疏离的齿，老时全缘，稀具分离的细纤维。大型圆锥花序长 1~1.5 米，通常无毛；花下垂，白色至淡黄白色，先端常带紫红色；花被片 6，卵状菱形，长 4~5.5 厘米，宽 1.5~2 厘米；柱头 3 裂。果实倒卵状长圆形。花期 7—11 月。

主要利用形式：常在公园花坛中种植，既可观花，又可赏叶。其叶片尖部为硬刺，易伤人，不宜在庭院中种植。其花入药名“凤尾兰”，味辛微苦性平，能止咳平喘，可治支气管哮喘、咳嗽。

355 凤眼莲

拉丁学名：*Eichhornia crassipes*（Mart.）Solms；雨久花科凤眼莲属。别名：水葫芦、水浮莲、水葫芦苗、布袋莲、浮水莲花。

形态特征：浮水草本，高 30~60 厘米。须根发达，棕黑色，长达 30 厘米。茎极短，具长匍匐枝，匍匐枝淡绿色或带紫色，叶在基部丛生，莲座状排列，一般 5~10 片；叶片圆形、宽卵形

或宽菱形，长 4.5~14.5 厘米，宽 5~14 厘米，顶端钝圆或微尖，基部宽楔形或在幼时为浅心形，全缘，具弧形脉，表面深绿色，光亮，质地厚实，两边微向上卷，顶部略向下翻卷；叶柄长短不等，中部膨大成囊状或纺锤形，内有许多多边形柱状细胞组成的气室，维管束散布其间，黄绿色至绿色，光滑；叶柄基部有鞘状苞片，长 8~11 厘米，黄绿色，薄而半透明；花葶从叶柄基部的鞘状苞片腋内伸出，长 34~46 厘米，多棱；穗状花序长 17~20 厘米，通常具 9~12 朵花；花被裂片 6 枚，花瓣状，卵形、长圆形或倒卵形，紫蓝色，花冠略两侧对称，直径 4~6 厘米，上方 1 枚裂片较大，长约 3.5 厘米，宽约 2.4 厘米，三色，即四周淡紫红色，中间蓝色，在蓝色的中央有一黄色圆斑。花药箭形，基着，蓝灰色，2 室，纵裂；花粉粒长卵圆形，黄色；子房上位，长梨形，长 6 毫米，3 室，中轴胎座，胚珠多数；花柱 1，长约 2 厘米，伸出花被筒的部分有腺毛；柱头上密生腺毛。蒴果卵形。花期 7—10 月，果期 8—11 月。

主要利用形式：全草入药，淡凉，能清热解暑、利尿消肿、祛风湿，可治中暑烦渴、水肿、小便不利；外敷可治热疮。本种也为良好的污水净化植物，局部地区可泛滥成灾。

356 高粱

拉丁学名：*Sorghum bicolor*（L.）Moench；禾本科高粱属。别名：蜀黍、桃黍、木稷、荻粱、乌禾、芦穄、茭子、名禾 。

形态特征：一年生草本。秆较粗壮，直立，基部节上具支撑根。叶鞘无毛或稍有白粉；叶舌硬膜质，先端圆，边缘有纤毛。圆锥花序疏松，主轴裸露，总梗直立或微弯曲；雄蕊 3 枚，花药长约 3 毫米；子房倒卵形；花柱分离，柱头帚状。颖果两面平凸，淡红色至红棕色，熟时宽 2.5~3 毫米，顶端微外露。有柄小穗的柄长约 2.5 毫米，小穗线形至披针形。花果期 6—9 月。

主要利用形式：常见粮食作物。高粱籽粒加工后即成为高粱米，在中国、朝鲜、印度及非洲等地皆为食粮，也可用作动物精饲料。用来做饭或磨制成粉后再做成其他各种食品，比如面条、面鱼、面卷、煎饼、蒸糕等。除食用外，高粱可制淀粉、制糖、酿酒和制酒精等。高粱米味甘性温涩，能和胃消积、温中涩肠、止霍平乱，主治脾虚湿困、消化不良、湿热下痢、小便不利等。

357 狗尾草

拉丁学名：*Setaria viridis*（L.） Beauv.；禾本科狗尾草属。别名：阿罗汉草、稗子草、毛毛狗。

形态特征：一年生草本。根为须状，高大植株具支持根。秆直立或基部膝曲。叶鞘松弛，无毛或疏具柔毛或疣毛，边缘具较长的密绵毛状纤毛；叶舌极短；叶片扁平，长三角状狭披针形或线状披针形，先端长渐尖或渐尖，基部钝圆形，几呈截状或渐窄，通常无毛或疏被疣毛，边缘粗糙。圆锥花序紧密呈圆柱状，或基部稍疏离，直立或稍弯垂，主轴被较长柔毛，刚毛长 4~12 毫米，粗糙或微粗糙，直或稍扭曲，通常绿色或褐黄至紫红或紫色；小穗 2~5 个簇生于主轴上，或更多的小穗着生在短小枝上，椭圆形，先端钝，铅绿色；第一颖卵形、宽卵形，长约为小穗的三分之一，先端钝或稍尖，具 3 脉；第二颖几与小穗等长，椭圆形，具 5~7 脉；第一外稃与小穗等长，具 5~7 脉，先端钝，其内稃短小狭窄；第二外稃椭圆形，顶端钝，具细点状皱纹，边缘内卷，狭窄；鳞被楔形，顶端微凹；花柱基分离；叶上下表皮脉间均为微波纹或无波纹的、壁较薄的长细胞。颖果灰白色。花果期 5—10 月。

主要利用形式：常见杂草，其秆、叶可作饲料，也可入药，治痈瘀、面癣。全草加水煮沸 20 分钟后，滤出液可喷杀菜虫。小穗可提炼糠醛。

358 狗牙根

拉丁学名：*Cynodon dactylon*（L.）Pers.；禾本科狗牙根属。别名：绊根草、爬根草、咸沙草、铁线草、堑头草、马挽手、行

仅芝、牛马根、马根子草、铺地草、铜丝金、铁丝草、鸡肠草。

形态特征：低矮多年生草本，具根茎。秆细而坚韧，下部匍匐地面蔓延甚长，节上常生不定根，直立部分高10~30厘米，直径1~1.5毫米，秆壁厚，光滑无毛，有时略两侧压扁。叶鞘微具脊，无毛或有疏柔毛，鞘口常具柔毛；叶舌仅为一轮纤毛；叶片线形，长1~12厘米，宽1~3毫米，通常两面无毛。穗状花序(2~)3~5(~6)枚，长2~5(~6)厘米；小穗灰绿色或带紫色，长2~2.5毫米，仅含1小花；颖长1.5~2毫米，第二颖稍长，均具1脉，背部成脊而边缘膜质；外稃舟形，具3脉，背部明显成脊，脊上被柔毛；内稃与外稃近等长，具2脉。鳞被上缘近截平；花药淡紫色；子房无毛，柱头紫红色。颖果长圆柱形。花果期5—10月。

主要利用形式：恶性杂草，可作饲料。其根茎蔓延力很强，为良好的固堤保土植物，常用以铺建狗牙根草坪或球场；生长于果园或耕地时，则为难除灭的有害杂草。全草可入药，能祛风活络、凉血止血、解毒，主治风湿痹痛、半身不遂、劳伤吐血、鼻衄、便血、跌打损伤、疮疡肿毒。

359 旱稗

拉丁学名：*Echinochloa hispidula*（Retz.）Nees；禾本科稗属。别名：芒稗、稗草子。

形态特征：一年生草本。秆高40~90厘米。叶鞘平滑无毛；叶舌缺；叶片扁平，线形，长10~30厘米，宽6~12毫米。圆锥花序狭窄，长5~15厘米，宽1~1.5厘米，分枝上不具小枝，有时中部轮生；小穗卵状椭圆形，长4~6毫米；第一颖三角形，长为小穗的二分之一至三分之二，基部包卷小穗；第二颖与小穗等长，具小尖头，有5脉，脉上具刚毛或有时具疣基毛，芒长0.5~1.5厘米；第一小花通常中性，外稃草质，具7脉，内稃薄膜质，第二外稃革质，坚硬，边缘包卷同质的内稃。花果期7—10月。

主要利用形式：广布型杂草，可作饲草。

360 黑三棱

拉丁学名：*Sparganium stoloniferum*（Graebn.）Buch.；黑三棱科黑三棱属。别名：三棱、京三棱、红蒲根、光三棱。

形态特征：多年生水生或沼生草本。块茎膨大，比茎粗 2~3 倍，或更粗；根状茎粗壮。茎直立，粗壮，高 0.7~1.2 米，或更高，挺水。叶片长（20~）40~90 厘米，宽 0.7~16 厘米，具中脉，上部扁平，下部背面呈龙骨状凸起，或呈三棱形，基部鞘状。圆锥花序开展，长 20~60 厘米，具 3~7 个侧枝，每个侧枝上着生 7~11 个雄性头状花序和 1~2 个雌性头状花序，主轴顶端通常具 3~5 个雄性头状花序，或更多，无雌性头状花序；花期雄性头状花序呈球形，直径约 10 毫米；雄花花被片匙形，膜质，先端浅裂，早落，花丝长约 3 毫米，丝状，弯曲，褐色，花药近倒圆锥形，长 1~1.2 毫米，宽约 0.5 毫米；雌花花被长 5~7 毫米，宽 1~1.5 毫米，着生于子房基部，宿存，柱头分叉或否，长 3~4 毫米，向上渐尖，花柱长约 1.5 毫米，子房无柄。果实长 6~9 毫米，倒圆锥形，上部通常膨大呈冠状，具棱，褐色。花果期 5—10 月。

主要利用形式：本种块茎是我国常用的中药，即“三棱”，性味辛苦平，归肝、脾经，能破血行气、消积止痛、通经、下乳等，可治症瘕痞块、痛经、瘀血经闭、胸痹心痛、食积胀痛。也可用于花卉观赏。

361 虎尾草

拉丁学名：*Chloris virgata* Swartz.；禾本科虎尾草属。别名：棒槌草、大屁股草、棒锤草、刷子头、盘草。

形态特征：一年生草本。秆直立或基部膝曲，光滑无毛。叶鞘背部具脊，包卷松弛，无毛；叶舌无毛或具纤毛；叶片线形，两面无毛或边缘及上面粗糙。穗状花序，指状着生于秆顶，常直立而并拢成毛刷状，有时包藏于顶叶之膨胀叶鞘中，成熟时常带紫色。小穗无柄，颖膜质，第二颖等长或略短于小穗。第一小花两性，外稃纸质，两侧压扁，呈倒卵状披针形，沿脉及边缘被疏柔毛或无毛，两侧边缘上部有白色柔毛，顶端尖或有时具2微齿，芒自背部顶端稍下方伸出；内稃膜质，略短于外稃，脊上被微毛，基盘具毛。第二小花不孕，长楔形，仅存外稃，顶端截平或略凹，自背部边缘稍下方伸出。颖果纺锤形，淡黄色，光滑无毛而半透明。花果期6—10月。

主要利用形式：杂草。全草味辛苦性微温，能祛风除湿、解毒杀虫，主治感冒头痛、风湿痹痛、泻痢腹痛、疝气、脚气、痈疮肿毒及刀伤。本种也是重要的牧草和水土保持作物，可用来建植草坪。

362 画眉草

拉丁学名：*Eragrostis pilosa*（L.）Beauv.；禾本科画眉草属。别名：榧子草、星星草、蚊子草。

形态特征：一年生草本。秆丛生，直立或基部膝曲，高15~60厘米，径1.5~2.5毫米，通常具4节，光滑。叶鞘松裹茎，长于或短于节间，扁压，鞘缘近膜质，鞘口有长柔毛；叶舌为一圈纤毛，长约0.5毫米；叶片线形扁平或卷缩，长6~20厘米，宽2~3毫米，无毛。圆锥花序开展或紧缩，长10~25厘米，宽2~10厘米，分枝单生，簇生或轮生，多直立向上，腋间有长柔毛，小穗具柄，长3~10毫米，宽1~1.5毫米，含4~14小花；颖为膜质，披针形，先端渐尖。第一颖长约1毫米，无脉，第二颖长约1.5毫米，具1脉；第一外稃长约1.8毫米，广卵形，先端尖，具3脉；内稃长约1.5毫米，稍作弓形弯曲，脊上有纤毛，迟落或宿存；雄蕊3枚，花药长约0.3毫米。颖果长圆形，长约0.8毫米。花果期8—11月。

主要利用形式：杂草，为优良饲料。全草性味甘淡凉，归膀胱经，能利尿通淋、清热活血，可治热淋、石淋、目赤痒痛、跌打损伤。

363 姜

拉丁学名：*Zingiber officinale* Rosc.；姜科姜属。别名：生姜、白姜、川姜。

形态特征：多年生草本。株高 0.5~1 米。根茎肥厚，多分枝，有芳香及辛辣味。叶片披针形或线状披针形，长 15~30 厘米，宽 2~2.5 厘米，无毛，无柄；叶舌膜质，长 2~4 毫米。总花梗长达 25 厘米；穗状花序球果状，长 4~5 厘米；苞片卵形，长约 2.5 厘米，淡绿色或边缘淡黄色，顶端有小尖头。花萼管长约 1 厘米；花冠黄绿色，管长 2~2.5 厘米，裂片披针形，长不及 2 厘米；唇瓣中央裂片长圆状倒卵形，短于花冠裂片，有紫色条纹及淡黄色斑点；侧裂片卵形，长约 6 毫米。雄蕊暗紫色，花药长约 9 毫米；药隔附属体钻状，长约 7 毫米。花期秋季。

主要利用形式：常用调味植物。根茎供药用。干姜主治心腹冷痛、吐泻、肢冷脉微、寒饮喘咳、风寒湿痹。生姜主治感冒风寒、呕吐、痰饮、喘咳、胀满；可解半夏、天南星及鱼蟹、鸟兽肉毒。本种也可作烹调配料或制成酱菜、糖姜。茎、叶、根茎均可提取芳香油，用于食品、饮料及化妆品香料中。腐烂的生姜可致癌。

364 金色狗尾草

拉丁学名：*Setaria glauca*（L.）Beauv.；禾本科狗尾草属。别名：金狗尾、狗尾草、狗尾巴。

形态特征：一年生草本，单生或丛生。秆直立或基部倾斜膝曲，近地面节可生根，高 20~90 厘米，光滑无毛，仅花序下面稍粗糙。叶鞘下部扁压具脊，上部圆形，光滑无毛，边缘薄膜质，光滑无纤毛；叶舌具有一圈长约 1 毫米的纤毛；叶片线状披针形或狭披针形，长 5~40 厘米，宽 2~10 毫米，先端长渐尖，基部钝圆，上面粗糙，下面光滑，近基部疏被长柔毛。圆锥花序紧密呈圆柱状或狭圆锥状，长 3~17 厘米，宽 4~8 毫米（刚毛除外），主轴具短细柔毛，刚毛金黄色，粗糙，长 4~8 毫米，通常在一簇中仅具 1 个发育的小穗；第一颖宽卵形或卵形，长为小穗的三分之一或二分之一，先端尖，具 3 脉；第二颖宽卵形，长为小穗的二分之一至三分之二，先端稍钝，具 5~7 脉；第一小花雄性或中性，第一外稃与小穗等长或微短，具 5 脉，其内稃膜质，等长且等宽于第二小花，具 2 脉，通常含 3 枚雄蕊或无；第二小花两性，外稃革质，等长于第一外稃，先端尖，成熟时，背部极隆起，具明显的横皱纹；鳞被楔形；花柱基部连合。花果期 6—10 月。

主要利用形式：夏秋农田常见杂草。全草性味甘淡凉，能清热、明目、止泻，可治目赤肿痛、眼弦赤烂、眼睑炎、赤白痢疾。

365 韭菜

拉丁学名：*Allium tuberosum* Rottl. ex Spreng.；百合科葱属。别名：韭、山韭、长生韭、壮阳草、丰本、扁菜、懒人菜、草钟乳、起阳草、韭芽。

形态特征：多年生宿根草本。根为弦线状的须根系，没有主侧根。主要分布于 30 厘米的耕作层，根数多，有 40 根左右，分为吸收根、半贮藏根和贮藏根 3 种。着生于短缩茎基部，短缩茎为茎的盘状变态，下部生根，上部生叶。茎分为营养茎和花茎，一、二年生营养茎短缩变态成盘状，称为鳞茎盘；由于分蘖和跳根，短缩茎逐渐向地表延伸生长，平均每年伸 1.0~2.0 厘米，鳞茎盘下方形成葫芦状的根状茎。根状茎为贮藏养分的重要器官。叶片簇生叶短缩茎上，叶片扁平带状，可分为宽叶和窄叶。叶片表面有蜡粉，气孔陷入角质层。花锥型总苞包被的伞形花序，内有小花 20~30 朵。小花为两性花，花冠白色，花被片 6 片，雄蕊 6 枚。子房上位，异花授粉。果实为蒴果，子房 3 室，每室内有胚珠 2 枚。成熟种子黑色，盾形。

主要利用形式：常见蔬菜。叶、花葶和花均作蔬菜食用。种子可入药，具有补肾、健胃、提神、止汗、固涩等功效，主治肾虚阳痿、里寒腹痛、噎膈反胃、胸痹疼痛、衄血、吐血、尿血、痢疾、痔疮、痈疮肿毒、漆疮、跌打损伤。阴虚内热及疮疡、目疾患者均忌食。

366 韭葱

拉丁学名：*Allium porrum* L.；百合科葱属。别名：扁叶葱、洋蒜苗、扁葱。

形态特征：二年生草本。鳞茎单生，矩圆状卵形至近球状，有时基部具少数小鳞茎；鳞茎外皮白色，膜质，不破裂。叶宽条形至条状披针形，实心，略对褶，背面呈龙骨状，基部宽 1~5 厘米或更宽，深绿色，常具白粉。花葶圆柱状，实心，高 60~80 厘米或更高，近中部被叶鞘；总苞单侧开裂，具长喙，早落；伞形花序球状，无珠芽，具多而密集的花；小花梗近等长，比花被片长数倍，基部具小苞片；花白色至淡紫色；花被片近矩圆形，长 4.5~5 毫米，宽 2~2.3 毫米，先端钝，具短尖头，中脉绿色，外轮的背面沿中脉具细齿；花丝稍比花被片长，基部合生并与花被片贴生，两侧的下部具细齿，内轮的下部约三分之二扩大成长方形，扩大部分与花被片近等宽，每侧各具 1 齿，齿端延长成卷曲的丝状，远比中间着药的花丝长，外轮的无齿，下部稍扩大成狭长的条状三角形；子房卵球状，在中下部沿腹缝线具横向隆起的蜜腺（在标本上不易观察到）；花柱伸出花被外。花果期 5—7 月。

主要利用形式：渭北常见栽培。其嫩苗、鳞茎、假茎和花薹作蔬菜食用。全草可除菌、利尿、助消化、增进食欲、降低血脂。

367 阔叶箬竹

拉丁学名：*Indocalamus latifolius*（Keng）McClure；禾本科箬竹属。别名：寮竹、箬竹、壳箬竹。

形态特征：多年生灌木状竹类。秆高可达 2 米，最大直径 7.5 毫米；一般为绿色，秆下部者较窄，秆上部者稍宽，小枝 2~4 叶；

叶鞘紧密抱秆，无叶耳；叶截形；叶片在成长植株上稍下弯，宽披针形或长圆状披针形，先端长尖，基部楔形，下表面灰绿色，密被贴伏的短柔毛或无毛，叶缘生有细锯齿。未成熟者圆锥花序，小穗绿色带紫，花药黄色；子房和鳞被未见。4—5月笋期，6—7月开花。

主要利用形式：价值较高的观赏植物，具有较强的释氧、滞尘、降噪声等多种生态功能，能广泛地作为空间建造材料以及地被绿化材料应用在城乡各类绿地中。其叶既可以用作食品包装物（主要用作粽叶包粽子和菜品垫盘），又可用以制作船舱、斗篷，同时还可以用作箬竹酒、饲料、纸品的生产原料。其秆可用作竹筷、毛笔杆以及扫帚柄等日用品。

368 狼尾草

拉丁学名：*Pennisetum alopecuroides*（L.）Spreng.；禾本科狼尾草属。别名：狗尾巴草、芮草、老鼠狼、狗仔尾。

形态特征：多年生草本。须根较粗壮。秆直立，丛生，在花序下密生柔毛。叶鞘光滑，两侧压扁，主脉呈脊，在基部者跨生状，秆上部者长于节间；叶舌具纤毛；叶片线形，先端长渐尖，基部生疣毛。圆锥花序直立；主轴密生柔毛；总梗长2~3（~5）毫米；刚毛粗糙，淡绿色或紫色；小穗通常单生，偶有双生，线状披针形；第一颖微小或缺，膜质，先端钝，脉不明显或具1脉；第二颖卵状披针形，先端短尖，具3~5脉，长为小穗的三分之一至三分之二；第一小花中性，第一外稃与小穗等长，具7~11脉；第二外稃与小穗等长，披针形，具5~7脉，边缘包着同质的内稃；鳞被2，楔形；雄蕊3，花药顶端无毫毛；花柱基部连合。颖果长圆形。叶片表皮细胞结构为上下表皮不同：上表皮脉间细胞2~4行，为长筒状、有波纹、壁薄的长细胞；下表皮脉间5~9行，为长筒形、壁厚、有波纹的长细胞与短细胞交叉排列。花果期夏秋季。

主要利用形式：可作饲料，也是编织或造纸的原料，也可作固堤防沙植物或观赏植物。

369 芦苇

拉丁学名：Phragmites australis（Cav.）Trin. ex Steud.；禾本科芦苇属。别名：苇、芦、芦笋、蒹葭。

形态特征：多年生草本。根状茎发达。秆直立，具 20 多节，基部和上部的节间较短，最长节间位于下部第 4—6 节，节下被蜡粉。叶鞘下部者短于上部者，长于其节间；叶舌边缘密生一圈长约 1 毫米的短纤毛，两侧缘毛长 3~5 毫米，易脱落；叶片披针状线形，无毛，顶端长渐尖成丝形。圆锥花序大型，分枝多数，着生稠密下垂的小穗；小穗柄长 2~4 毫米，无毛；小穗长约 12 毫米，含 4 花。颖具 3 脉，第一颖长 4 毫米；第二颖长约 7 毫米。第一不孕外稃雄性，长约 12 毫米，第二外稃长 11 毫米，具 3 脉，顶端长渐尖，基盘延长，两侧密生等长于外稃的丝状柔毛，与无毛的小穗轴相连接处具明显关节，成熟后易自关节上脱落；内稃长约 3 毫米，两脊粗糙。雄蕊 3，花药长 1.5~2 毫米，黄色；颖果长约 1.5 毫米。

主要利用形式：秆为造纸原料或编席织帘及建棚材料；茎、叶嫩时为饲料；根状茎供药用。本种是水面绿化、净化水质、沼泽湿地、护土固堤、改良土壤的主要植物。芦根性味甘寒无毒，能清热、除烦、止呕、解鱼蟹毒，用于热病烦渴、胃热呕吐、噎膈、反胃、肺痿、肺痈、表热证、解河豚毒。

370 绿萝

拉丁学名：*Epipremnum aureum*（Linden et Andre）Bunting；天南星科麒麟叶属。别名：魔鬼藤、黄金葛、黄金藤、桑叶。

形态特征：高大藤本。茎攀缘，节间具纵槽；多分枝，枝悬垂。幼枝鞭状，细长，粗 3~4 毫米，节间长 15~20 厘米；叶柄长 8~10 厘米，两侧具鞘，达顶部；鞘革质，宿存，下部每侧宽近 1 厘米，向上渐狭；下部叶片大，上部的长 6~8 厘米，纸质，宽卵形，短渐尖，基部心形。成熟枝上叶柄粗壮，基部稍扩大，上部关节长 2.5~3 厘米，稍肥厚，腹面具宽槽，叶鞘长，叶片薄革质，翠绿色，通常（特别是叶面）有多数不规则的纯黄色斑块，全缘，不等侧的卵形或卵状长圆形，先端短渐尖，基部深心形。

主要利用形式：本种不易开花，但易于无性繁殖，附生于墙壁或山石上，极为美丽，亦作荫棚悬挂植物，折枝插瓶，经久不萎。栽植于过于阴暗的场所，叶片上美艳的斑块则易于消失。绿萝吸收空气中的苯、三氯乙烯、甲醛等的能力很强。误食绿萝会出现喉咙肿痛的现象。

371 马蔺

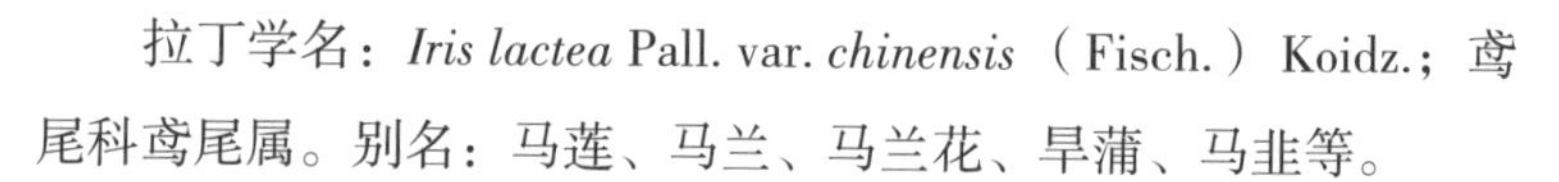

拉丁学名：*Iris lactea* Pall. var. *chinensis*（Fisch.）Koidz.；鸢尾科鸢尾属。别名：马莲、马兰、马兰花、旱蒲、马韭等。

形态特征：多年生密丛草本。根状茎粗壮，木质，斜伸，外包有大量致密的红紫色折断的老叶残留叶鞘及毛发状的纤维；须根粗而长，黄白色，少分枝。叶基生，坚韧，灰绿色，条形或狭剑形，长约 50 厘米，宽 4~6 毫米，顶端渐尖，基部鞘状，带红紫色，无明显的中脉。 花为浅蓝色、蓝色或蓝紫色，花被上有较深色的条纹，花茎光滑，高 5~10 厘米；苞片 3~5 枚，草质，绿色，边缘白色，披针形，长 4.5~10 厘米，宽 0.8~1.6 厘米，顶端渐尖或长渐尖，内包含有 2~4 朵花。花乳白色，直径 5~6 厘米；花梗长 4~7 厘米。花被管甚短，长约 3 毫米，外花被裂片倒披针形，长 4.5~6.5 厘米，宽 0.8~1.2 厘米，顶端钝或急尖，爪部楔形；内花被裂片狭倒披针形，长 4.2~4.5 厘米，宽 5~7 毫米，爪部狭楔形。雄蕊长 2.5~3.2 厘米，花药黄色，花丝白色；子房纺锤形，长 3~4.5 厘米。 蒴果长椭圆状柱形，长 4~6 厘米，直径 1~1.4 厘米，有 6 条明显的肋，顶端有短喙；种子为不规则的多面体，棕褐色，略有光泽。 花期 5—6 月，果期 6—9 月。

主要利用形式：花、种子、根均可入药。花晒干服用可利尿通便；种子和根可除湿热、止血、解毒。马蔺产草量高，营养成分丰富，各类牲畜尤其是绵羊喜食。作为纤维植物，可以代替麻生产纸、绳。叶是编制工艺品的原料，根可以制作刷子。

372 马唐

拉丁学名：*Digitaria sanguinalis*（L.）Scop.；禾本科马唐属。别名：谷莠子、羊麻、羊粟、马饭、抓根草、天线草。

形态特征：一年生草本。秆直立或下部倾斜，膝曲上升，无毛或节生柔毛。叶鞘短于节间，无毛或散生疣基柔毛；叶舌长 1~3 毫米；叶片线状披针形，基部圆形，边缘较厚，微粗糙，具柔毛或无毛。总状花序长 5~18 厘米，4~12 枚成指状着生于长 1~2 厘米的主轴上。穗轴直伸或开展，两侧具宽翼，边缘粗糙；小穗椭圆状披针形；第一颖小，短三角形，无脉；第二颖具 3 脉，披针形，长为小穗的二分之一左右，脉间及边缘大多具柔毛。第一外稃等长于小穗，具 7 脉，中脉平滑，两侧的脉间距离较宽，无毛，边脉上具小刺状粗糙，脉间及边缘生柔毛；第二外稃近革质，灰绿色，顶端渐尖，等长于第一外稃；花药长约 1 毫米。花果期 6—9 月。

主要利用形式：农田、果园的重要杂草，又是优良牧草。全草性味甘寒，入肝、脾二经，可明目、聪耳、润肺，治目暗不明、肺热咳嗽。

373 麦冬

拉丁学名：*Ophiopogon japonicus*（Linn. f.）Ker-Gawl.；百合科沿阶草属。别名：麦门冬、沿阶草、不死药、禹余粮、皇帝草。

形态特征：多年生草本。根较粗，中间或近末端常膨大成椭圆形或纺锤形的小块根；小块根长 1~1.5 厘米，或更长些，宽 5~10 毫米，淡褐黄色。地下走茎细长，直径 1~2 毫米，节上具膜质的鞘。茎很短，叶基生成丛，禾叶状，长 10~50 厘米，少数更长些，宽 1.5~3.5 毫米，具 3~7 条脉，边缘具细锯齿。花葶长 6~15（~27）厘米，通常比叶短得多，总状花序长 2~5 厘米，或有时更长些，具几朵至十几朵花。花单生或成对着生于苞片腋内；苞片披针形，先端渐尖，最下面的长可达 7~8 毫米；花梗长 3~4 毫米，关节位于中部以上或近中部；花被片常稍下垂而不展开，披针形，长约 5 毫米，白色或淡紫色；花药三角状披针形，长 2.5~3 毫米；花柱长约 4 毫米，较粗，宽约 1 毫米，基部宽阔，向上渐狭。种子球形，直径 7~8 毫米。花期 5—8 月，果期 8—9 月。

主要利用形式：园林兼药用植物。《神农本草经》将其列为养阴润肺的上品，言“久服轻身，不老不饥”。麦冬根味甘微苦性微寒，归胃、肺、心经，能养阴润肺、益胃生津、清心除烦，可治肺燥干咳、阴虚痨嗽、喉痹咽痛、津伤口渴、内热消渴、心烦失眠、肠燥便秘等。麦冬不宜长期服用，易于生痰生湿；脾胃虚寒、感冒者忌用。

374 矛叶荩草

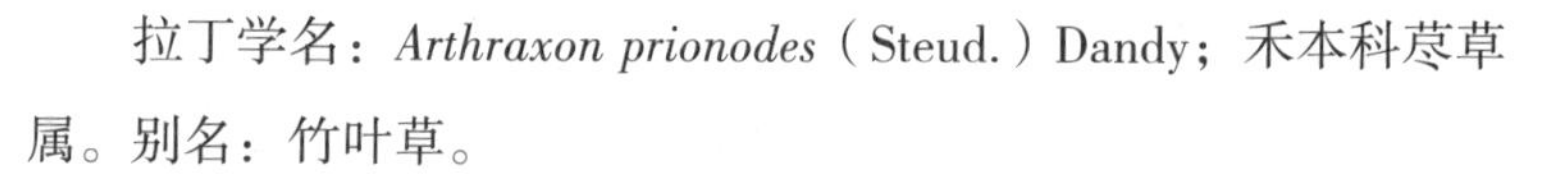

拉丁学名：*Arthraxon prionodes*（Steud.）Dandy；禾本科荩草属。别名：竹叶草。

形态特征：多年生草本。秆较坚硬，直立或倾斜，常分枝，具多节；节着地易生根，节上无毛或生短毛。叶鞘短于节间，无毛或疏生疣基毛；叶舌膜质，被纤毛；叶片披针形至卵状披针形，先端渐尖，基部心形，抱茎，无毛或两边生短毛，乃至具疣基短毛，边缘通常具疣基纤毛。无柄小穗长圆状披针形，质较硬，背腹压扁；先端尖，两侧呈龙骨状，脉上及脉间具小硬刺毛，尤以顶端为多。花果期 7—10 月。多生于山坡、旷野及沟边阴湿处。

主要利用形式：优质牧草，嫩枝多，叶量大。

375 美人蕉

拉丁学名：*Canna indica* L.；美人蕉科美人蕉属。别名：红艳蕉、小花美人蕉、小芭蕉、凤尾花、五筋草、破血红。

形态特征：多年生草本。植株全部绿色，高可达 1.5 米。叶片卵状长圆形。总状花序疏花；略超出于叶片之上；花红色，单生；苞片卵形，绿色；萼片 3，披针形，绿色而有时染红；花冠管长不及 1 厘米，花冠裂片披针形，绿色或红色；外轮退化雄蕊鲜红色，其中 2 枚倒披针形，另一枚如存在则特别小，长 1.5 厘米，宽仅 1 毫米；唇瓣披针形，弯曲；发育雄蕊长 2.5 厘米，花药室长 6 毫米；花柱扁平，一半和发育雄蕊的花丝连合。蒴果绿色，长卵形，有软刺。花果期 3—12 月。

主要利用形式：常见园林草花，品种很多。本种能吸收二氧化硫、氯化氢、二氧化碳等气体，抗性较好，叶片虽易受害，但在受害后又能重新长出新叶，为有害气体污染的活的环境监测器。根状茎和花入药，性味甘淡凉，能清热利湿、安神降压，可治黄疸型急性传染性肝炎、高血压、红崩、白带；外用治跌打损伤、疮疡肿毒。茎叶纤维可制人造棉、织麻袋、搓绳，其叶提取芳香油后的残渣还可作造纸原料。

376 牛筋草

拉丁学名：Eleusine indica（L.）Gaertn.；禾本科䅟属。别名：老驴拽、千千踏、忝仔草、粟仔越、野鸡爪、粟牛茄草、蟋蟀草。

形态特征：一年生草本。根系极发达。秆丛生，基部倾斜。叶鞘两侧压扁而具脊，松弛，无毛或疏生疣毛。叶舌长约 1 毫米，叶片平展，线形，无毛或上面被疣基柔毛。穗状花序 2~7 个，指状着生于秆顶，很少单生；小穗含 3~6 小花。颖披针形，具脊，脊粗糙。第一外稃卵形，膜质，具脊，脊上有狭翼，内稃短于外稃，具2脊，脊上具狭翼。囊果卵形，长约1.5毫米，基部下凹，具明显的波状皱纹。鳞被2，折叠，具5脉。花果期6—10月。

主要利用形式：杂草。根系极发达，秆叶强韧，全株可作饲料，又为优良保土植物。全草性味甘淡平，能祛风利湿、清热解毒、散瘀止血，可治伤暑发热、小儿急惊、黄疸、风湿关节痛、小儿消化不良、泄泻痢疾、小便淋痛、跌打损伤、外伤出血、犬咬伤。

377 披碱草

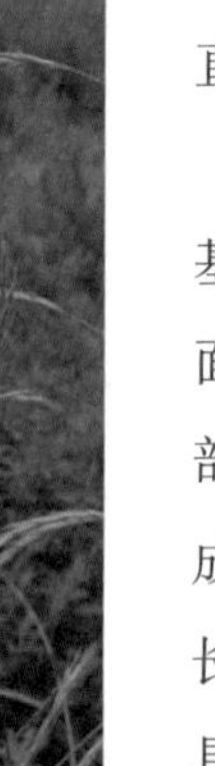

拉丁学名：*Elymus dahuricus* Turcz.；禾本科披碱草属。别名：直穗大麦草、野麦草。

形态特征：多年生草本。秆疏丛，直立，高70~140厘米，基部膝曲。叶鞘光滑无毛；叶片扁平，稀可内卷，上面粗糙，下面光滑，有时呈粉绿色。穗状花序直立；穗轴边缘具小纤毛，中部各节具2小穗，而接近顶端和基部各节只具1小穗；小穗绿色，成熟后变为草黄色，含3~5小花；颖披针形或线状披针形，先端长达5毫米的短芒，有3~5明显而粗糙的脉；外稃披针形，上部具5条明显的脉，全部密生短小糙毛，第一外稃长9毫米，先端延伸成芒，芒粗糙，长10~20毫米，成熟后向外展开；内稃与外稃等长，先端截平，脊上具纤毛，至基部渐不明显，脊间被稀少短毛。

主要利用形式：本种为优质高产的饲草，又是很好的护坡、水土保持和固沙植物，也是山地草甸、草甸草原或河漫滩等天然草地补播的主要草种。

378 求米草

拉丁学名：*Oplismenus undulatifolius*（Arduino） Beauv.；禾本科求米草属。别名：缩箬、皱叶茅。

形态特征：一年生草本。秆纤细，基部平卧地面，节处生根。叶鞘短于或上部者长于节间；叶舌膜质，短小；叶片扁平，

披针形至卵状披针形，先端尖，基部略圆形而稍不对称。圆锥花序；分枝短缩，有时下部的分枝延伸；小穗卵圆形，簇生于主轴或部分孪生；颖草质，第一颖长约为小穗之半，顶端具硬直芒，具 3~5 脉；第二颖较长于第一颖，具 5 脉；第一外稃草质，与小穗等长，具 7~9 脉；第二外稃革质，平滑，结实时变硬，边缘包着同质的内稃；鳞被 2，膜质；雄蕊 3；花柱基分离。花果期 7—11 月。

主要利用形式：整个植株在生育期内均可饲用，又可调制干草，是较为理想的放牧草。求米草也是保土护坡植物。

379 球穗莎草

拉丁学名：*Cyperus difformis* L.；莎草科莎草属。别名：球穗扁莎草、扁莎、黄毛扁莎、球穗扁莎。

形态特征：一年生草本。根状茎短，具须根。秆丛生，细弱，高 7~50 厘米，钝三棱形，一面具沟，平滑。叶少，短于秆，折合或平张；叶鞘长，下部红棕色。苞片 2~4 枚，细长，较长于花序；简单长侧枝聚伞花序具 1~6 个辐射枝，辐射枝长短不等，最长达 6 厘米，有时极短缩成头状；每一辐射枝具 2~20 个小穗或更多；小穗密聚于辐射枝上端呈球形，辐射展开，线状长圆形或线形，极压扁，具 12~34（~66）朵花；小穗轴近四棱形，两侧有具横隔的槽；鳞片稍疏松排列，膜质，长圆状卵形，顶端钝，背面龙骨状突起绿色；具 3 条脉，两侧黄褐色、红褐色或暗紫红色，具白色透明的狭边；雄蕊 2，花药短，长圆形；花柱中等长，柱头 2，细长。小坚果倒卵形，顶端有短尖，双凸状，稍扁，长约为鳞片的三分之一，褐色或暗褐色，具白色透明有光泽的细胞层和微凸起的细点。花果期 6—11 月。

主要利用形式：湿生杂草，可作饲草。

380 日本看麦娘

拉丁学名：*Alopecurus japonicus* Steud.；禾本科看麦娘属。别名：稍草、大花看麦娘、麦娘娘、麦陀陀草。

形态特征：一或二年生草本。秆少数丛生，直立或基部膝曲，具3~4节，高20~50厘米。叶鞘松弛；叶舌膜质，长2~5毫米；叶片上面粗糙，下面光滑，长3~12毫米，宽3~7毫米。圆锥花序圆柱状，长3~10厘米，宽4~10毫米；小穗长圆状卵形，长5~6毫米；颖仅基部互相连合，具3脉，脊上具纤毛；外稃略长于颖，厚膜质，下部边缘互相连合；芒长8~12毫米，近稃体基部伸出，上部粗糙，中部稍膝曲；花药色淡或白色，长约1毫米。颖果半椭圆形，长2~2.5毫米。花果期2—5月。

主要利用形式：分布较广，为夏熟作物田杂草，对麦类、油菜和蔬菜危害较大，防除较为困难。

381 射干

拉丁学名：*Belamcanda chinensis*（L.）Redouté；鸢尾科射干属。别名：乌扇、乌蒲、黄远、乌蓮、夜干、乌翣、乌吹、草姜、鬼扇、凤翼。

形态特征：多年生草本。叶互生，嵌迭状排列，剑形，长20~60厘米，宽2~4厘米，基部鞘状抱茎，顶端渐尖，无中脉。花序顶生，叉状分枝，每分枝的顶端聚生有数朵花；花梗细，长约1.5厘米；花梗及花序的分枝处均包有膜质的苞片，苞片披针形或卵圆形；花橙红色，散生紫褐色的斑点，直径4~5厘米；花被裂片6，2轮排列，外轮花被裂片倒卵形或长椭圆形，顶端钝圆或微凹，基部楔形，内轮较外轮花被裂片略短而狭；雄蕊3，着生于外花被裂片的基部，花药条形，外向开裂，花丝近圆柱形，基部稍扁而宽；花柱上部稍扁，顶端3裂，裂片边缘略向外卷，有细而短的毛，子房下位，倒卵形，3室，中轴胎座，胚珠多数。

蒴果倒卵形或长椭圆形，黄绿色，顶端无喙，常残存有凋萎的花被，成熟时室背开裂，果瓣外翻，中央有直立的果轴；种子圆球形，黑紫色，有光泽，直径约 5 毫米，着生在果轴上。花期 6—8 月，果期 7—9 月。

主要利用形式：常见中药材植物。根状茎药用，味苦性寒，微毒，能清热解毒、散结消炎、消肿止痛、止咳化痰，可治痰涎壅盛、咳嗽气喘、咽喉肿痛、喉痹不通、二便不通、腹部积水、乳痈初起。花形飘逸，观赏性较好，适用于做花径。

382 薯蓣

拉丁学名：*Dioscorea opposita* Thunb.；薯蓣科薯蓣属。别名：野山豆、野脚板薯、面山药。

形态特征：多年生缠绕草质藤本。块茎长圆柱形，垂直生长，断面干时白色。茎通常带紫红色，右旋。单叶，在茎下部的互生，中部以上的对生，很少 3 叶轮生；叶片卵状三角形至宽卵形或戟形，边缘常 3 浅裂至 3 深裂，中裂片卵状椭圆形至披针形，侧裂片耳状，圆形、近方形至长圆形；幼苗时一般叶片为宽卵形或卵圆形，基部深心形。叶腋内常有珠芽。雌雄异株。雄花序为穗状花序，近直立，2~8 个着生于叶腋，偶尔呈圆锥状排列；花序轴明显地呈“之”字状曲折；苞片和花被片有紫褐色斑点；雄花的外轮花被片为宽卵形，内轮卵形，较小；雄蕊 6。雌花序为穗状花序，1~3 个着生于叶腋。蒴果不反折，三棱状扁圆形或三棱状圆形；种子着生于每室中轴中部，四周有膜质翅。花期 6—9 月，果期 7—11 月。

主要利用形式：常见蔬菜。块茎为常用中药“淮山药”，有强壮、祛痰的功效。

383 水葱

拉丁学名：*Scirpus validus* Vahl；莎草科藨草属。别名：葱蒲、

莞草、蒲苹、水丈葱、冲天草、莞、苻蓠、蒲蒻、莞蒲、夫蓠、翠管草、管子草、席子草。

形态特征：多年生挺水草本。匍匐根状茎粗壮，具许多须根。秆高大，圆柱状，平滑，基部具3~4个叶鞘，管状，膜质，最上面一个叶鞘具叶片。叶片线形。苞片1枚，为秆的延长，直立，钻状，常短于花序，极少数稍长于花序；长侧枝聚伞花序简单或复出，假侧生，具4~13或更多个辐射枝；一面凸，一面凹，边缘有锯齿；小穗单生或2~3个簇生于辐射枝顶端，卵形或长圆形，顶端急尖或钝圆，具多数花；鳞片椭圆形或宽卵形，顶端稍凹，具短尖，膜质，棕色或紫褐色，有时基部色淡，背面有铁锈色凸起小点，脉1条，边缘具缘毛；下位刚毛6条，等长于小坚果，红棕色，有倒刺；雄蕊3，花药线形，药隔突出；花柱中等长，柱头2，罕3，长于花柱。小坚果倒卵形或椭圆形，双凸状，少有三棱形。花果期6—9月。

主要利用形式：常见栽培作观赏用和净化水质；云南一带常取其秆作为编席子的材料。地上部分入药，能利水消肿，可治水肿胀满、小便不利。

384 水毛花

拉丁学名：*Schoenoplectus mucronatus*（L.）Palla；莎草科藨草属。别名：席草、茫草、蒲草、千子草。

形态特征：多年生挺水草本。根状茎粗短，无匍匐根状茎，具细长须根。秆丛生，稍粗壮，高50~120厘米，锐三棱形，基部具2个叶鞘，鞘棕色，长7~23厘米，顶端呈斜截形，无叶片。苞片1枚，为秆的延长，直立或稍展开，长2~9厘米；小穗（2~）5~9（~20）聚集成头状，假侧生，卵形、长圆状卵形、圆筒形或披针形，顶端钝圆或近于急尖，长8~16毫米，宽4~6毫米，具多数花；鳞片卵形或长圆状卵形，顶端急缩成短尖，近于革质，长4~4.5毫米，淡棕色，具红棕色短条纹，背面具1条脉；下位刚毛6条，有倒刺，较小坚果长一半，或与之等长，或较小坚果稍短；雄蕊 3，花药线形，长 2 毫米或更长些，药隔稍突出；花柱长，柱头 3。小坚果倒卵形或宽倒卵形，扁三棱形，长 2~2.5 毫米，成熟时暗棕色，具光泽，稍有皱纹。花果期 5—8 月。

主要利用形式：水生杂草。全草味苦辛性凉，能清热解表、宣肺止咳，主治感冒发热、咳嗽。

385 水烛香蒲

拉丁学名：*Typha angustifolia* L.；香蒲科香蒲属。别名：蒲草、水蜡烛、狭叶香蒲。

形态特征：多年生草本。植株高大，地上茎直立，粗壮，叶片较长，条形，长 1 米左右，宽 0.8 厘米，光滑无毛。雌花序粗大。叶鞘抱茎。小坚果长椭圆形，种子深褐色。花果期 6—9 月。分布较广，常生长于河湖岸边沼泽地。

主要利用形式：水生杂草，其假茎白嫩部分（蒲菜）和地下匍匐茎尖端的幼嫩部分（草芽）可以食用，味道清爽可口。为中药蒲黄的一个主要基源植物。花粉入药，称“蒲黄”，能消炎、止血、利尿；雌花当作“蒲绒”，可填床枕。花序可作切花或干花。水烛是中国传统的水景花卉。叶片可作编织材料；茎叶纤维可造纸。

386 菵草

拉丁学名：*Beckmannia syzigachne*（Steud.）Fern.；禾本科菵草属。别名：菵米、水稗子。

形态特征：一年生草本。秆直立，高 15~90 厘米，具 2~4 节。叶鞘无毛，多长于节间；叶舌透明膜质，长 3~8 毫米；叶片扁平，长 5~20 厘米，宽 3~10 毫米，粗糙或下面平滑。圆锥花序长 10~30 厘米，分枝稀疏，直立或斜升；小穗扁平，圆形，灰绿色，常含 1 小花，长约 3 毫米；颖草质；边缘质薄，白色，背部灰绿色，具淡色的横纹；外稃披针形，具 5 脉，常具伸出颖外的短尖头；花药黄色，长约1毫米。颖果黄褐色，长圆形，长约1.5毫米，先端具丛生短毛。花果期4—10月。

主要利用形式：湿生杂草，可作优质饲草。果实可作为精料，亦可食用；入药可清热、利胃肠、益气，主治感冒发热、食滞胃肠、身体乏力。

387 香附

拉丁学名：*Cyperus rotundus* L.；莎草科莎草属。别名：香头草、回头青、雀头香、莎草、香附子、雷公头。

形态特征：多年生草本。匍匐根状茎长，具椭圆形块茎。秆稍细弱，高15~95厘米，锐三棱形，平滑，基部呈块茎状。叶较多，短于秆，宽2~5毫米，平张；鞘棕色，常裂成纤维状。叶状苞片2~3（~5）枚，常长于花序，或有时短于花序；长侧枝聚伞花序简单或复出，具（2~）3~10个辐射枝；辐射枝最长达12厘米；穗状花序轮廓为陀螺形，稍疏松，具3~10个小穗；小穗斜展开，线形，长1~3厘米，宽约1.5毫米，具8~28朵花；小穗轴具较宽的、白色透明的翅；鳞片稍密地覆瓦状排列，膜质，卵形或长圆状卵形，长约3毫米，顶端急尖或钝，无短尖，中间绿色，两侧紫红色或红棕色，具5~7条脉；雄蕊3，花药长，线形，暗血红色，药隔突出于花药顶端；花柱长，柱头3，细长，伸出鳞片外。小坚果长圆状倒卵形，三棱形，长为鳞片的三分之一至五分之二，具细点。花果期5—11月。

主要利用形式：恶性杂草，优质饲草。干燥根茎入药名为“香附子”，味辛微苦甘性平，归肝、脾、三焦经，能疏肝解郁、理气宽中、调经止痛，主治肝郁气滞、胸胁胀痛、疝气疼痛、乳房胀痛、脾胃气滞、脘腹痞闷、胀满疼痛、月经不调、经闭痛经。

388 小麦

拉丁学名：*Triticum aestivum* L.；禾本科小麦属。别名：麸麦、浮麦、浮小麦、空空麦、麦子软粒、淮小麦。

形态特征：一年生草本。叶鞘无毛；叶舌膜质，短小；叶片平展，条状披针形，穗状花序圆柱形，直立，穗轴每节着生 1 枚小穗。颖卵形，近革质，中部具脊，顶端延伸成短尖头或芒；外稃扁圆形，顶端无芒或具芒；内稃与外稃近等长，具 2 脊。颖果卵圆形或矩圆形，顶端具短毛，腹具纵沟，易与稃片分离。花果期 7—9 月。颖果大，长圆形，顶端有毛，腹面具深纵沟，不与稃片黏合而易脱落。

主要利用形式：主要粮食作物之一。颖果几乎全作食用，仅约有六分之一作为饲料使用；颖果磨成面粉后可制作面包、馒头、饼干、面条等食物；发酵后可制成啤酒、酒精、白酒（如伏特加）或生质燃料等。小麦能养心、安神、除烦；浮小麦能益气、除热止汗，主治心神不宁失眠、烦躁不安、精神抑郁；小麦皮可治疗脚气病。小麦可作为切花，也可用于插花的配材。

389 薤白

拉丁学名：*Allium macrostemon* Bunge.；百合科葱属。别名：小根蒜、山蒜、苦蒜、小么蒜、小根菜、大脑瓜儿、野蒜、野葱、野藠、密花小根蒜、团葱。

形态特征：广布型荫生小草本。鳞茎近球状，鳞茎外皮带黑色，纸质或膜质，不破裂，但在标本上多因脱落而仅存白色的内皮。叶 3~5 枚，半圆柱状，或因背部纵棱发达而为三棱状半圆柱形，中空，上面具沟槽。花葶圆柱状，高 30~70 厘米；总苞 2 裂，比花序短；伞形花序半球状至球状，具多而密集的花，或间具珠芽或有时全为珠芽；小花梗近等长，比花被片长 3~5 倍，基部具小苞片；珠芽暗紫色，基部亦具小苞片；花淡紫色或淡红色；花被片矩圆状卵形至矩圆状披针形，长 4~5.5 毫米，宽 1.2~2 毫米，内轮的常较狭；花丝等长，比花被片稍长，直到比其长出三分之一，在基部合生并与花被片贴生，分离部分的基部呈狭三角形扩大，向上收狭成锥形；子房近球状，腹缝线基部具有帘的凹陷蜜穴；花柱伸出花被外。花果期 5 -7 月。

主要利用形式：可作蔬菜食用，少数地区栽培，有时也逸为野生。鳞茎入药历史悠久，性味辛苦温，具有理气、宽胸、通阳、散结的功效，可治胸痹心痛、脘腹痞痛不舒、泻痢后重、肺气喘急、疮疖等。

390 鸭跖草

拉丁学名：*Commelina communis* L.；鸭跖草科鸭跖草属。别名：碧竹子、翠蝴蝶、淡竹叶。

形态特征：一年生披散草本。茎匍匐生根，多分枝，长可达 1 米，下部无毛，上部被短毛。叶披针形至卵状披针形，长 3~9 厘米，宽 1.5~2 厘米。总苞片佛焰苞状，有 1.5~4 厘米的柄，与叶对生，折叠状，展开后为心形，顶端短急尖，基部心形，长 1.2~2.5 厘米，边缘常有硬毛；聚伞花序，下面一枝仅有花 1 朵，具长 8 毫米的梗，不孕；上面一枝具花 3~4 朵，具短梗，几乎不伸出佛焰苞。花梗花期长仅 3 毫米，果期弯曲，长不过 6 毫米；萼片膜质，长约 5 毫米，内面 2 枚常靠近或合生；花瓣深蓝色；内面 2 枚具爪，长近 1 厘米。蒴果椭圆形，长 5~7 毫米，2 室，2 爿裂，有种子 4 颗。种子长 2~3 毫米，棕黄色，一端平截，腹面平。

主要利用形式：杂草，饲草，常生于湿地，但是耐旱性较强。未开花的嫩茎叶可作野菜。全草性味甘淡寒，归肺、胃、小肠经，能清热泻火、解毒、利水消肿，可治感冒发热、热病烦渴、咽喉肿痛、水肿尿少、热淋涩痛、痈肿疔毒。

391 洋葱

拉丁学名：*Allium cepa* L.；百合科葱属。别名：球葱、圆葱、玉葱、葱头、荷兰葱、皮牙子、番葱。

形态特征：二年生草本。鳞茎粗大，近球状至扁球状；鳞茎外皮紫红色、褐红色、淡褐红色、黄色至淡黄色，纸质至薄革质，内皮肥厚，肉质，均不破裂。叶圆筒状，中空，中部以下最粗，向上渐狭，比花葶短，粗在 0.5 厘米以上。花葶粗壮，高可达 1 米，中空的圆筒状，在中部以下膨大，向上渐狭，下部被叶鞘；总苞 2~3 裂；伞形花序球状，具多而密集的花；小花梗长约 2.5 厘米。花粉白色；花被片具绿色中脉，矩圆状卵形，长 4~5 毫米，宽约 2 毫米；花丝等长，稍长于花被片，约在基部 1/5 处合生，合生部分下部的 1/2 与花被片贴生，内轮花丝的基部极为扩大，扩大部分每侧各具 1 齿，外轮的锥形；子房近球状，腹缝线基部具有帘的凹陷蜜穴；花柱长约 4 毫米。花果期 5—7 月。

主要利用形式：常见蔬菜，主要以鳞茎供食用。洋葱含有前列腺素 A，能降低外周血管阻力，降低血黏度，可用于降低血压、提神醒脑、缓解压力、预防感冒。此外，洋葱还能清除体内氧自由基、增强新陈代谢能力、抗衰老、预防骨质疏松，是适合中老年人的保健食物。有皮肤病、眼病、肠胃疾病的人不能吃洋葱，容易加重病情。

392 野燕麦

拉丁学名：*Avena fatua* L.；禾本科燕麦属。别名：乌麦、铃铛麦、燕麦草。

形态特征：一年生草本。须根较坚韧。秆直立，光滑无毛，高 60~120 厘米，具 2~4 节。叶鞘松弛，光滑或基部者被微毛；叶舌透明膜质，长 1~5 毫米；叶片扁平，长 10~30 厘米，宽 4~12 毫米，微粗糙，或上面和边缘疏生柔毛。圆锥花序开展，金字塔形，长 10~25 厘米，分枝具棱角，粗糙；小穗长 18~25 毫米，含 2~3 小花，其柄弯曲下垂，顶端膨胀；小穗轴密生淡棕色或白色硬毛，其节脆硬易断落，第一节间长约 3 毫米；颖草质，几相等，通常具 9 脉；外稃质地坚硬，第一外稃长 15~20 毫米，背面中部以下具淡棕色或白色硬毛，芒自稃体中部稍下处伸出，长 2~4 厘米，膝曲，芒柱棕色，扭转。颖果被淡棕色柔毛，腹面具纵沟，长 6~8 毫米。花果期 4—9 月。

主要利用形式：常为小麦田间杂草，可作为粮食代用品，也可作青饲料。果实或者全草药用，能收敛止血、固表止汗、补虚损，可治吐血、虚汗、崩漏等。

393 薏苡

拉丁学名：*Coix lacryma-jobi* L.；禾本科薏苡属。别名：药玉米、水玉米、晚念珠、六谷迷、石粟子、苡米。

形态特征：一年生粗壮草本。须根黄白色，海绵质，直径约3毫米。秆直立丛生，高1~2米，具10多节，节多分枝。叶鞘短于其节间，无毛；叶舌干膜质，长约1毫米；叶片扁平宽大，开展，基部圆形或近心形，中脉粗厚，在下面隆起，边缘粗糙，通常无毛。总状花序腋生成束，长4~10厘米，直立或下垂，具长梗。雌小穗位于花序之下部，外面包以骨质念珠状之总苞，总苞卵圆形，长7~10毫米，直径6~8毫米，珐琅质，坚硬，有光泽；雄蕊常退化；雌蕊具细长之柱头，从总苞之顶端伸出。颖果小，含淀粉少，常不饱满。雄小穗2~3对，着生于总状花序上部，长1~2厘米；无柄雄小穗长6~7毫米，第一颖草质，边缘内折成脊，具有不等宽之翼，顶端钝，具多数脉，第二颖舟形；外稃与内稃膜质；第一及第二小花常具雄蕊3枚，花药橘黄色，长4~5毫米；有柄雄小穗与无柄者相似。花果期6—12月。

主要利用形式：杂粮作物。种仁治扁平疣、癌肿、脾虚腹泻、肌肉酸重、关节疼痛、水肿、白带、肺脓疡、阑尾炎；根治淋病、黄疸、水肿、白带、虫积腹痛；果实治难产、胎衣不下、淋病、腹泻；种子治肝硬化腹水。薏苡仁还是一种美容价值较高的药用食品，可做成粥、饭、各种面食，尤其适宜于老弱病者。

394 玉米

拉丁学名：*Zea mays* L.；禾本科玉米属。别名：玉蜀黍、棒子、包谷、包米、包粟、玉茭、苞米、珍珠米、苞芦、大芦粟。

形态特征：一年生缠绕草本。茎上被倒向的短柔毛，杂有倒向或开展的长硬毛。秆直立，通常不分枝，基部各节具气生支柱根。叶圆心形或宽卵状心形，长 4~18 厘米，宽 3.5~16.5 厘米，顶端锐尖、骤尖或渐尖，通常全缘，偶有 3 裂，两面疏或密被刚伏毛；叶柄长 2~12 厘米，毛被与茎同。叶鞘具横脉；叶舌膜质，叶片扁平宽大，线状披针形，基部圆形呈耳状，无毛或具疵柔毛，中脉粗壮。花腋生，单一或 2~5 朵着生于花序梗顶端成伞形聚伞花序，花序梗比叶柄短或近等长，长 4~12 厘米，毛被与茎相同；苞片线形，长 6~7 毫米，被开展的长硬毛；花梗长 1.2~1.5 厘米，被倒向短柔毛及长硬毛；萼片近等长，长 1.1~1.6 厘米，外面 3 片长椭圆形，渐尖，内面 2 片线状披针形，外面均被开展的硬毛，基部更密；花冠漏斗状，长 4~6 厘米，紫红色、红色或白色，花冠管通常白色，瓣中带于内面色深，外面色淡；雄蕊与花柱内藏；雄蕊不等长，花丝基部被柔毛；子房无毛，3 室，每室 2 胚珠，柱头头状；花盘环状。颖果球形或扁球形，成熟后露出颖片和稃片之外，其大小随生长条件不同产生差异；种子卵状三棱形，长约 5 毫米，黑褐色或米黄色，被极短的糠秕状毛。雌雄同株异花。花果期秋季。

主要利用形式：常见粮食作物，品种很多。味道香甜，可做各式菜肴，如玉米烙、玉米汁等。它也是工业酒精和烧酒的主要原料，也用于造纸和纺织等行业。有利尿降压、利胆、降血糖、防止动脉硬化、预防脚气病等功效。

395 玉竹

拉丁学名：*Polygonatum odoratum*（Mill.）Druce；百合科黄精属。别名：玉竹、葳蕤、萎、地管子、尾参、铃铛菜。

形态特征：多年生草本。根状茎圆柱形，直径 5~14 毫米。茎高 20~50 厘米。叶互生，椭圆形至卵状矩圆形，长 5~12 厘米，宽 3~16 厘米，先端尖，下面带灰白色，下面脉上平滑至呈乳头状粗糙。花序具 1~4 花（在栽培情况下可多至 8 朵），总花梗（单花时为花梗）长 1~1.5 厘米，无苞片或有条状披针形苞片；花被黄绿色至白色，全长 13~20 毫米，花被筒较直，裂片长 3~4 毫米；花丝丝状，近平滑至具乳头状突起，花药长约 4 毫米；子房长 3~4 毫米，花柱长 10~14 毫米。浆果蓝黑色，直径 7~10 毫米，具 7~9 颗种子。花期 5—6 月，果期 7—9 月。

主要利用形式：观赏兼药用植物。根状茎能养阴润燥、生津止渴，主治肺胃阴伤、燥热咳嗽、咽干口渴、内热消渴。根茎含多糖类，也能制作高级滋补食品、佳肴和饮料，开发价值较高。

396 芋头

拉丁学名：*Colocasia esculenta*（L.）Schoot；天南星科芋属。别名：芋、青芋、芋艿、毛芋头、蹲鸱、芋魁、芋根、土芝、芋奶、芋艿。

形态特征：多年生块茎植物，常作一年生作物栽培。叶片盾形，叶柄长而肥大，绿色或紫红色；植株基部形成短缩茎，逐渐累积养分肥大成肉质球茎，称为“芋头”或“母芋”，球形、卵形、椭圆形或块状等。母芋每节都有一个腋芽，但以中下部节位的腋芽活动力最强，发生第一次分蘖，形成小的球茎称为“子芋”，再从子芋发生“孙芋”，在适宜条件下，可形成曾孙或玄孙芋等。

主要利用形式：地下球茎是很好的保健食物，可蒸食或煮食，但必须彻底蒸熟或煮熟。芋头性平，味甘辛有小毒，归肠、胃经，能益脾胃、调中气、化痰散结，可治少食乏力、瘰疬结核、久痢便血、痈毒等。氟的含量较高，具有洁齿防龋、保护牙齿的作用；含有多种微量元素，能增强人体的免疫功能，可作为防治癌瘤的常用药膳主食。芋头生食有小毒，熟食过多易引起闷气或胃肠积滞。生芋汁易引起局部皮肤过敏。有痰、敏性体质（荨麻疹、湿疹、哮喘、过敏性鼻炎）、小儿食滞、胃纳欠佳、食滞胃痛、肠胃湿热者以及糖尿病患者应尽量不要吃。

397 郁金香

拉丁学名：*Tulipa gesneriana* L.；百合科郁金香属。别名：洋荷花、草麝香、郁香、荷兰花。

形态特征：多年生草本。鳞茎偏圆锥形，直径 2~3 厘米，外被淡黄至棕褐色皮膜，内有肉质鳞片 2~5 片。茎叶光滑，被白粉。叶 3~5 枚，带状披针形至卵状披针形，全缘并成波形，常有毛，其中 2~3 枚宽广而基生。花单生茎顶，大型，直立杯状，洋红色，鲜黄至紫红色，基部具有墨紫斑，花被片 6 枚，离生，倒卵状长圆形。6 枚雄蕊等长，花丝无毛；无花柱，柱头增大呈鸡冠状。蒴果室背开裂，种子扁平。花期 3—5 月。

主要利用形式：球根花卉，全世界有八千多个品种，主要可以分为早花种和晚花种，还是优良的切花品种。被大量生产的大约有 150 种，其中红、黄、紫色最受人们欢迎。有小毒。花入药，味苦辛性平，归肺经，能化湿辟秽，主治脾胃湿浊、胸脘满闷、呕逆腹痛、口臭苔腻。

398 紫露草

拉丁学名：*Tradescantia ohiensis* Raf.；鸭跖草科紫露草属。别名：紫鸭趾草、紫叶草。

形态特征：多年生草本植物。茎直立分节，壮硕、簇生；株丛高大，高度可达 25~50 厘米；叶互生，每株 5~7 片线形或披针形茎叶。花序顶生、伞形，花紫色，花瓣、萼片均 3 片，卵圆形萼片为绿色，广卵形花瓣为蓝紫色；雄蕊 6 枚，3 枚退化、2 枚可育，1 枚短而纤细、无花药；雌蕊 1 枚，子房卵圆形，具 3 室，花柱细长，柱头锤状；蒴果近圆形，无毛；种子橄榄形。花期为 6 月至 10 月下旬。

主要利用形式：紫露草花期长、株形奇特秀美，耐荫性强，在园林中多作为林下地被，既能观花观叶，又能吸附粉尘，净化空气。紫露草微核监测法在监测环境污染中很有效，既简单又经济。

399 紫竹梅

拉丁学名：*Setcreasea purpurea* B. K. Boom.；鸭跖草科鸭跖草属。别名：紫鸭跖草、紫竹兰、紫锦草、紫叶草。

特征形态：多年生草本，高20~50厘米。茎多分枝，带肉质，紫红色，下部匍匐状，节上常生须根，上部近于直立。叶互生，披针形，长6~13厘米，宽6~10毫米，先端渐尖，全缘，基部抱茎而成鞘，鞘口有白色长睫毛，上面暗绿色，边缘绿紫色，下面紫红色。花密生在二叉状的花序柄上，下具线状披针形苞片，长约7厘米；萼片3，绿色，卵圆形，宿存；花瓣3，蓝紫色，广卵形；雄蕊6，2枚发育，3枚退化，另有1枚花丝短而纤细，无花药；雌蕊1，子房卵形，3室，花柱丝状而长，柱头头状。蒴果椭圆形，有3条隆起棱线。种子呈三棱状半圆形，淡棕色。花期夏秋。

主要利用形式：常见观叶植物，耐阴耐湿，抗污染，常用于家庭或者室内绿化，栽于树丛间的缓坡地既实用又有观赏效果，也可作为花坛的配色植物。全草入药，性寒凉，能活血、止血和解毒，可治痈疽肿毒、风湿骨痛、疮疡、跌打损伤、小便不利、湿入下注膀胱、水肿、蛇咬伤。

400 棕榈

拉丁学名：*Trachycarpus fortunei*（Hook.）H. Wendl.；棕榈科棕榈属。别名：唐棕、拼棕、中国扇棕、棕树、山棕。

形态特征：常绿乔木，高3~10米或更高。树干圆柱形，被不易脱落的老叶柄基部和密集的网状纤维，除非人工剥除，否则不能自行脱落。裸露树干直径10~15厘米甚至更粗。叶片近圆形，深裂成30~50片具皱褶的线状剑形，裂片先端具短2裂或2齿，硬挺甚至顶端下垂；叶柄长75~80厘米或更长，两侧具细圆齿，顶端有明显的戟突。花序粗壮，多次分枝，从叶腋抽出，通常雌雄异株。雄花序长约40厘米，具有2~3个分枝花序，下部的分枝花序长15~17厘米，一般只二回分枝；雄花无梗，每2~3朵密集着生于小穗轴上，也有单生的；黄绿色，卵球形，钝三棱；花萼3片，卵状急尖，几分离，花冠约2倍长于花萼，花瓣阔卵形，雄蕊6枚，花药卵状箭头形。雌花序长80~90厘米，花序梗长约40厘米，其上有3个佛焰苞包着，具4~5个圆锥状的分枝花序，下部的分枝花序长约35厘米，2~3回分枝；雌花淡绿色，通常2~3朵聚生；花无梗，球形，着生于短瘤突上，萼片阔卵形，3裂，基部合生，花瓣卵状近圆形，退化雄蕊6枚，心皮被银色毛。果实阔肾形，有脐，宽11~12毫米，高7~9毫米，成熟时由黄色变为淡蓝色，有白粉，柱头残留在侧面附近。种子胚乳均匀，角质，胚侧生。花期4月，果期12月。

主要利用形式：本种树形优美，适于四季观赏。木材可以制器具。叶鞘为扇子形，有棕纤维，叶可制扇、帽等工艺品。棕皮及叶柄（棕板）煅炭入药有止血作用，果实、叶、花、根等亦入药。干燥叶柄具有收敛止血的功效，可吐血、衄血、尿血、便血、崩漏。

附录　中文学名索引

参考文献

[1] 安树青 . 湿地生态工程：湿地资源利用与保护的优化模式 [M] . 北京：化学工业出版社，2003.

[2] 陈俊愉，刘师汉 . 园林花卉 [M] . 上海：上海科学技术出版社，1980.

[3] 程积民，朱仁斌 . 中国黄土高原常见植物图鉴 [M] . 北京：科学出版社，2012.

[4] 邓伦秀 . 贵州湿地常见植物图谱 [M] . 贵阳：贵州科技出版社，2013.

[5] 董元火，胡文中，廖廓 . 赤龙湖国家湿地公园植物彩色图谱 [M] . 武汉：华中科技大学出版社，2015.

[6] 傅承新，黄爱军 . 常见杂草与栽培植物识别手册 [M] . 杭州：杭州大学出版社，1999.

[7] 傅坤俊 . 黄土高原植物志：第 1 册 [M] . 北京：科学出版社，2000.

[8] 傅坤俊 . 黄土高原植物志：第 2 册 [M] . 北京：科学技术文献出版社，1989.

[9] 傅坤俊 . 黄土高原植物志：第 5 册 [M] . 北京：科学技术文献出版社，1989.

[10] 甘肃农业大学草原系 . 草原工作手册 [M] . 兰州：甘肃人民出版社，1978.

[11] 郭云忠，李春游，王浩存，等 . 关中硬茬直播夏玉米田杂草发生规律及化学防除研究 [J] . 西北农业学报，2017（9）： 1407-1414.

[12] 李思锋，黎斌 . 秦岭山区野生观赏植物 [M] . 西安：陕

西科学技术出版社，2009.
[13] 李思健 . 枣庄野生植物资源 [M] . 济南：山东大学出版社，2007.
[14] 李长青，冯文涛，邵军民 . 关中麦田阔叶杂草化学防除技术研究 [J] . 西北农业学报，2005（6）：149–151，160.
[15] 林有润，韦强，谢振华 . 有害花木 [M] .3 版 . 广州：广东旅游出版社，2009.
[16] 刘斌侠，付泓，段乖利 . 岐山县节节麦对小麦影响加重原因分析及防治对策 [J] . 中国农技推广，2007（1）：45，42.
[17] 刘斌侠，姜肖 . 关中西部近三十年麦田杂草种群数量的演变及综合治理对策 [J] . 陕西农业科学，2008（2）：142–143，158.
[18] 刘斌侠 . 关中西部麦田杂草种群数量的演变及治理对策 [J] . 中国农技推广，2008（5）：41–42.
[19] 刘生荣 . 关中棉区棉田杂草分布及化学除草技术 [J] . 陕西农业科学，2004（5）：96–97.
[20] 倪士峰，王建启，程铁锁 . 林皋湖国家湿地公园常见资源植物彩色图鉴 [M] . 西安：西北大学出版社，2018.
[21] 郁艳利，杨娜，胡旭莹 . 关中小麦田主要杂草及综合防治技术 [J] . 新农村（黑龙江），2018（2）：64.
[22] 王华青，吴振海 . 陕西黄河湿地自然保护区综合科学考察与研究 [M] . 西安：陕西科学技术出版社，2006.
[23] 王敬昌，陈永利，燕鹏，等 . 关中西部麦田杂草的发生情况及防治措施 [J] . 农技服务，2018（5）：69，71.
[24] 王亚红，刘万锋，杨建斌，等 . 关中小麦田禾本科杂草危害现状及原因分析 [J] . 陕西农业科学，2007（3）：25–27.
[25] 徐国钧 . 生药学 [M] . 北京：人民卫生出版社，1997.

[26] 颜素珠 . 中国水生高等植物图说 [M]. 北京：科学出版社，1983.

[27] 颜玉树 . 杂草幼苗识别图谱 [M]. 南京：江苏科学技术出版社，1989.

[28] 张利辉，王艳辉，董金皋 . 玉米田杂草防治原色图鉴 [M]. 北京：科学出版社，2016.

[29] 张同兴，武爱玲，王春梅 . 关中西部麦田禾本科杂草发生态势及控制技术 [J]. 中国农村小康科技，2006(11)：60-61.

[30] 郑州黄河湿地自然保护区管理中心 . 郑州黄河湿地野生植物图谱 [M]. 郑州：河南科学技术出版社，2015.

[31] 中国科学院武汉植物研究所 . 中国水生维管束植物图谱 [M]. 武汉：湖北人民出版社，1983.

[32] 中国科学院西北植物研究所 . 秦岭植物志：第一卷 [M]. 北京：科学出版社，1976.

[33] 中国科学院植物研究所 . 中国高等植物科属检索表 [M]. 北京：科学出版社，1979.